高等学校应用型特色规划教材

Java程序设计与应用开发

(第3版)

吴　敏　於东军　李千目　主　编
成维莉　邵　杰　姜小花　副主编

清华大学出版社
北　京

内 容 简 介

本书作为 Java 程序的入门与应用教材，共分为 3 个部分：第一部分讲解 Java 程序设计的基础知识，包括 Java 基本编程语言、面向对象程序设计思想、类、对象、接口以及异常处理。第二部分讲解 Java 程序设计的高级知识，包括 GUI 编程、网络编程、I/O 系统、数据库访问以及多线程编程。第三部分详细分析实际项目的开发过程，包括系统分析及功能实现。在项目实例中综合应用第一、二部分的 Java 知识，能够帮助读者进一步巩固与提高。

本书易教易学、学以致用，注重能力培养，对初学者容易混淆的内容进行了重点提示并配有相应的习题。本书适合作为普通高等院校应用型本科(含部分专科、高职类)各相关专业的程序设计教材，也适合编程开发人员培训、自学使用。

图书在版编目(CIP)数据

Java 程序设计与应用开发/吴敏，於东军，李千目主编. —3 版. —北京：清华大学出版社，2019 (2023.11重印)

(高等学校应用型特色规划教材)

ISBN 978-7-302-51545-6

Ⅰ. ①J… Ⅱ. ①吴… ②於… ③李… Ⅲ. ①JAVA 语言—程序设计—高等学校—教材 Ⅳ. ①TP312.8

中国版本图书馆 CIP 数据核字(2018)第 249569 号

责任编辑：章忆文　李玉萍
封面设计：李　坤
责任校对：李玉茹
责任印制：沈　露
出版发行：清华大学出版社
　　网　　址：https://www.tup.com.cn, https://www.wqxuetang.com
　　地　　址：北京清华大学学研大厦 A 座　　邮　　编：100084
　　社 总 机：010-83470000　　邮　　购：010-62786544
　　投稿与读者服务：010-62776969, c-service@tup.tsinghua.edu.cn
　　质量反馈：010-62772015, zhiliang@tup.tsinghua.edu.cn
　　课件下载：https://www.tup.com.cn, 010-62791865
印 装 者：三河市龙大印装有限公司
经　　销：全国新华书店
开　　本：185mm×260mm　　印　张：22.75　　字　数：550 千字
版　　次：2005 年 3 月第 1 版　2019 年 1 月第 3 版　　印　次：2023 年 11 月第 5 次印刷
定　　价：58.00 元

产品编号：080207-01

前　　言

《Java 程序设计与应用开发》一书自 2005 年发行以来，被众多高校选用为教材，多次重印，深受广大读者好评。2009 年本书第 2 版修订完成，第 2 版中增加的案例实训和项目开发案例使本书实用性进一步提高。为了顺应 Java 新技术的发展，修订本书第 3 版。主要修订内容如下。

(1) 新增一章：Java 基础类库，通过掌握这些基础类库可以提高开发效率，降低开发难度。

(2) 新增一个项目开发案例：基于 Socket 的聊天程序项目，以提高读者的应用开发能力。

(3) 更新软件开发包和开发平台，使之贴合现有的软硬件平台环境，也更突出 Java 技术的新特性。第 1 章的 1.2 节中的开发包换成新的版本，即 jdk j1.6.0_10 改为 jdk1.8.0_162。第 1 章的 1.2.1 小节“Java 开发包的安装”和 1.2.2 小节“环境变量的设定”两部分内容因 jdk 版本和系统平台的更换需要更改部分图片和内容。第 2 章 2.3.4 小节“使用帮助文档”，因为版本更换而需要更改部分图片及内容。其余章节中有部分内容的修改，使之符合新版本的特性。

(4) 对第 2 版的书稿进行了全面审订和校对，使文字描述更准确，结构更合理，内容更加丰富。

本书由吴敏、於东军、李千目担任主编，成维莉、邵杰、姜小花担任副主编，其中修订工作主要由吴敏、成维莉等人完成。此外，参加本书编写及修订工作的还有何光明、夏良、王开源、吕永强、鲁磊纪、史国川、徐军、王欢、方星星、赵明、杨章静、钟彩华、程勇、李婷婷、汪长岭、吴亚军等，在此一并表示感谢。

本书中完整的源代码、参考答案等配套资源可以从清华大学出版社网站下载得到。限于作者水平，书中难免存在不当之处，恳请广大读者批评指正。任何批评和建议请发至：Book21Press@126.com。

编　者

目　　录

第1章　快 速 入 门

本章介绍 Java 的发展简史及特点，引导读者构建 Java 基本开发环境，学会编写、编译以及运行简单的 Java 应用程序和 Java Applet，旨在让未曾接触过 Java 编程语言的读者快速入门。

1.1　Java 简介

Java 由于其与生俱来的诸多优点，目前已经在各行各业得到了广泛应用。到处都在讨论 Java，但是 Java 究竟是什么呢？概括说来，它和一般编程语言的不同之处在于：Java 不仅是一种面向对象的高级编程语言，它还是一个平台(Platform)；使用 Java 更易于开发出高效、安全、稳定以及跨平台的应用程序。目前 Java 还处于快速发展阶段，新的特性和应用仍在不断涌现。本节对 Java 的发展历史以及特点进行简要介绍。

1.1.1　发展简史

随着 Java 技术的飞速发展，越来越多的人加入到学习 Java 编程语言的热潮中。虽然现在 Java 无处不在，但是其发展历史并不是很长。20 世纪 90 年代初，Sun 公司为了适应消费类家电项目的需求而设计了一种小型的计算机语言，要求占用内存小、适应多种处理芯片。为此，设计人员设计出了一种面向对象的“可移植”的语言。在执行前，生成一个“中间代码”，在任何一种机器上只要安装了特定的解释器，就可以运行这个“中间代码”。这样的“中间代码”非常小，解释器也不大，这就是 Java 的雏形。遗憾的是，当时这门语言并未被 Sun 公司和消费类家电公司所接受。Sun 公司一度也曾探求 Java 在其他方面的应用，却均以失败告终。

1995 年，随着 Internet 网络的兴起，人们迫切需要一个好的浏览器以方便阅读网上的 Web 页面，Sun 公司为此使用 Java 语言及时开发出了一个浏览器——HotJava，并获得了极大的成功。HotJava 中首次引入了传程序的思想，即 HotJava 可以将服务器上的程序(Applet，称为小应用程序)下载到浏览器中执行，这就为原本只能静态显示的页面增添了活力。HotJava 在 1995 年 SunWorld 大会上的出现引发了世界范围内的 Java 热，至今未衰。

早期版本 Java 1.0 其实并不适合应用程序的开发，它甚至不支持打印功能。直到 1998 年 Java 1.2 版本的出现，Java 才从真正意义上成为现代开发工具中的利器。

Java 现在的体系结构已经变得相当庞大，从大的框架上可以分为三大块：JavaSE(Java Platform Standard Edition，以前叫 J2SE)、JavaEE(Java Platform Enterprise Edition，以前叫 J2EE) 和 JavaME(Java Platform Micro Edition，以前叫 J2ME)。JavaEE 主要用于开发服务端应用程序；JavaME 则应用于嵌入式设备，如移动电话；JavaSE 是标准的开发工具包，其中包含了基本 Java 的核心应用编程接口(Application Programming Interface，API)。实际上

JavaEE 和 JavaME 中都可能使用到 JavaSE 中的 API。本书将重点放在 JavaSE 上，主要帮助读者掌握必要的 Java 基础知识以及一定的项目开发经验。此外要说明的是，本书主要关注如何使用 Java 开发应用程序，小应用程序(Applet)的内容未被更多涉及。

就 JavaSE 来讲，也已经提供了大量的 API 供开发者直接使用，其中的类和接口大约有 3000 多个，提供的方法和变量更是数以万计，这些内容如果全部由本书来讲解，显然是不合适的。为此，本书中将重点讲解那些基础的且必须掌握的部分，未曾涉及的内容希望读者在日后的实际开发过程中，通过查阅 Java API 文档逐步掌握。

1.1.2　Java 的特点

学过 C/C++语言的读者都知道，编写完 C/C++源代码后需要编译成机器码才能在机器上运行，因此 C/C++是编译型的语言。还有一些语言完全是解释型的(如 Basic)，不需要任何编译工作，是边解释边执行的。与这些语言不同的是，Java 既是编译型的又是解释型的。我们在编写完 Java 源代码后，首先需要将其编译为一种中间状态的字节码(bytecode)，然后再由 Java 虚拟机(Java VM)上的解释器来解释执行。实际上我们可以将字节码看作是虚拟机的机器码。这样，任何一个系统，只要上面具备了 Java 虚拟机，那么它总是可以运行编译好的字节码。正是这种将源代码编译到中间字节码的机制，使得 Java 能够实现“一次编程，到处运行”的目标。

Java 的特点可以概括为：简单、面向对象、分布式、解释型语言、健壮性、安全性、结构中立、可移植性、高性能、多线程和动态。

这里我们选择性地讲几个初学者感兴趣的特点。更多具体内容可参考甲骨文公司关于 Java 的白皮书(http://www.oracle.com/technetwork/cn/java/javase/documentation/whitepapers-jsp-139357-zhs.html)。

1. 简单

对于有过 C++编程经验的读者来说，学习 Java 语言不会存在太多困难。因为 Java 语法要比 C++的语法简单得多。Java 剔除了 C++中那些复杂而且不常使用的语法特性，例如操作符重载、多重继承等。熟悉 C++的读者在学习 Java 时，很多时候需要做的就是设法“忘记”C++中的一些语法规则。

但是对于没有编程经验的读者来说，将会发现学习 Java 还是具有相当难度的。一方面 Java 有一些奇怪的语法(如匿名内部类)，另一方面需要自己编写大量的代码(习惯“拖”控件编程的读者就不适应了)。这也是为什么本书后面建议初学者使用文本编辑工具自己手工编写代码的原因。通过这种方式，读者可以尽快熟悉 Java 语法并强化记忆。

2. 面向对象

面向对象是现代编程语言的重要特性之一。历史的经验已经表明，面向对象技术极大地提高了人们的软件开发能力。现在很难想象还使用纯粹的面向过程的语言去开发大型、复杂的项目。Java 语言是一种纯粹的面向对象的语言，在面向对象一些问题的处理上要优于 C++(如多重继承)。习惯于传统面向过程的读者在刚理解面向对象的概念时，会存在一定的困难。但是考虑到面向对象的优越性，在这方面花点精力是值得的。

3. 健壮性

每个程序设计人员都希望自己编写的程序更加可靠。在编写程序时，考虑周到一点固然能降低出错的可能性，但是如果语言本身就能提供一系列的机制防患于未然，必能进一步提高程序的健壮性。Java 语言的设计目标之一，就是帮助程序员编写出高可靠性的程序，为此，Java 语言提供了很多技术用以提高程序的可靠性，如数组越界检查、运行时类型检查、取消指针操作以及无用单元自动回收等。

学过 C/C++的读者都知道，指针具有强大的功能和较好的灵活性。也正是这个原因，指针成为程序不稳定的最大隐患之一。由于 C/C++存在指针运算(如 p++、p 为指针)，指针可以在内存中自由移动，因而可能修改其他程序所使用的内存或是系统内存中的内容，从而造成系统的崩溃。而有些语言，例如 Basic，没有显式的指针，这又会使得在实现某些功能(如实现自己定制的数据结构)时变得困难。Java 语言同时考虑到这两方面的问题，提出了一个很好的解决方法：可以有指针，但是取消了指针的运算。这样上面的两个问题便迎刃而解了。

注意： Java 中并不是没有指针了，Java 中的引用其实就是指针，只是取消了指针运算。取消指针运算就防止了内存泄漏的可能性。

4. 可移植性

Java 作为一种高级编程语言，最让人津津乐道的优点就是所谓的跨平台特性了，也就是在不同的操作系统上源代码不做修改就能得到相同的运行结果。

先来看一下为什么会存在可移植性的问题。我们都知道，同一数据类型在不同平台上的大小是不一样的。例如有的平台上整型(int)用 16 位二进制数来表示，而有的平台上却是用 32 位二进制数来表示。这样一个在用 32 位二进制数来表示整数的平台上开发的程序拿到用 16 位二进制数表示整数的平台上去运行，很可能就会产生溢出问题。Java 中使用固定大小的数据类型解决了这个问题，例如整型始终用 32 位来表示，而底层平台的转换由 Java 虚拟机来完成。

可移植性问题不仅仅存在于数据类型大小不一致，其他方面如图形界面的显示、多线程等都存在可移植性问题。确实，Java 在可移植性上已经取得了极大的成功，但还不够完善。然而，这并不能掩盖 Java 在这方面所做的贡献以及其他诸多优点。

5. 多线程

具有多线程处理能力可以使得应用程序能够具有更好的交互性、实时性。Java 在多线程处理方面性能超群，同时也非常简单。有过 C++多线程编程经验的读者，一定会对 Java 的多线程编程之简单感到惊叹。Java 中多线程的实现是由操作系统或是线程库来完成的，编程人员在不同平台上使用多线程的 Java 代码是完全相同的。正是由于 Java 中使用多线程的简单性，使得它成为服务器端应用程序开发的利器。

从另一个角度来讲，Java 不仅仅是一种编程语言，它还是一个平台(Platform)。所谓平台，是指应用程序运行的软硬件环境，通常是操作系统和硬件的总称。例如 Windows 10、Linux、Solaris 等都是不同的平台。Java 平台是运行在这些平台之上的纯粹的软平台，由两大部分组成：Java 虚拟机和 Java 应用程序接口(Java API)。图 1.1 显示了 Java 平台，从图中可以看出，Java 应用程序是和底层的操作系统(基于硬件的平台)相隔离的，它们之间是通过 Java 平台来进行通信的。

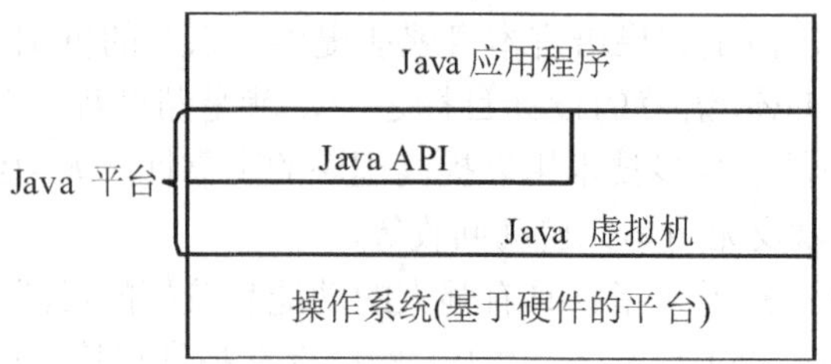

图 1.1 Java 平台

在这里，我们要给大家提一下本地代码(native code)，所谓本地代码，是指已经编译好的、可以在特定硬件平台上直接运行的代码，如已经编译好的 C 代码。因此，运行 Java 程序要比本地代码慢一点。然而在现代的网络时代，程序运行速度的瓶颈主要在于网络的速度；另一方面，已经出现了很多技术(JIT 等)，用以提高 Java 程序的运行速度，所以在编写大部分应用程序时，这一点是不用担心的。

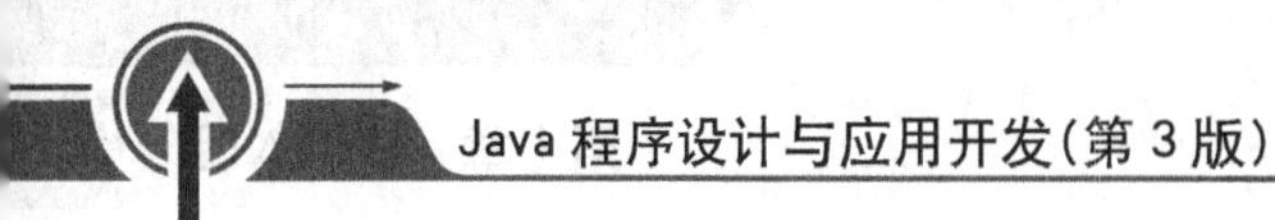

1.2 Java 开发环境的构建

Java 开发环境的基本要求非常低，只需一个 Java 开发包，再加上一个纯文本编辑器即可。为了提高开发效率，可以使用功能强大的文本编辑工具，例如 TextPad、UltraEdit 等。对于熟练的开发人员，为了进一步提高开发效率，还可以使用具有可视化功能的 Java 专用开发工具，例如 JBuilder。但是作者不建议初学者使用这类高级专用开发工具，而是建议使用文本编辑工具。这样有助于初学者加强对必要关键字、常用系统类以及 Java 语法的记忆与理解。

UltraEdit 是一款非常优秀的文本编辑工具，并且能够识别很多编程语言(例如 Java、C 以及 C++等)的关键字，不同的关键字还可以以不同的颜色醒目地标识出来，非常方便编程人员使用。本书所有的代码均是使用 UltraEdit 编写完成的。使用 UltraEdit 并不困难，读者在获得 UltraEdit 的安装包并正确安装后，即可直接使用。

1.2.1 Java 开发包的安装

甲骨文公司(2009 年甲骨文公司收购了 Java 技术的创建者——Sun 公司)免费提供了 Java 开发工具包(Java Development Kit，JDK)。该工具包包含了编译、运行以及调试程序所需要的工具，此外还提供了大量的基础类库。基础类库是应用开发中的砖瓦，开发人员灵活地使用，就可以建造出各种各样的建筑物——应用软件。

甲骨文公司为不同的操作系统(如 Windows、Unix/Linux、Mac OS)提供了相应的 Java 开发包安装程序。本书中使用 Windows 操作系统环境下的 Java 开发包。读者可以登录甲骨文公司的网站(http://www.oracle.com)获取免费的 Java 开发包安装程序。本书中所给出的例子程序均在版本为 Java 8 的 JDK 下运行通过。

在得到 Java 开发包后首先需要进行安装。双击 Java 开发包安装程序，出现的安装界面如图 1.2 所示。

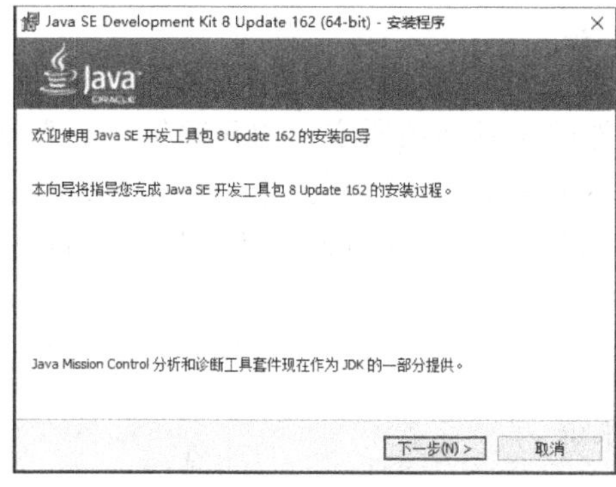

图 1.2　安装启动界面

单击“下一步”按钮，进入如图 1.3 所示的界面。用户可以选择安装开发包的部分或是全部内容。

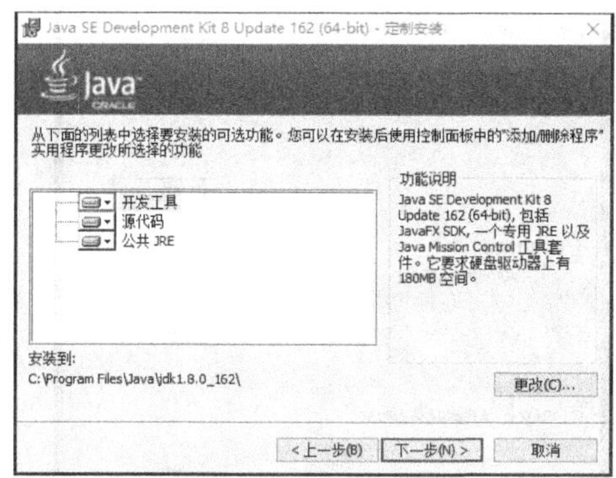

图 1.3　安装内容选择

如果用户想要更改开发包的安装路径，则单击“更改”按钮，弹出如图 1.4 所示的对话框。更改了安装路径后，单击“确定”按钮可关闭该对话框。

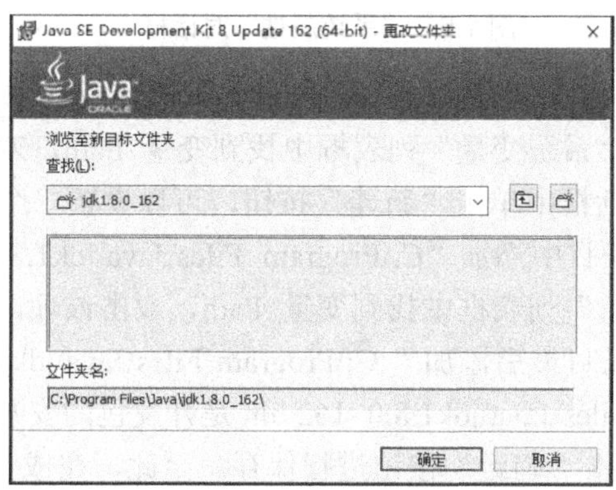

图 1.4　安装路径选择

在选定了安装内容和安装路径后，单击“下一步”按钮进入正式安装。其他版本的开发包安装过程中除了显示画面略有不同，其他方面类似。

1.2.2 环境变量的设定

设定环境变量的目的是能够正常使用所安装的开发包。主要包括两个环境变量 Path 和 Classpath。Path 称为路径环境变量，用来指定 Java 开发包中的一些可执行程序(如 java.exe、javac.exe 等)所在的位置。Classpath 称为类路径环境变量，其意义在第 4 章将提到。

不同的操作系统上，设定环境变量的方法是不同的。下面以设定 Path 为例进行介绍。

1. Windows 7/10 操作系统

右击桌面上的“计算机”(Windows 7 操作系统中)或者“此电脑”(Windows 10 操作系统中)图标，在弹出的快捷菜单中选择“属性”命令，弹出“系统”窗口，在“系统”窗口的左侧选择“高级系统设置”命令，弹出“系统属性”对话框，如图 1.5 所示。

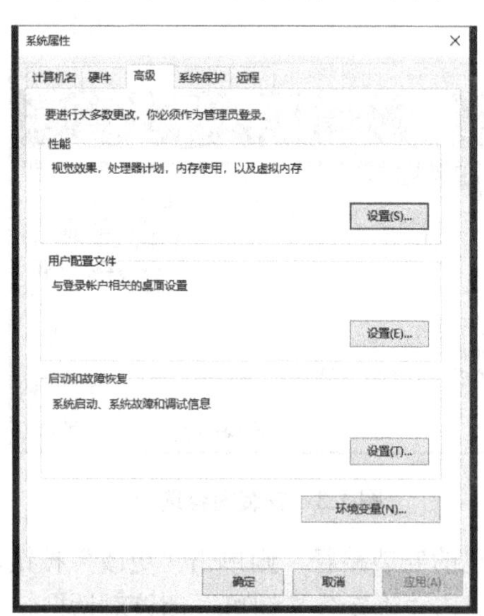

图 1.5 “系统属性”对话框

切换到“高级”选项卡，在该选项卡中有一个“环境变量”按钮，单击该按钮，弹出“环境变量”对话框，在“系统变量”列表框中找到变量 Path，双击该项，弹出“编辑环境变量”对话框，在该对话框中单击“新建”按钮，可以设置一个新的环境变量的值，如图 1.6 所示。在最下面的条目中添加“C:\Program Files\Java\jdk1.8.0_162\bin”(Windows 7 操作系统中是在“系统变量”列表框中找到变量 Path，双击该项，弹出“编辑环境变量”对话框，在该对话框中的条目最后添加“;C:\Program Files\Java\jdk1.8.0_162\bin”。注意：不包括引号，C:\Program Files\Java\jdk1.8.0_162\bin 是开发包的安装路径，如果安装到其他路径，需做相应修改)，单击“确定”按钮进行保存。至此，完成了 Path 环境变量的设定工作。所添加的值是用来指定 Java 开发包中的一些可执行程序(如编译、解释以及调试等可执行的工具程序)所在位置的。

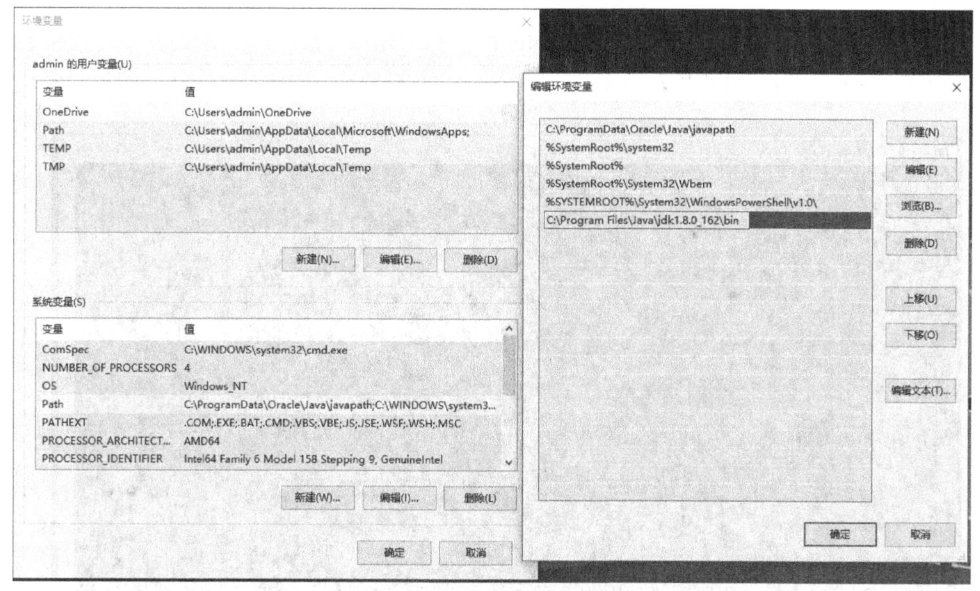

图 1.6　编辑环境变量

2. Unix 操作系统

在 Unix(包括 Solaris 和 Linux)操作系统中，依据所使用的 shell 不同，设定 Path 的方法也有所不同。例如，若使用的是 C shell，则向~/.cshrc 文件末尾添加如下代码：

```
set path=(/usr/local/jdk1.8.0_162/bin $path)
```

1.2.3　基本 DOS 命令

在初学者所使用的 JDK+文本编辑器的开发过程中，编译和调试程序都是在 DOS 控制台窗口下完成的，因而不可避免地会使用到一些 DOS 命令。目前普通用户已经很少使用 DOS 命令，但是有的时候，使用 DOS 命令更加简洁、高效。这里将简单介绍一些常用的 DOS 命令。

1. 如何进入 DOS 控制台窗口

这里以 Windows 10 为例，在左下角的输入框中输入“CMD”，按 Enter 键，即可进入 DOS 控制台窗口，如图 1.7 所示。

需要注意的是，用这种方式进入 DOS 控制台窗口后，当前目录为系统默认目录。如果想转换到其他盘符，例如 E:，可以在提示符后输入“E:”，然后按 Enter 键，就转换到 E 盘了。

2. DOS 命令简介

1)　DIR

【功能】 显示目录中的文件以及子目录。

【格式】 DIR [drive:][path][filename]

【举例】

DIR C:　显示 C:\中的文件以及子目录。

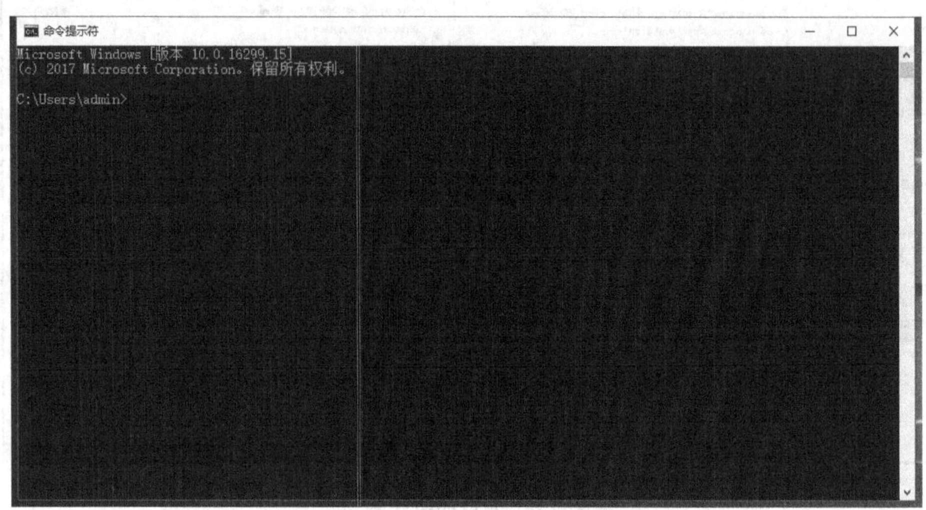

图 1.7　DOS 控制台窗口

2)　CLS

【功能】 清除屏幕。

3)　DEL

【功能】 删除一个或多个文件。

【格式】 DEL [drive:][path][filename]

【举例】

DEL　Test.java　删除当前目录中的文件 Test.java。

DEL　Test.*　删除当前目录中的所有文件名为 Test 的文件，不管文件的扩展名是什么。

DEL　T*.class　删除当前目录中的所有扩展名为.class，并且文件名以 T 开头的文件。* 称为通配符，表示一个字符串。

DEL　?e*.*　删除文件名中第二个字符为 e 的所有文件。?也是一个通配符，表示一个字符。

4)　MD

【功能】 创建目录。

【格式】 MD [drive:]path

【举例】

MD Chapter01　创建一个名为 Chapter01 的目录。

5)　COPY

【功能】 文件复制，将一份或多份文件复制到另一个位置。

【格式】 COPY [drive:][path][filename]　[drive:][path][filename]

【举例】

COPY d:\book\chapter01\HelloWorld.java d:\backup\HelloWorld.java

将 d:\book\chapter01 目录中的 HelloWorld.java 文件复制到 d:\backup 目录中。

COPY . d:\backup　将当前目录中所有的文件复制到目录 d:\backup 中。注意，如果当前目录下包含子目录，子目录中的内容不会被复制。

6)　HELP

【功能】 帮助。

【格式】 HELP [command]

【举例】

HELP DIR　具体解释 DIR 命令的使用。

7)　EXIT

【功能】 退出 DOS 窗口。

这里介绍了几个常用的 DOS 命令。实际上这些命令还可以通过加入命令参数来定制命令的功能，限于篇幅，不再赘述。有兴趣的读者可以进一步参阅 DOS 手册。

1.3　Java 应用程序

下面开始编写我们的第一个 Java 应用程序——HelloWorld。在编写、编译以及运行程序的过程中如果遇到问题，读者可以参考 1.3.4 小节的常见问题解答。

1.3.1　编写源代码

打开 UltraEdit 文本编辑器，新建一个文件，并输入例 1.1 中的源代码，如图 1.8 所示。

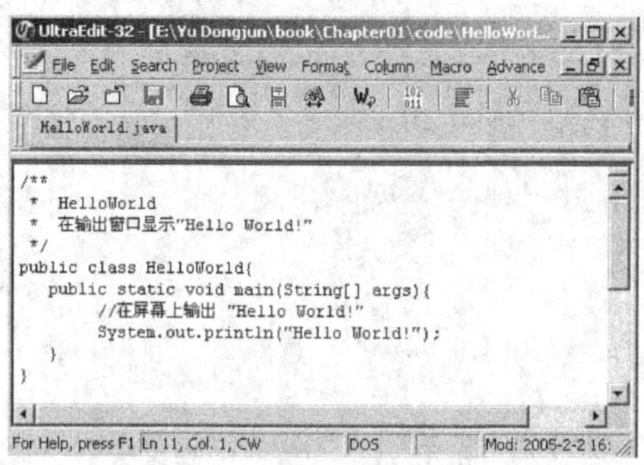

图 1.8　编写源代码

例 1.1　HelloWorld.java

```
/**
 * HelloWorld
 * 在输出窗口显示"Hello World!"
 */
public class HelloWorld{
   public static void main(String[] args){
     //在屏幕上输出 "Hello World!"
     System.out.println("Hello World!");
   }
}
```

注意： 由于 Java 编译器和解释器对于代码中的字符是大小写敏感的，所以在按照本书内容输入代码、命令以及文件名时，应注意大小写是否正确。

代码输入完毕后，将其保存成一个文件，取名为 HelloWorld.java，并存放到一个指定的目录中去(如 E:\Chapter01\code)。

注意： 该文件名必须是 HelloWorld(与公开类的类名相同，并且大小写也要一样，这是由 Java 编译器和解释器是大小写敏感而决定的)，并且扩展名一定是.java。

打开一个 DOS 窗口，进入 HelloWorld.java 文件所在的目录，例如：

```
cd E:\Chapter01\code
```

然后，在命令行输入如下命令：

```
DIR
```

按 Enter 键后，可以发现目录 E:\Chapter01\code 中有一个文件，名字为 HelloWorld.java，这就是我们刚才保存的源代码文件，如图 1.9 所示。

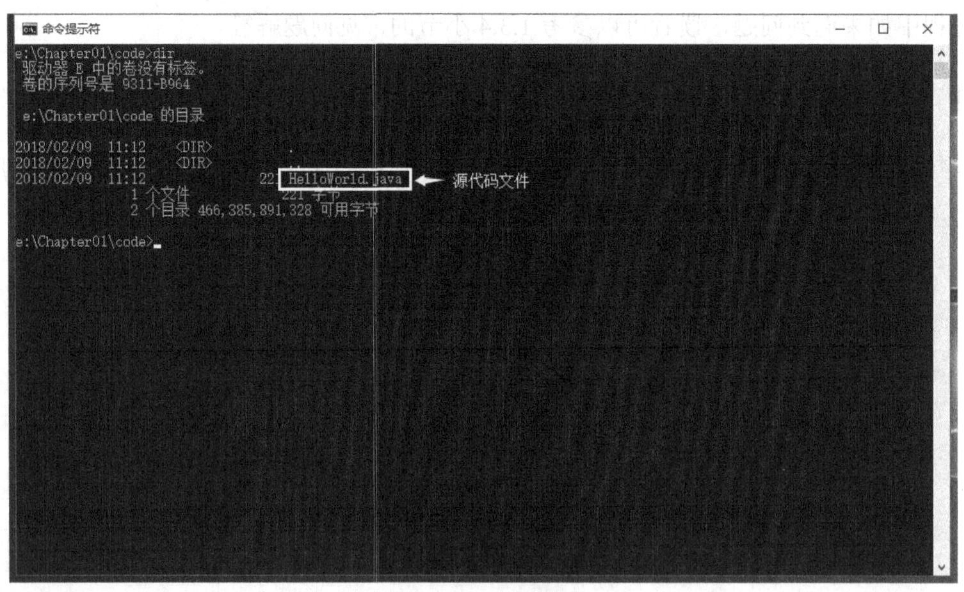

图 1.9　源代码文件

1.3.2　编译源代码

可执行文件 javac.exe 位于 Java 安装目录的 bin 子目录中，称为 Java 编译器(Java Compiler——javac 名称的由来)，用于对指定的 Java 源代码进行编译工作。

如图 1.10 所示，在命令提示行输入以下命令并按 Enter 键：

```
javac HelloWorld.java
```

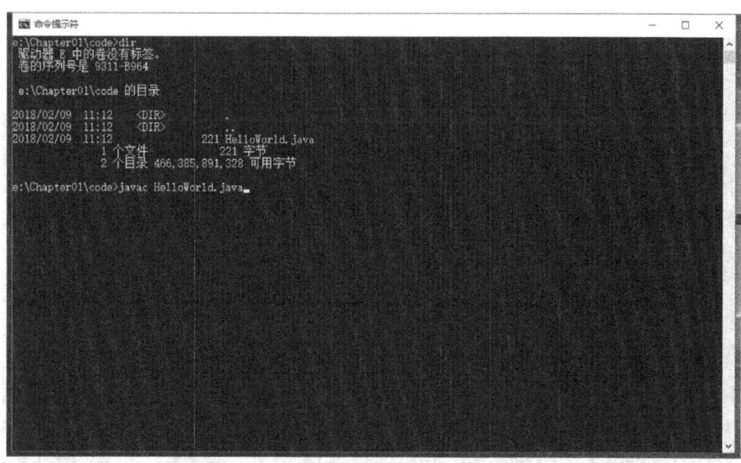

图 1.10　编译源代码

如果屏幕上没有出现错误提示，则表示已经正常完成了编译工作。再次使用 DIR 命令，可以发现目录下多了一个文件 HelloWorld.class，即编译好的中间字节码(bytecode)文件，如图 1.11 所示。

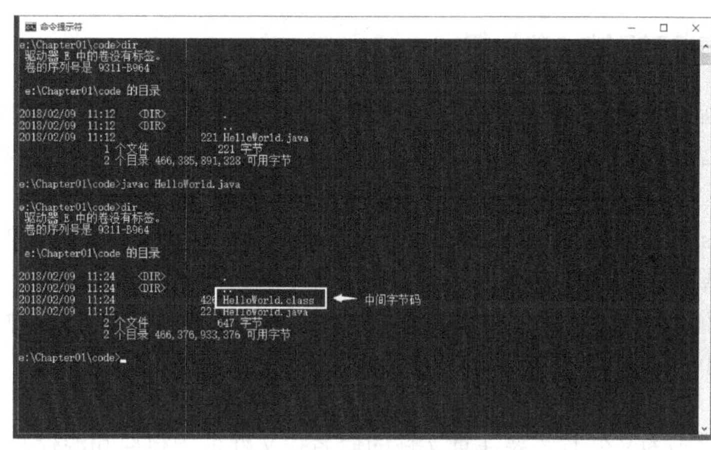

图 1.11　编译结果

编译好的中间字节码可以在不同平台的 Java 虚拟机上运行。正是使用了这种将源代码编译成中间字节码状态的技术，使得 Java 具备了跨平台的能力。

1.3.3　运行程序

可执行文件 java.exe 同样位于 Java 安装目录的 bin 子目录中，称为 Java 解释器，用于对指定的 Java 中间字节码进行解释并加以执行。

在命令提示行输入以下命令并按 Enter 键：

```
java HelloWorld
```

Java 解释器将对中间字节码 HelloWorld.class 进行解释并执行，该程序的运行结果是在屏幕上输出“Hello World!”，如图 1.12 所示。

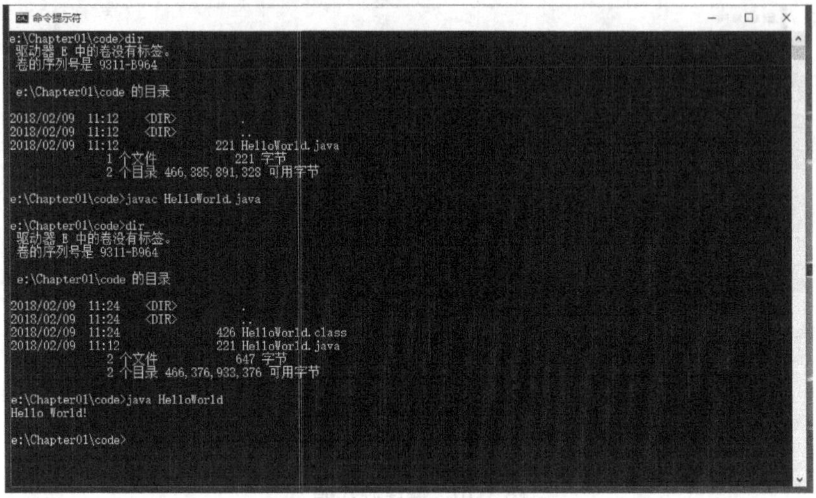

```
命令提示符
e:\Chapter01\code>dir
 驱动器 E 中的卷没有标签。
 卷的序列号是 9311-B964

 e:\Chapter01\code 的目录

2018/02/09  11:12    <DIR>          .
2018/02/09  11:12    <DIR>          ..
2018/02/09  11:12               221 HelloWorld.java
               1 个文件            221 字节
               2 个目录 466,385,891,328 可用字节

e:\Chapter01\code>javac HelloWorld.java

e:\Chapter01\code>dir
 驱动器 E 中的卷没有标签。
 卷的序列号是 9311-B964

 e:\Chapter01\code 的目录

2018/02/09  11:24    <DIR>          .
2018/02/09  11:24    <DIR>          ..
2018/02/09  11:24               426 HelloWorld.class
2018/02/09  11:12               221 HelloWorld.java
               2 个文件            647 字节
               2 个目录 466,376,933,376 可用字节

e:\Chapter01\code>java HelloWorld
Hello World!

e:\Chapter01\code>
```

图 1.12　执行程序

至此，我们已经完成了一个应用程序的开发过程。更复杂的应用程序无非是要编写更多的程序代码，基本步骤是一样的。

1.3.4　常见问题解答

虽然编写、编译以及运行例 1.1 是一个相对简单的工作。但对于初学者来说，仍可能出现各种错误。这里我们对初学者常会遇到的问题进行汇总，请读者特别注意以下几点。

(1) Windows 系统对于 DOS 命令中字符的大小写是不敏感的。例如：输入 DIR、dir 或是 Dir 得到的结果是相同的。

(2) Java 编译器和解释器对于代码中的字符是大小写敏感的，所以在输入代码时要特别注意字符的大小写，例如 HelloWorld 和 helloWorld 是不同的，同样 public 和 Public 也是不同的。

(3) 保存源代码为文件时，要注意文件的命名。文件名一定要和源代码中公开类的类名一致(包括大小写)，并且文件扩展名必须为.java。注意，如果将例 1.1 中的 public class HelloWorld 改为 class HelloWorld(即 HelloWorld 不再是公开类)，则可以将其保存为任何一个合法的并以.java 为扩展名的文件，例如 NotHelloWorld.java。在编译时使用命令：

```
javac NotHelloWorld.java
```

注意，编译得到的结果并不是 NotHelloWorld.class，而是 HelloWorld.class。因此，运行时，仍须使用如下命令：

```
java HelloWorld
```

如果用户使用：

```
java NotHelloWorld
```

系统将报如下错误：

```
Exception in thread "main" java.lang.NoClassDefFoundError: NotHelloWorld
```

这表示系统找不到类 NotHelloWorld。理应如此！虽然我们将源代码保存为文件 NotHelloWorld.java，但是其中确实只是定义了 HelloWorld 类，编译得到的中间字节码文件也是 HelloWorld.class。

(4) 如果在进行编译时报类似如下错误(如果读者使用的是英文版的操作系统，错误信息将是英文)：

```
'javac' 不是内部或外部命令，也不是可运行的程序或批处理文件。
```

则表示系统不能正确定位编译器 javac.exe，原因是未能正确设定 Path 环境变量。请参考 1.2.2 小节关于环境变量的设定。

(5) 编译时，需要用文件的全名，例如 javac HelloWorld.java；解释运行时只需要用类名，而不需要带上.class，例如 java HelloWorld。如果输入：

```
java HelloWorld.class
```

那么系统将报如下错误：

```
Exception in thread "main" java.lang.NoClassDefFoundError:HelloWorld/class
```

这是因为 Java 解释器将 HelloWorld 当作一个包(Package)名，并将 class 当作 HelloWorld 包中的一个类，从而产生错误。具体参见第 4 章中介绍包(Package)的章节。

1.3.5　理解例子

下面我们来详细分析一下例 1.1。

在程序中加入适当的注释是一个良好的开发习惯，对于日后的维护具有重要的意义。例 1.1 的源代码中包含了两个注释块：

```
/**
 *  HelloWorld
 *  在输出窗口显示"Hello World!"
 */
```

和

```
//在屏幕上输出 "Hello World!"
```

Java 代码中具有以下 3 种类型的注释。

1. 单行注释

单行注释的结构如下：

```
// comments
```

从//至该行结束的内容是注释部分，编译器予以忽略。

2. 多行注释

多行注释的结构如下：

```
/* comments */
```

在/*和*/之间的所有内容均为注释部分，位于/*和*/之间的内容可以是一行或是多行。

3. 文档注释

文档注释的结构如下：

```
/ **  comments line 1
*  comments line 2
*  ...
*  comments line n
*/
```

这种类型的注释称为文档注释，同样编译器在编译过程中会忽略。文档注释一方面能够起到注释程序的作用，另一方面就是当使用 JDK 的文档生成工具 javadoc.exe(位于 Java 安装目录下的 bin 子目录中)进行处理时，可以自动产生应用程序的文档。

```
public class HelloWorld{
    ...
}
```

上述代码块称为类定义块，用于定义一个类。类是面向对象设计中的一个基本概念(没有面向对象概念的读者可以参看后续章节中关于面向对象概念的描述)，也是面向对象程序设计中的基本构建块。类是对特定类型对象所具有的属性(变量)和方法的蓝图性描述。实例化一个类就可以得到一个对象，该对象具有类所定义的属性和方法。举个例子来说，我们可以定义一个长方形的类，由于任何一个长方形都具有长度和宽度，所以长方形类可以含有两个属性：长和宽。此外，长方形类还可以有一个方法用于计算其面积。在定义好长方形类后，我们就可以实例化它，用于表示任何特定的长方形对象，如桌面、书面等。

在 Java 编程语言中，是这样定义类的：

```
modifier class name{
   ...
}
```

modifier 是类的访问修饰符，在例 1.1 中是 public，表示 HelloWorld 是一个公开类。关键字 class 表示开始一个类的定义。name 是所定义的类名，例 1.1 中为 HelloWorld。变量和方法的定义都必须包含在类定义块的一对大括号之间，例 1.1 中没有定义变量，并且只有一个方法 main。

下面我们来看看 HelloWorld 类中唯一的 main 方法。实际上每个 Java 应用程序中必须包含一个这样的 main 方法，因为这是应用程序的入口，也就是说，应用程序是从起始类的 main 方法开始运行的。

注意： 一个实际的应用程序往往由多个类构成，因此需要指定从哪个类开始运行，这个类就是起始类。例如 java HelloWorld，则 HelloWorld 称为应用程序的起始类。

public static void main(String[] args)定义了 main 方法，该方法的定义中包含了三个修饰

符：public、static 以及 void。public 表示该方法是一个公开的方法，任何其他对象都可以调用该方法。static 表示该方法是静态方法，也就是不需要生成该方法所在类的实例对象就可以直接调用。void 表示该方法没有返回值。

当在命令行输入 java HelloWorld 并按 Enter 键后，Java 解释器将调用 HelloWorld 的 main 方法，从而开始应用程序的运行。

main 方法的参数是一个字符串类型的数组，用于接收命令行参数。

例如，如果在 main 方法中包含如下两行代码：

```
System.out.println("命令行参数 1 是 "+args[0]);
System.out.println("命令行参数 2 是 "+args[1]);
```

编译完成后，在命令行输入：

```
java HelloWorld  a    b
```

按 Enter 键后，可以发现程序运行输出：

```
命令行参数 1 是 a
命令行参数 2 是 b
```

不重新编译程序，继续在命令行输入：

```
java HelloWorld  b    a
```

按 Enter 键后，可以发现程序运行输出：

```
命令行参数 1 是 b
命令行参数 2 是 a
```

至此，可以看出：从命令行输入的参数是存储在 main 方法的字符串类型数组参数中的。可以在不修改程序的条件下，通过使用不同的命令行参数来改变程序的运行输出。

注意： 如果在阅读下面关于 System.out.println 的内容时存在困难，可以暂时先跳过。等学习完类和对象的概念后，再来阅读。

我们再来仔细看看 main 方法中唯一的一行代码 System.out.println("Hello World!")。System 是一个系统提供的类，在这个类中有一个变量 out，该变量表示系统标准输出流，“.”表示引用类中的变量或是方法。需要注意的是，我们没有实例化 System 类就直接引用了其中的 out 变量，像这种不需要实例化直接通过类名就可以引用的变量称为类变量；类似地，不需要实例化就可以直接引用的方法称为类方法。而必须实例化成对象后才能使用的变量(方法)称为实例变量(实例方法)，要引用实例变量或是实例方法必须通过对象来引用。该例子中 out 是 System 的类变量，指向的是系统标准输出流 PrintStream，当 System 类被装载时，就会实例化一个 PrintStream 对象并赋值给 out，这时候再调用 out 的实例方法 println，将参数字符串打印到标准输出设备上(这里是屏幕显示器)。

这里我们还可以看出，实例方法/实例变量的引用类似于类方法/类变量的方式，都是通过“.”来引用。不同之处是类方法/类变量不需要生成实例，直接通过类名就能引用，而实例方法/实例变量必须实例化成对象后才能引用。

至此，可以发现，语句 System.out.println("Hello World!")的作用就是将字符串

“Hello World!”显示到显示器屏幕上。

注意： 类方法或是类变量与一个特定的类相联系，不管一个类生成了多少个实例，运行系统只给该类分配一个类变量。通过类来引用类方法或是类变量。

实例方法或是实例变量与一个特定的对象相联系，一个类生成了多个对象，每个对象都有独立的一份实例变量。只能通过对象来引用实例方法或是实例变量。

1.4 Java Applet

Applet 称为小应用程序，与应用程序不同的是，Applet 一般是在支持 Java 的 Web 浏览器中运行。使用特定的 HTML 标签(tag)将 Applet 嵌入到 HTML 页面中，并且 Applet 程序和页面均存放在服务器上，当远程用户通过浏览器来访问页面时，页面中所嵌入的 Applet 程序通过网络被下载到浏览器中并加以运行。

下面通过一个简单的例子，来说明如何编写并运行一个 Applet 程序。

1.4.1 编写 Applet 源代码

使用 UltraEdit 文本编辑器，创建文件 HelloWorldApplet.java，并输入例 1.2 中的源代码。

例 1.2 HelloWorldApplet.java

```
/**
 * HelloWorldApplet
 * 一个简单的 Applet
 */
import javax.swing.JApplet;//引入 JApplet 类
import javax.swing.JLabel; //引入标签类 JLabel
public class HelloWorldApplet extends JApplet{
  public void init(){
    System.out.println("init Applet");
  }
  public void start(){
    System.out.println("start Applet");
    getContentPane().add(new JLabel("HelloWorldApplet"));
  }
  public void stop(){
    System.out.println("stop Applet");
  }
  public void destroy(){
    System.out.println("destroy Applet");
  }
}
```

在这个 Applet 中，有 4 个重要的方法。

- init()：打开嵌有 Applet 的 HTML 页面时，该方法被调用以进行必要的初始化工作。

- start()：该方法在 init 方法结束后被调用，用以启动 Applet。
- stop()：关闭嵌有 Applet 的 HTML 页面时，该方法被自动调用，以关闭 Applet。
- destroy()：stop 方法执行完毕后，该方法被调用，用以释放 Applet 所使用的资源。

1.4.2　编写嵌入 Applet 的 HTML 文件

同样使用 UltraEdit 文本编辑器，创建一个名为 HelloWorldApplet.html 的文件，输入例 1.3 所示的 HTML 代码。

例 1.3　HelloWorldApplet.html

```
<html>
<title>A Simple Applet Example</title>
<body>
This is a simple applet.<p>
<applet code="HelloWorldApplet.class" width="150" height="150">
</applet>
</body>
</html>
```

页面文件 HelloWorldApplet.html 和普通页面文件的区别在于使用了 applet 标签，该标签表示在页面中嵌入小应用程序。其中 code 属性用于指定特定的类文件名，注意一定要包含文件扩展名.class。width 和 height 属性分别指定了容纳该 Applet 的窗口的宽度和高度。

1.4.3　运行 Applet

首先使用 javac 命令对 HelloWorldApplet.java 进行编译，得到 HelloWorldApplet.class。运行这个编译好的小应用程序，可以使用两种方法：一种方法是使用 JDK 附带的 Applet 查看器 appletviewer.exe；另一种方法是使用支持 Java 的 Web 浏览器。

注意： 运行应用程序使用的是 Java 解释器；而运行 Applet 程序则使用 Applet 查看器或是 Web 浏览器。

1. 使用 Applet 查看器

在 DOS 命令行输入如下命令并按 Enter 键：

```
appletviewer HelloWorldApplet.html
```

该命令执行后，可以得到如图 1.13 所示的结果。

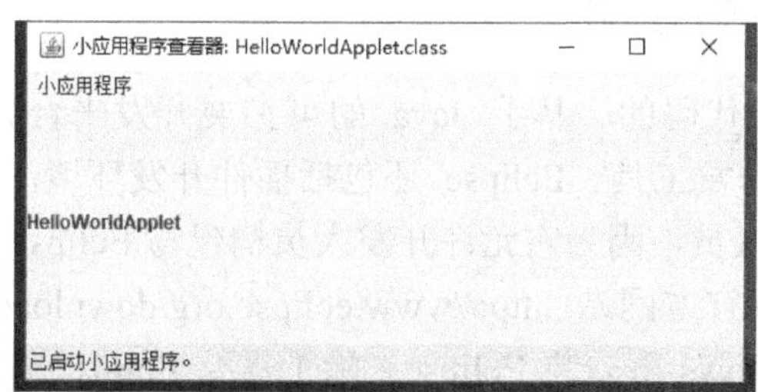

图 1.13　使用 Applet 查看器运行 Applet

关闭查看程序后，还可以发现 DOS 控制台窗口中的输出情况如图 1.14 所示。

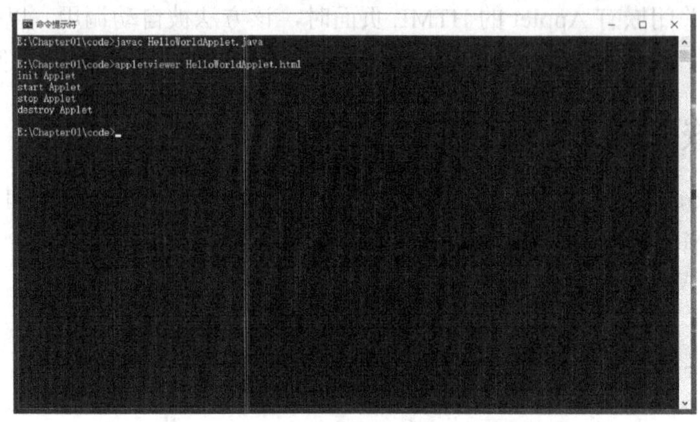

图 1.14　Applet 运行后在 DOS 控制台窗口中的输出

可以发现，Applet 中的 4 个重要方法确实依次被自动调用了。

2. 使用 Web 浏览器

也可直接用 Web 浏览器(如 Internet Explorer)打开页面文件 HelloWorldApplet.html，运行结果如图 1.15 所示。

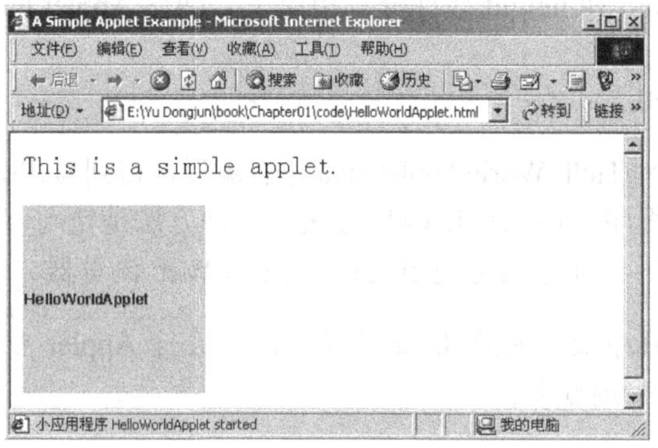

图 1.15　用 Web 浏览器运行 Applet

1.5　Eclipse 开发工具

1.5.1　Eclipse 简介与安装

Eclipse 是一个开放源代码的、基于 Java 的可扩展开发平台。Eclipse 附带了一个标准的插件集，包括 Java 开发工具。Eclipse 还包括插件开发环境，这个组件主要针对希望扩展 Eclipse 的软件开发人员，因为它允许开发人员构建与 Eclipse 环境无缝集成的工具。

Eclipse 软件包可以到官方网站 http://www.eclipse.org/downloads/下载，它可以安装在各种操作系统上，在 Windows 下安装 Eclipse，除了需要 Eclipse 软件包之外，还需要 Java 的 JDK 来支持 Eclipse 的运行。此外，还要设置相关环境变量。具体 JDK 的安装及环境变量的设置可参考本章 1.2 节。

Eclipse 的安装非常简单，属于绿色软件，不需要运行安装程序，不需要往 Windows 的注册表中写信息，只要将 Eclipse 压缩包解压就可以运行 Eclipse。

(1) 解压。首先把 eclipse-SDK-3.4.1-win32.zip 压缩包解压到一个本地目录(例如 D 盘目录 D:\eclipse)，然后双击此目录中的 eclipse.exe 文件即可打开 Eclipse。Eclipse 的启动画面如图 1.16 所示。

图 1.16　Eclipse 的启动画面

(2) 将会弹出 Workspace Launcher 对话框，选择或新建一个文件夹，用于保存创建的项目，如图 1.17 所示。

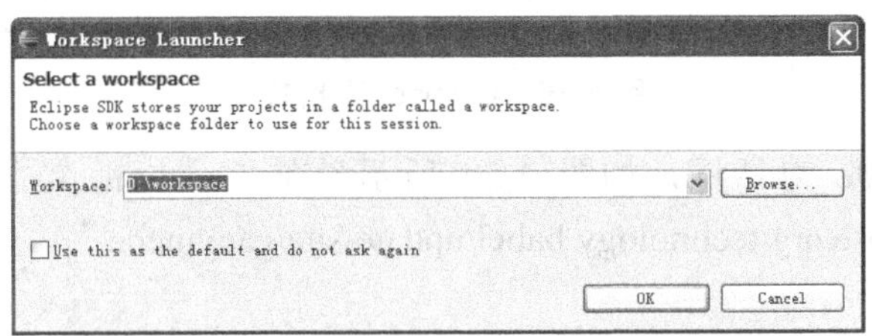

图 1.17　Workspace Launcher 对话框

(3) 设置好后单击 OK 按钮，打开 Eclipse 工作界面，如图 1.18 所示。

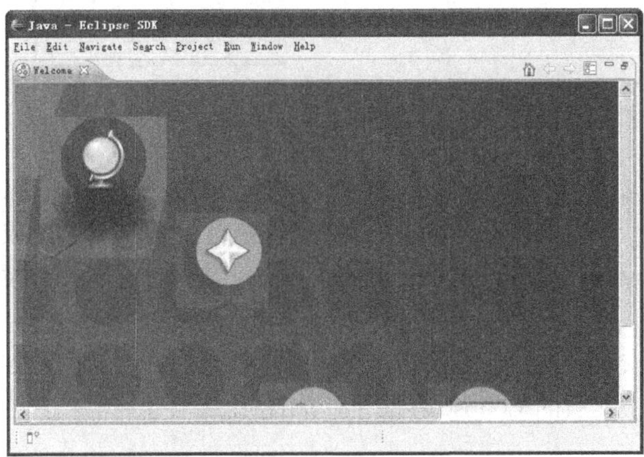

图 1.18　Eclipse 工作界面

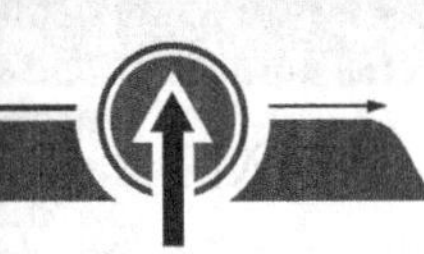

1.5.2 汉化 Eclipse

Eclipse 3.4 已经不再提供像 Eclipse 3.2 那种中文语言包，而交由 Babel 项目代替，汉化就不像 Eclipse 3.2 那样下载语言包覆盖一下就好了。下面介绍 Eclipse 3.4 的汉化方法。

(1) 打开 Eclipse，选择 Help | Software Updates 命令，在打开的对话框中切换到 Available Software 选项卡，单击 Add Site 按钮，如图 1.19 所示。

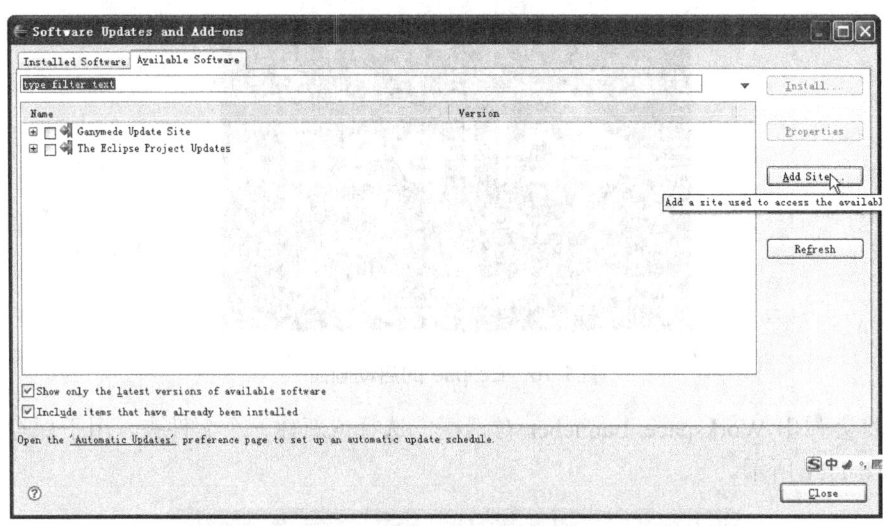

图 1.19 Eclipse 汉化(1)

(2) 弹出 Add Site 对话框，如图 1.20 所示，在 Location 文本框中输入链接路径“http://download.eclipse.org/technology/babel/update-site/ganymede”，输入完成后，单击 OK 按钮。

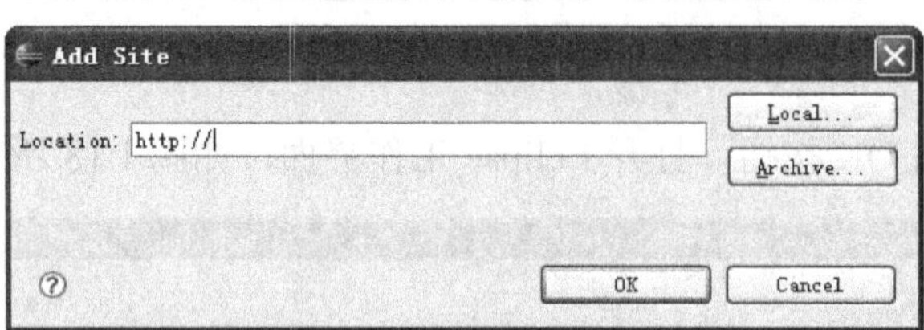

图 1.20 Eclipse 汉化(2)

(3) 可以发现地址 http://download.eclipse.org/technology/babel/update-site/ganymede 已经添加到 Name 选项下。单击 Refresh 按钮对软件进行更新。更新完成后，展开语言更新选项，选中 Babel Language Packs in Simplified Chinese 复选框，再单击对话框右边的 Install 按钮，如图 1.21 所示。

(4) 开始下载并安装中文语言包，安装完成后，单击 OK 按钮，Eclipse 会自动关闭和重启动，这时已经是中文版的 Eclipse 界面了，如图 1.22 所示。

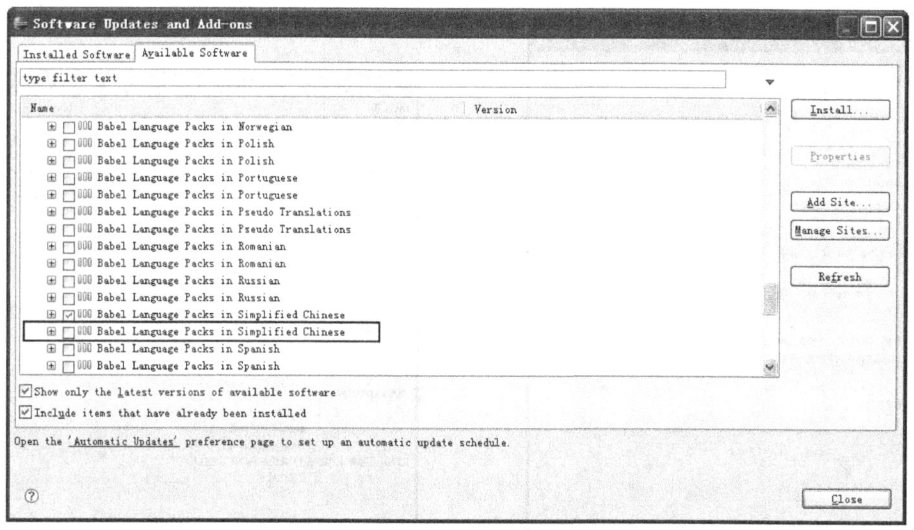

图 1.21　Eclipse 汉化(3)

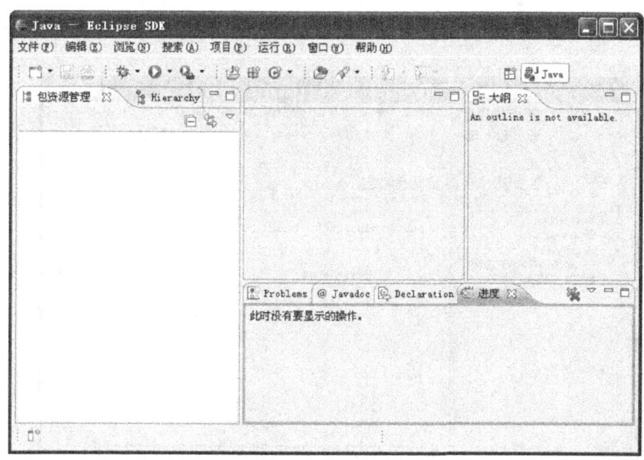

图 1.22　Eclipse 汉化(4)

1.5.3　使用 Eclipse 开发 Java 项目

(1)　新建 Java 项目。打开 Eclipse 后，在菜单栏中选择“文件”|“新建”|“项目”命令，打开“新建 Java 项目”对话框，此处把它命名为 HelloWorld，如图 1.23 所示。

(2)　新建 Java 类。在菜单栏中选择“文件”|“新建”|“类”命令，打开“新建 Java 类”对话框，如图 1.24 所示。将其名称设置为 HelloWorld，并设置包名为 example，然后选中 public static void main(String[] args)复选框，单击“完成”按钮。

(3)　Eclipse 会自动生成代码框架，如图 1.25 所示。

(4)　我们只需在 main 方法中写入代码即可(同前例 1.1)，如图 1.26 所示。

(5)　在默认设置下，Eclipse 会自动在后台编译，先将它保存，然后在菜单栏中选择“运行”|“运行方式”|“Java 应用程序”命令，即可在 Eclipse 的控制台看到输出结果，如图 1.27 所示。

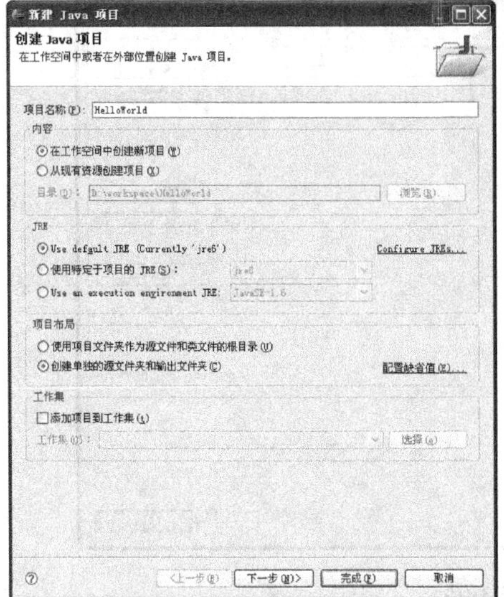

图 1.23　新建 Java 项目

图 1.24　新建 Java 类

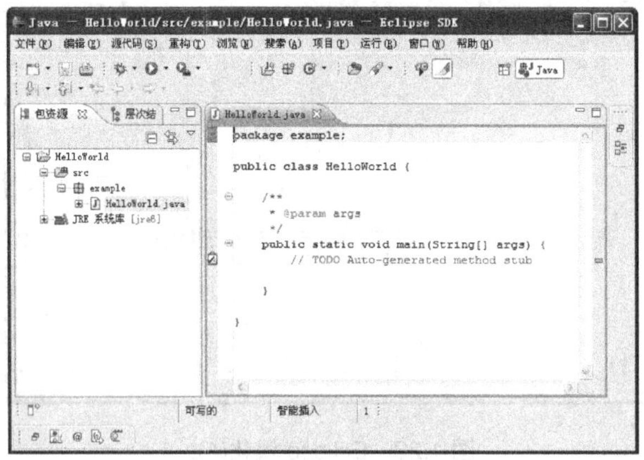

图 1.25　代码框架

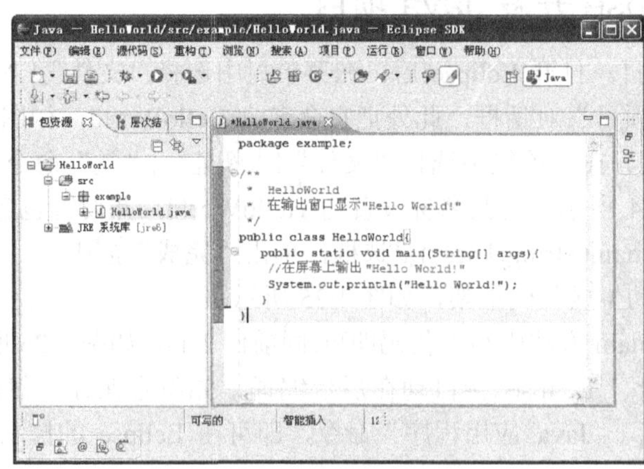

图 1.26　输入程序代码

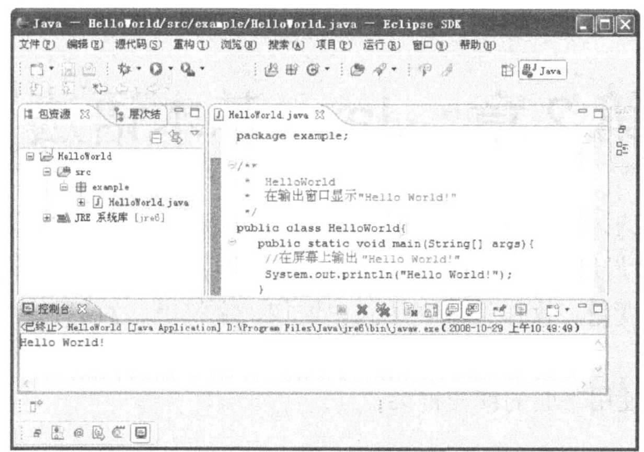

图 1.27　Eclipse 的控制台输出结果

至此，利用 Eclipse 开发简单 Java 项目的操作就完成了。

习　　题

1.1　自己动手完成 Java 开发包的安装，并设置环境变量 Path。使用文本编辑器 UltraEdit 手工输入例 1.1 中的源代码，编译并运行该程序。

1.2　参考例 1.1，编写一个程序，要求程序运行后在屏幕上输出：

```
**********************************
This is my first java program!
**********************************
```

1.3　编写一个程序，该程序从命令行接收 4 个参数，并将接收的 4 个参数打印输出到屏幕。

1.4　将例 1.1 中的程序保存为文件名 helloWorld.java(注意：h 是小写)，观察编译后的屏幕输出，并解释原因。

1.5　下面的程序试图在屏幕上输出字符串“A Simple Java Program”(不包括引号)，观察该程序的编译出错信息，并根据出错信息的提示修改程序，使其能正确运行。

```
public class Simple{
  public static void main(String []args){
     System.out.println(A Simple Java Program");
  }
}
```

第 2 章　Java 基本语法

通过第 1 章的学习，我们已经掌握了 Java 开发环境的安装、配置，并且通过例 1.1 学习了如何编写、编译以及运行一个最简单的 Java 应用程序。本章我们将学习 Java 编程语言的基本语法，包括变量、操作符、表达式、语句、字符串、数组、控制流以及如何使用帮助文档。

在本章中，我们使用下面的编程框架：

```
public class TestSketch{
  public static void main(String []args){
     //以下添加测试代码
     ...
  }
}
```

读者如果需要测试各小节中讲解的语句，用待测试的语句覆盖编程框架中的省略号，然后编译运行即可。

2.1　变　　量

所谓变量，就是由标识符命名的数据项。每个变量都必须声明数据类型，变量的数据类型决定了它所能表示值的类型以及可以对其进行什么样的操作。变量既可以表示基本数据类型(如整型 int、字符型 char 等)的数据，也可以表示对象类型(如字符串)的数据。当变量是基本数据类型时，变量中存储的是数据的值，而当变量是对象(引用)类型时，变量中存储的是对象的地址，该地址指向对象在内存中的位置，如图 2.1 所示。

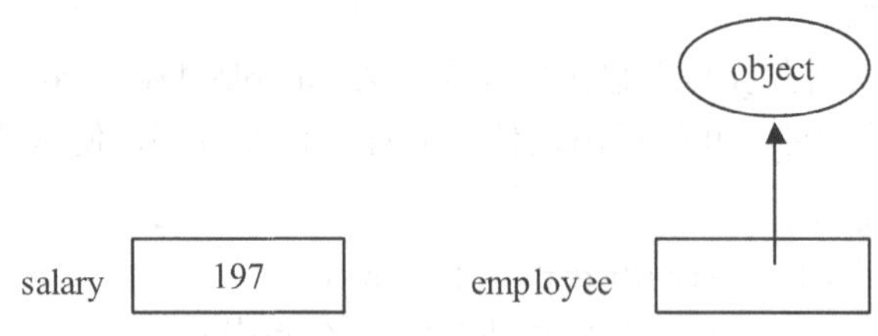

图 2.1　变量示意图

在图 2.1 中，salary 是一个基本类型的变量，其中存储的值是 197；而 employee 是一个对象类型的变量，所以其中存储的值是所指向对象在内存中的地址。注意，Java 语言中字符类型(char)是基本数据类型，而字符串(string)则是对象类型。本节将介绍 Java 语言中的几种基本数据类型。

2.1.1　基本数据类型

1. 整型

Java 语言中提供了 4 种整型数据类型：byte、short、int 和 long，如表 2.1 所示。

表 2.1　整型数据类型

类　型	大小/格式	描　述
byte	8 位　二进制	字节整型
short	16 位　二进制	短整型
int	32 位　二进制	整型
long	64 位　二进制	长整型

这 4 种类型都只能表示整数(包括负数)，由于占用存储空间大小的不同，所能表示的数值范围也有所不同，占用空间越大，表示的范围越大。此外，在不同的平台上，相同数据类型的大小和格式均是固定的，不会改变。

注意： 许多语言中，基本数据类型的格式和大小与程序运行的平台有关，这是产生程序跨平台困难的主要原因之一。Java 语言中，对每种基本数据类型都限定了固定的格式和大小，因此消除了数据类型对平台的依赖性。

可以这样给一个整型变量赋值：

```
int salary=197;
```

如果给一个长整型变量赋值，则在数字后面加一个 L，表示该数值是长整型：

```
long salary=197L;
```

注意，读者如果需要测试上面的两条赋值语句是否正确，则可以用这两条语句覆盖编程框架 TestSketch 中的省略号，得到：

```
public class TestSketch{
    public static void main(String []args){
        //以下添加测试代码
        int salary=197;
        long salary=197L;
    }
}
```

然后编译、运行 TestSketch.java 即可。

2. 浮点类型

浮点类型用来表示有小数的数值。浮点类型分为单精度浮点类型和双精度浮点类型两类，如表 2.2 所示。

之所以称 double 为双精度，是因为 double 数据类型表示数据的精度是 float 的两倍。

但是 double 类型的数据在运算时速度低于 float，因此在精度要求不高的条件下，如果需要大量存储以及运算数据，则使用 float 类型。如果精度要求高，则使用 double 类型。

表 2.2 浮点数据类型

类 型	大小/格式	描 述
float	32 位 IEEE 754 规范	单精度浮点类型
double	64 位 IEEE 754 规范	双精度浮点类型

double 和 float 基本数据类型有对应的封装类 Double 和 Float，并且在 Double 和 Float 封装类中以类变量的方式定义了浮点数的 3 个特殊值：正无穷、负无穷和非数字。

```
Double.POSITIVE_INFINITY  (Float.POSITIVE_INFINITY)
Double.NEGATIVE_INFINITY  (Float.NEGATIVE_INFINITY)
Double.NaN (Float.NaN)
```

可以为变量直接赋这些特殊的值，例如：

```
double weight=Double.POSITIVE_INFINITY;
```

这条语句将变量 weight 的值置为正无穷。

在 Java 编程语言中，浮点类型的数值默认为是双精度类型的，那么给单精度类型的变量赋值时需要在数值后面加上 F 或 f，以表示该数值是单精度类型的。如果使用下面的赋值语句：

```
float miles=0.9;
```

编译器将会报错，因为 0.9 默认为是 double 类型的，赋值给 float 类型的变量会丢失精度。正确的赋值方法应该是：

```
float miles=0.9f;
```

或是：

```
float miles=0.9F;
```

但是给 double 类型的变量赋值时，可以在数值后面加上 D(或 d)，也可以不加，例如：

```
double miles=0.9; double miles=0.9D; double miles=0.9d;
```

这些均是正确的。

3. 字符类型

读者可能对 ASCII 码都已经比较熟悉了，ASCII 码的长度是 8 位，最多只能表示 128 个字符，扩展的 ASCII 编码也只能处理 256 个字符。因此，如果想用 ASCII 码来对世界上所有语言中的字符进行统一编码是不可能的。而 Unicode 编码采用 16 位的编码方式，因此可以对 65536 种字符进行编码，能够容纳目前世界上已知的字符集。Java 编程语言中所有的字符均使用 Unicode 编码，Unicode 编码值通常用十六进制表示，如'\u0049'是'I'的 Unicode 编码。\u 表示是 Unicode 值，也称为转义字符。

字符类型只能表示单个字符，如表 2.3 所示。表示字符类型的值是在字符两端加上单引号，如'g'。注意'g'和"g"是不同的，前者是一个字符，属于基本数据类型；后者表示的是一个字符串(只是该字符串中只有一个字符)，属于一个对象数据类型。

表 2.3　字符数据类型

类　型	大小/格式	描　述
Char	16 位 Unicode 编码	表示单个字符

下面的例子是给一个字符类型的变量赋值：

```
char kind='I';          //给字符变量 kind 赋值'I'
```

也可以给字符类型的变量直接赋 Unicode 编码值，例如：

```
//给字符变量 kind 赋'I'的 Unicode 编码值，等价于 char kind='I';
char kind ='\u0049';
```

读者还要特别注意的是一些常用的转义字符，如表 2.4 所示。

表 2.4　常用转义字符

转义字符	含　义	Unicode 编码值
\b	退格	\u0008
\t	制表	\u0009
\n	硬回车	\u000a
\r	软回车	\u000d
\"	双引号	\u0022
\'	单引号	\u0027
\\	反斜杠	\u005c

例如，要在屏幕上输出"This is a char test"(双引号也要输出)，如果使用语句：

```
System.out.println(""This is a char test"");
```

那么编译会通不过，因为编译器将前面一对引号作为一个字符串，后面一对引号也作为字符串，这样就产生了语法错误。这时候就要使用转义字符了，正确的语句可以是：

```
System.out.println("\"This is a char test\"");
```

4. 布尔类型

布尔类型(boolean)的值只有两个：true 或是 false，分别表示真或者假，用于逻辑条件的判断。

注意： 在 C/C++中，数值也可以充当布尔类型的值：0 相当于 false，非零值相当于 true。这就很容易在程序中引入 bug，例如下面的 if 语句：

```
if(age=0) //判断 age 是否为 0
```

在 C/C++中是可以编译运行的。但是该语句隐含了一个 bug，因为不管 age 的实际值是什么，总是判定 if 语句不成立。而在 Java 中，该语句是不能编译通过的，必须使用：

```
if(age==0) //判断 age 是否为 0
```

2.1.2 变量

Java 编程语言中，要使用变量，必须先声明变量。按照如下方式声明变量：

```
VariableType  variableName;
```

例如：

```
int  length;
float  miles;
boolean flag;
```

Java 语言中，通过变量名来引用变量的值。因此必须给每个变量定义合法的变量名。变量名的定义必须符合以下几条规则：

- 变量名是由 Unicode 字母或是数字组成的不间断序列(中间不能有空格)，长度不限，并且必须以字母开头。
- 变量名不能是系统关键字(如 int)、布尔值(true 或 false)或保留字(null)。
- 在相同的作用域内(参看 2.1.3 小节)，不能重复声明同一变量名。

注意： 由于 Unicode 字符集非常庞大，当需要判断一个字符是否可以用作变量名的起始字母时，使用 Character.isJavaIdentifierStart(char)，如果返回值为 true，表示该字符可以作为变量名的字母；要判断一个字符是否可以作为变量名的组成部分，使用 Character.isJavaIdentifierPart(char)。

习惯上，变量名以小写的字母开头，类名以大写的字母开头。如果变量名称由多个单词组成，那么首单词的字母全部小写，后续所有单词的首字母大写，其余部分小写，例如：mySalaryThisYear。

变量名是区分大小写的，例如 mySalary 和 mysalary 就是不同的变量。建议不要同时声明类似的容易混淆的变量。

2.1.3 变量的作用域

变量总是在一定的区域内起作用，这个区域就是变量的作用域。实际上，在定义变量时，变量的作用域就随之确定了，变量的作用域与变量定义所处的位置是密切相关的。

这里为了比较全面地介绍变量作用域的概念，涉及类以及异常处理的概念(详细内容请参阅后续章节)。初学者可以暂时忽略关于类成员变量和异常处理参数变量作用域的介绍(图 2.2 中的①和④)，重点掌握方法参数变量和局部变量的作用域(图 2.2 中的②、③和⑤)。

在介绍作用域之前，有必要了解一下块(block)的概念。块是用一对花括号“{}”括起来的任意数量的 Java 语句，块允许嵌套。例如图 2.2 中所示的区域②就是一个块，称为方法块；同样区域①也是一个块，称为类块。④和⑤也均是一个代码块。

变量定义所在的位置决定了变量的作用域，根据变量定义所在的位置不同，可以分为以下 4 类：

- 类成员变量。
- 局部变量。
- 方法参数变量。
- 异常处理参数变量。

类成员变量的作用域是整个类块。图 2.2 中，类 ScopeDemo 的类成员变量 a，在类块①中的任何地方均可以使用变量 a。

编程人员可以在一个块中声明局部变量，例如类 ScopeDemo 中的变量 c 和 f 都是局部变量。局部变量的作用域是从该变量的声明处起至所在块的结束。例如变量 c 的作用域是块③，即变量 c 在块③内都是有效的；而同样是局部变量的 f 的作用域是块⑤，作用域要比变量 c 小。

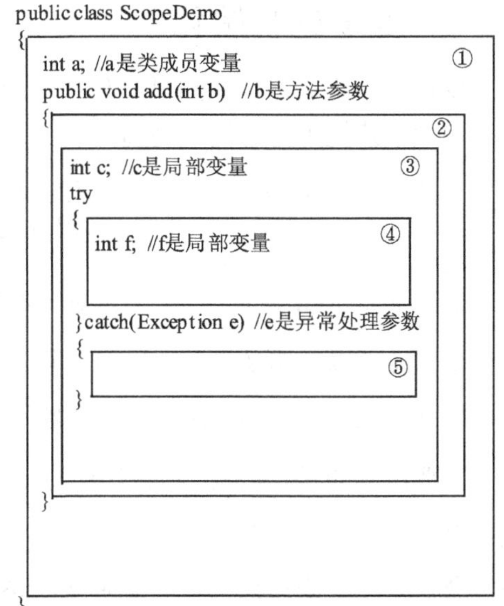

图 2.2　变量作用域示意图

方法参数变量是用来传递参数值到方法中去的，它的作用域是所在方法的整个方法块。例如类 ScopeDemo 中的方法参数变量 b，其作用域是整个方法块②。

异常处理参数变量类似于方法参数变量，只是其作用域仅限于捕获异常的 catch 块。例如类 ScopeDemo 中的异常处理参数变量 e，其作用域仅限于块④。

下面的一段代码是变量作用域实例，请读者阅读后结合本节内容指出代码中几处访问变量出错的原因。

例 2.1　ScopeDemo.java

```
public class ScopeDemo{
  int a=50;
  public void add(int b){
    System.out.println(a);                          //正确
    System.out.println(b);                          //正确
    System.out.println(c);                          //错误
    int c=100;
    try{
        int c;                                      //错误
        System.out.println(b);                      //正确
        System.out.println(c);                      //正确
          int f=200;
```

```
            System.out.println(f);                      //正确
        }catch(Exception e){
            System.out.println(e.toString());           //正确
            System.out.println(b);                      //正确
            System.out.println(c);                      //正确
            }
            System.out.println(c);                      //正确
            System.out.println(f);                      //错误
            System.out.println(e.toString());           //错误
            System.out.println(b);                      //正确
            System.out.println(a);                      //正确
    }
}
```

2.1.4 变量的初始化

变量在声明后，可以通过赋值语句对其进行初始化。初始化后的变量仍然可以通过赋值语句赋以其他不同的值。例如：

```
double salary;              //变量声明
salary=200d;                //初始化赋值
...
salary=400d;                //重新赋值，但不是初始化
```

变量还可以声明及初始化同时进行：

```
double salary=200d;      //变量声明的同时进行初始化
```

需要注意的是，给变量赋值类型必须要匹配，即变量的数据类型要和所赋值的数据类型一致。

注意： *方法参数变量和异常处理参数变量不能以上述方式来进行赋值与初始化。这两种类型的变量值是在方法调用或是抛出异常时传递进来的。*

Java 语言中还有一种特殊的 final 类型的变量，称作常量。final 类型的变量在初始化后就不能再重新对其赋值，常用于表示一些固定不变的值。使用 final 关键字来定义常量的例子如下：

```
final double PI=3.1415926;       //声明并初始化一个常量
PI=3.14;                         //出错，不能修改已经初始化的常量的值
```

PI 被定义为一个常量，并初始化为 3.1415926，以后在程序的任何地方都不能改变 PI 的值。

有的时候会存在这样一种情形：我们需要一个常量，但是在声明它的时候还不能确定其值是多少。这时候，可以使用滞后初始化的方法，即声明常量时不进行初始化，在适当的时候再初始化。例如：

```
final double A_CONSTANT;     //声明，未初始化
...
```

```
A_CONSTANT=0.9;                //滞后初始化
```

同样，该变量一旦初始化后，值也不允许修改。

注意：常量一旦初始化，不能对其重新赋值。习惯上，常量名中所有的字符均大写。

2.2 操　作　符

操作符可以对若干个操作数进行特定的运算。根据操作符需要操作数的不同，可以将操作符分为以下 3 类：

- 一元操作符。
- 二元操作符。
- 三元操作符。

一元操作符只能对一个操作数进行运算。一元操作符可以用两种形式表述：前缀式和后缀式。前缀式是指操作符在前，操作数在后，例如：

```
++a;
```

++是一元操作符，a 为操作数。

后缀式正好相反，操作符在后，操作数在前，例如：

```
a++;
```

二元操作符对两个操作数进行运算。加(+)、减(-)、乘(*)、除(/)、求模(%)以及赋值(=)都是二元操作符。例如：

```
a=7+8;
```

二元操作符“+”对 7 和 8 这两个操作数进行运算得到结果 15。二元赋值操作符“=”再对 15 和 a 这两个操作数进行运算，结果就是将 a 赋值为 15。

Java 语言中还有一个特殊的三元操作符“?:”，对 3 个操作数进行运算。一般表示形式为：

```
condition ? result1:result2;
```

如果第一个操作数 condition 的值为 true，那么取值 result1；反之取值 result2。例如：

```
min=x>y?y:x;
```

最终，min 的值为 x 与 y 中较小的值。

注意：三元操作符中的第一个操作数必须为布尔类型的值。

下面按照操作符的功能分别加以分类讲解。

2.2.1 算术操作符

加(+)、减(-)、乘(*)、除(/)、求模(%)是 Java 编程语言中提供的算术操作符。算术操作

符只能对浮点型和整型数据类型的操作数进行运算。算术操作符的功能如表 2.5 所示。

表 2.5 算术操作符

操 作 符	使用方法	功能描述
+	x+y	将 x 和 y 的值相加
–	x–y	从 x 中减去 y
*	x*y	将 x 和 y 相乘
/	x/y	x 除以 y
%	x%y	x 模 y

例如：

```
int x;         //变量声明
x=100+50;     //赋值，该语句执行完毕后，x 的值为 150
x=x+100;      //赋值，该语句执行完毕后，x 的值为 250
```

还可以使用如下语句对变量进行赋值：

```
x+=100;
```

它等价于：

```
x=x+100;
```

每个算术操作符在用于赋值运算时可以有其对应的简捷形式，如表 2.6 所示。

表 2.6 算术操作符用于赋值运算时的简捷形式

操 作 符	赋值运算时的简捷形式
+	+=
–	–=
*	*=
/	/=
%	%=

在应用程序开发过程中，经常会用到的是让一个变量加 1 或是减 1(例如在循环中)。当然可以使用如下语句：

```
i=i+1;
```

或是：

```
i+=1;
```

但 Java 语言中提供了一种更加简捷的操作符，称为递增操作符(++)和递减操作符(--)。因此，要让一个变量 i 加 1，可以使用：

```
i++;
```

或是：

```
++i;
```

同样，让一个变量 i 减 1，可以使用：

```
i--;
```

或是：

```
--i;
```

如前所述，i++是后缀方式，++i 是前缀方式。虽然这两种方式最终都会使 i 的值加 1，但还是存在不同之处的。下面的这段代码说明了它们的区别：

```
int a=100;
int b=100;
int c=++a;  //a 先增加 1，然后将 a 的值赋给 c
int d=b++;  //先将 b 的值赋给 d，然后 b 的值再增加 1
System.out.println("a="+a);
System.out.println("b="+b);
System.out.println("c="+c);
System.out.println("d="+d);
```

观察这段代码的输出结果，可以发现 a、b、c 和 d 的值分别为 101、101、101、100。也就是说，a 和 b 的值确实都增加了 1。但是 c 和 d 的值为何不同呢？

由于前缀方式的自增操作符是“先增加，后使用”，而后缀方式的自增操作符是“先使用，后增加”。这就产生了 c 和 d 值不同的结果。同样自减操作符具有类似的性质。

注意： 由于自增(自减)操作符的特性，除了在循环中用于循环变量的自增(自减)操作，其他容易产生歧义的代码中尽量不要使用。

2.2.2　关系与条件操作符

关系操作符是二元操作符，用于比较两个操作数的值并确定它们之间的关系，关系操作符的运算结果是一个布尔值。Java 编程语言中共有 6 个关系操作符，如表 2.7 所示。

表 2.7　关系操作符

关系操作符	使用方法	功能描述
>	x>y	若 x 大于 y，取值 true；否则取值 false
>=	x>=y	若 x 大于或是等于 y，取值 true；否则取值 false
<	x<y	若 x 小于 y，取值 true；否则取值 false
<=	x<=y	若 x 小于或是等于 y，取值 true；否则取值 false
==	x==y	若 x 等于 y，取值 true；否则取值 false
!=	x!=y	若 x 不等于 y，取值 true；否则取值 false

例如：100==101 的值为 false；100>=100 的值为 true。

关系操作符在程序中经常和条件操作符联合使用，用作条件判断以控制程序的执行流程。Java 语言中提供了 6 种条件操作符(见表 2.8)，条件操作符只能对布尔类型的操作数进行运算，并且运算结果也是布尔类型的值。

表 2.8　条件操作符

<table>
<tr><th>条件操作符</th><th>使用方法</th><th>功能描述</th></tr>
<tr><td>&&</td><td>x&&y</td><td>“条件与”：x 和 y 均为 true，取值 true；否则取值 false</td></tr>
<tr><td>||</td><td>x||y</td><td>“条件或”：x 和 y 至少有一个为 true，取值 true；否则取值 false</td></tr>
<tr><td>!</td><td>!x</td><td>“非”：x 为 false，取值 true；否则取值 false</td></tr>
<tr><td>&</td><td>x&y</td><td>“与”：x 和 y 均为 true，取值 true；否则取值 false</td></tr>
<tr><td>|</td><td>x|y</td><td>“或”：x 和 y 至少有一个为 true，取值 true；否则取值 false</td></tr>
<tr><td>^</td><td>x^y</td><td>“异或”： x 和 y 值相异，取值 true；否则取值 false</td></tr>
</table>

观察表 2.8，可以发现&&和&都需要两个操作数的值均为 true 时，才取值 true。但是这两个操作符还是有区别的，例如：

```
(x>y)&&(x>z);
```

如果 x>y 的值是 false，那么 x>z 的值将不再计算，(x>y)&&(x>z)直接取值 false；而：

```
(x>y)&(x>z);
```

即使 x>y 的值是 false，但 x>z 的值仍需计算，尽管 x>z 的值已经不会影响 x>y&x>z 的结果。这就是为什么称&&为“条件与”的理由：只有在满足第一个操作数的值为 true 的条件下，才计算第二个操作数的值。类似的区别还存在于“||”和“|”之间。

下面的几个例子说明了条件操作符的应用：

```
!(4>3)            //值为 false;
(4>3)^(5>6)       //值为 true;
(3>4)&&(6>5)      //值为 false;  6>5 的值不需计算
(4>3)||(5>6)      //值为 true;  5>6 的值不需计算
(3>4)&(6>5)       //值为 false;  6>5 的值仍需计算
(4>3)|(5>6)       //值为 true;  5>6 的值仍需计算
```

注意： 在操作数为布尔类型时，操作符&、|和^是作为条件操作符。但是当操作数为数值类型时，操作符&、|和^是作为位操作符，见 2.2.3 小节。

2.2.3　位操作符

在计算机内部，数据是以二进制编码存储的，Java 编程语言允许我们对这些二进制编码进行位运算，位操作符如表 2.9 所示。

表 2.9　位操作符

位操作符	使用方法	功能描述
&	x&y	x 和 y 按位进行与运算
|	x|y	x 和 y 按位进行或运算
^	x^y	x 和 y 按位进行异或运算
~	~x	x 按位进行非运算
>>	x>>y	将 x 的二进制编码右移 y 位
<<	x<<y	将 x 的二进制编码左移 y 位
>>>	x>>>y	将 x 的二进制编码右移 y 位

例如，12 的编码是 1100，7 的编码是 0111，那么：

```
12&7;        // 结果的二进制编码为 0100，对应的值为 4
12|7;        // 结果的二进制编码为 1111，对应的值为 15
12^7;        // 结果的二进制编码为 1011，对应的值为 11
```

因为：

```
  1100          1100          1100
& 0111        | 0111        ^ 0111
------------------------------------
  0100          1111          1011
```

如果对 12 进行移位操作：

```
12>>2;   //结果的二进制编码为 11，对应的值为 3
7<<2;    //结果的二进制编码为 11100，对应的值为 28
```

注意： >>和>>>都是右移操作符，但是两者是有区别的。使用>>>时，前面的位填 0；而使用>>时，前面填充的是符号位。

2.2.4　其他类型操作符

除了上面介绍的操作符外，Java 还提供了如下类型的操作符，如表 2.10 所示。

表 2.10　其他类型的操作符

操 作 符	功能描述
[]	声明、创建数组以及访问数组中的特定元素
.	访问类成员变量、实例成员变量
(参数)	定义、调用方法
(数据类型)	强制类型转换
new	创建对象、数组
instanceOf	判断一个对象是否为一个类的实例

这里只对这些操作符的功能进行简单介绍，更多内容请参见相关章节。

1. [ ] 操作符

操作符[ ]用于声明、创建数组。还可用于访问数组中的特定元素。例如：

```
double [ ]salary=new double[20];
```

其中第一个[ ]操作符声明 salary 是一个数组，而第二个[ ]操作符创建一个可以存储 20 个 double 类型数据的数组。再如下面这条语句：

```
salary[0]=22.2;
```

上面这条语句中的[ ]操作符用于访问数组中特定位置(这里是第一个元素，Java 语言中数组标号是从 0 开始的，依次递增)的数组元素，这里是将数组 salary 中的第一个元素赋值为 22.2。

2. . 操作符

. 操作符用于访问类的类变量、对象的实例变量或方法。

3. (参数)操作符

操作符(参数)用于声明或是调用一个方法。

4. (数据类型)操作符

操作符(数据类型)称为转型(cast)，将一种数据类型转化为另一种数据类型。例如：

```
double salary=23.45;
int intSalary=(int)salary;
```

这样，通过将 double 型的 salary 强制转换成 int 型的 intSalary，intSalary 的值是 23。

注意： ()除了用作操作符的功能外，还可在表达式中用来指示操作数运算的执行顺序。

5. new 操作符

new 操作符用于创建对象，例如：

```
String aString=new String("This is a string");
```

6. instanceOf 操作符

instanceOf 操作符的用法是：

```
anObject instanceOf aClass
```

用于判断对象 anObject 是否为类 aClass 的一个实例，返回的是布尔类型的值。

2.2.5 数字类型转换

在实际的应用开发过程中，常常会需要在数字类型之间进行转换。一方面，使用算术操作符对数字进行运算时，系统在适当的时候会自动进行数字类型的转换；另一方面，程序开发人员还可以显式地进行数字类型之间的强制类型转换。

1. 自动数字类型转换

下面的代码片段会输出 133.34：

```
int x=100;
double y=33.34;
System.out.println(x+y);
```

实际上，在运算过程中，x 首先被自动转换成 double 数据类型，然后再进行相加，得到一个 double 类型的运算结果。因此，上述代码片段中，如果把 x+y 的值赋给一个整型变量，编译器就会报错。例如：

```
int x=100;
double y=33.34;
int c=x+y;       //错误，不能将一个 double 类型的值赋给 int 类型的变量
```

使用算术操作符进行运算时，得到的数值类型取决于操作数的类型。在需要时，操作数会自动进行数据类型的转换，如表 2.11 所示。

表 2.11　算术运算返回值类型与操作数类型之间的关系

算术运算结果数据类型	操作数数据类型
double	至少有一个操作数是 double 类型
float	至少有一个操作数是 float 类型，并且没有操作数是 double 类型
int	操作数中没有 float 和 double 数据类型，也没有 long 数据类型
long	操作数中没有 float 和 double 数据类型，但至少有一个是 long 数据类型

2. 强制类型转换

虽然系统在需要的时候会自动进行数字类型的转换，但有的时候，我们希望能够主动将一种数据类型转换为另一种数据类型。这时候就可以使用显式的强制类型转换，也称为转型(cast)。例如要知道一个 double 类型数据的整数部分的值是多少：

```
double salary=103.34;
int intSalary=(int)salary;     //intSalary 的值为 103
```

这样的结果是把 salary 小数部分的值截去，然后把整数部分的值赋给整型变量 intSalary。

需要注意的是，在不同数值类型之间转换是有可能丢失信息的。例如将一个 long 类型的数值强制转化为 int 类型时，如果该 long 类型的值在 int 类型所能表示的范围之外，那么就不能进行正确的转换了。图 2.3 给出了数字类型之间的合法转换，该图中的实线箭头表示的转换不会丢失信息；虚线箭头表示的转换可能会丢失精度。

注意： 不仅数字类型之间可以进行类型转换(转型)，对象之间也可以进行类型转换(转型)。但布尔类型不能进行任何类型的转换。

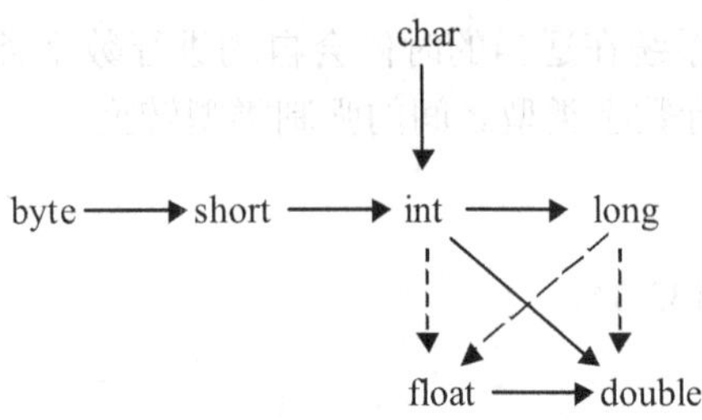

图 2.3　数字类型之间的合法转换

2.2.6　操作符优先级

不同的操作符具有不同的运算优先级，如表 2.12 所示。

表 2.12　操作符优先级

操 作 符	结 合 性
[] . ()	从左向右
! ~ ++ -- () new	从右向左
* / %	从左向右
+ -	从左向右
<< >> >>>	从左向右
< <= > >= instanceOf	从左向右
== !=	从左向右
&	从左向右
^	从左向右
|	从左向右
&&	从左向右
||	从左向右
?:	从左向右
= += -= *= /= %= &= |= ^= <<= >>= >>>=	从右向左

注：第一行中的()是指用于方法调用时的操作符，第二行中的()是指用于强制类型转换时的操作符。

同一行上操作符的优先级别相同，但是优先次序从左至右递减(右结合的操作符除外)；同一列上操作符的优先级从上至下递减。

注意： 并不建议强记表 2.12 中操作符的优先级。在容易混淆的地方，建议在程序代码中使用圆括号明确指明运算的优先次序。

例如，不建议使用类似下面的语句：

```
c=x+++y/100+z;
```

因为这种语句容易给程序的阅读带来困难，并给日后的维护带来麻烦。

建议使用圆括号明确指出运算的执行次序，如：

```
((x++)+y)/(100+z);
```

或是：

```
(x+(++y))/(100+z);
```

2.2.7　表达式、语句和块

在前面讲述变量和操作符的过程中，已经涉及表达式、语句和块的概念。这里再进行综合性的阐述。

1. 表达式

表达式是由变量、操作符或是方法调用所组成的一个运算序列，并且返回一个值。表达式用作变量的赋值或是控制程序的执行流程，例如：

```
double salary=100;        // ①
String name="Tom";        // ②
if(salary>50&&name.equals("Tom")){ // ③
    ...
}
else{
    ...
}
```

上面的代码片段中，粗体部分(不包括分号)表示的是 3 个表达式：表达式①和②的作用是给变量赋值，表达式③的作用是控制程序的执行流程。

注意： *表达式总是完成一定的运算，然后返回一个值。*

例如表达式①先完成赋值运算，然后返回值 100。而表达式③先运算 salary>50，返回 true；然后 name.equals("Tom")是实例方法调用，判断 name 的值是否为 Tom，返回值也是 true；最后进行关系运算，得到结果 true 作为表达式③的返回值。

2. 语句

所谓语句，是指程序中的一个完整的执行单元。

表达式后面添加分号(;)可以构成一条语句，例如：

```
double salary=100;        //声明语句，而 salary=100 是表达式
salary=200;               //赋值语句，而 salary=200 是表达式
i--;                      //自减语句，而 i--是表达式
i++;                      //自增语句，而 i++是表达式
```

方法调用后面添加分号可以构成方法调用语句：

```
System.out.println("Hello World");  //方法调用语句
```

除此以外，还有控制流语句，例如 if、for 以及 switch 等，用于控制程序的执行流程，参见 2.4 节。

3. 块

块由一对花括号之间的零条或多条语句所构成。参见 2.1.3 小节“变量的作用域”。

2.3 字 符 串

字符串是由字符组成的序列，用双引号括起来的一个字符序列构成了字符串，如“this is a string”。字符串不是 Java 语言中的基本数据类型，而是对象类型(String 类的实例)。

可以用很多方式来定义一个字符串，例如：

```
String aStr1="This is a string";
String aStr2=new String("This is a string");
String aStr3="";      //空字符串
String aStr4=null;  //空值
```

前面已经提到，一个对象类型的变量中存储的值是所指向对象的地址。所以上面的对象变量 aStr1 中的值是一个地址，该地址指向内存中的一个字符串对象“This is a string”。

例如：

```
String aStr="abc";    // ①  aStr 指向内存中的一个字符串对象"abc"
aStr="xyz";           // ②  aStr 指向内存中重新生成的一个对象"xyz"
```

注意： null 是一个特殊的空值，可以赋值给任何对象类型的变量。上面的例子中 aStr3 和 aStr4 是不同的，aStr3 指向内存中的一个字符串对象(但是该字符串对象中没有任何字符)；aStr4 由于是一个空值，所以不指向任何字符串对象。
字符串被创建后，其中的内容不能再改变。如果要改变字符串的内容，需要重新生成新的字符串对象。

如图 2.4 所示，执行完语句①时，aStr 指向内存中的一个字符串对象“abc”；执行语句②时，在内存中先生成一个字符串对象“xyz”，然后 aStr 再指向该对象。

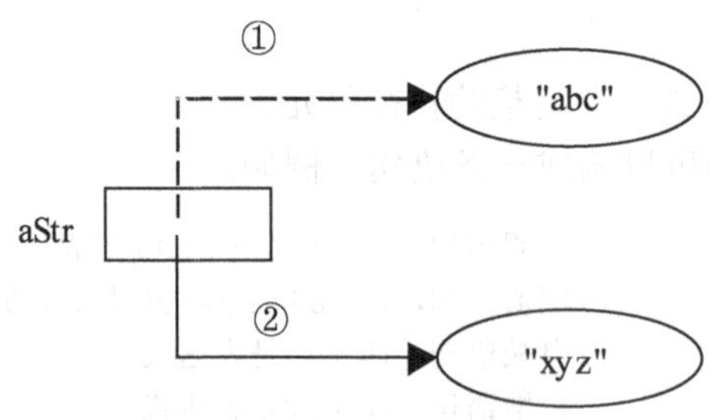

图 2.4 改变字符串的内容

可以使用打印语句将字符串的内容打印出来，例如：

```
String aStr="abc";
System.out.println(aStr);
```

2.3.1　字符串连接

Java 语言中，使用操作符“+”可以把两个字符串连接起来形成新的字符串。例如：

```
String aStr="abc"+"xyz";          // aStr="abcxyz"
String aStr="abc"+"  "+"xyz";     // aStr="abc  xyz"
```

还可以用“+”把字符串和其他类型的值(包括基本数据类型和对象类型)连接起来，其他类型的值首先被转换为字符串，然后再进行字符串之间的连接运算。

字符串和基本数据类型的值连接：

```
String aStr="value="+20;          // aStr="value=20"
String aStr="value="+true;        // aStr="value=true"
```

字符串和对象类型的值连接时，首先会调用对象中的 toString()方法得到一个字符串，然后再进行两个字符串的连接运算：

```
Double d=new Double(33.34);       // d 是一个对象
String aStr="value="+d;           // aStr="value=33.34"
```

注意： 每个对象中均有一个 toString()方法，该方法返回对象的一个字符串形式的描述。

2.3.2　修改字符串

每个字符串都具有一个长度，可以使用字符串对象的实例方法 length()来取得字符串的长度：

```
String aStr="HelloWorld";
int size=aStr.length();    //size 的值为 10
```

如果想知道字符串 aStr 中第 i(0<i<aStr.length()−1)个位置的字符值是什么，使用实例方法 charAt(i)来返回一个字符值，例如：

```
String aStr="HelloWorld";
char aChar=aStr.charAt(0); //aChar= 'H'
```

注意： Java 语言中，字符串中字符的下标索引是从 0 开始的。

还可以使用 substring()方法来获取一个字符串的子串。例如：

```
String aStr="HelloWorld";
String subStr=aStr.substring(0,4);  //subStr="Hell";
```

前面我们已经提到：字符串被创建后，其中的内容不能再改变。如果要改变字符串的内容，需要重新生成新的字符串对象。即字符串是不可改变的对象，也就是说字符串对象不提供方法用以修改字符串的内容。

但是 Java 语言中提供了一个 StringBuffer 类，该类所生成的字符串对象提供了修改字符串内容的方法(如 append())，无须重新生成对象即可改变字符串的内容，例如：

```
StringBuffer aStr=new StringBuffer("HelloWorld"); // ①
aStr=aStr.append("!");  // ② aStr="HelloWorld!"
```

上面的代码片段中，字符串的内容进行了修改，但是并不需要生成新的对象，如图 2.5 所示。

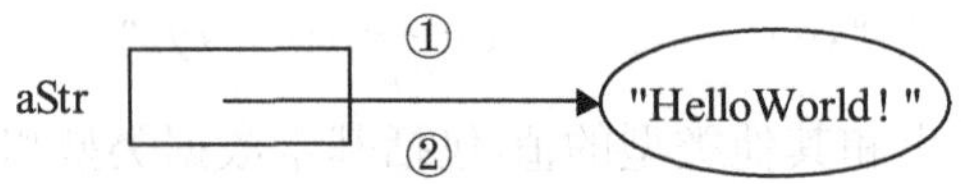

图 2.5　改变 StringBuffer 对象中的内容

在执行完语句①和②之后，aStr 指向的是同一个对象，只是对象中存储的字符串内容有了变化。

2.3.3　判断字符串是否相等

如果需要判断两个字符串的内容是否相等，读者可能立刻会想到使用关系运算符==，例如：

```
String aStr="HelloWorld!";
String bStr="HelloWorld!";
if(aStr==bStr) {    //错误
  ...
}
```

然而这种判断方式是不可靠的，即 aStr==bStr 有可能返回 true，也有可能返回 false(依赖于 Java 虚拟机)。这显然是不对的。为什么呢？

由于字符串是不可改变的对象，因而有的 Java 虚拟机对相同的字符串实现共享；而有的 Java 虚拟机对相同的字符串则不共享，如图 2.6 所示。

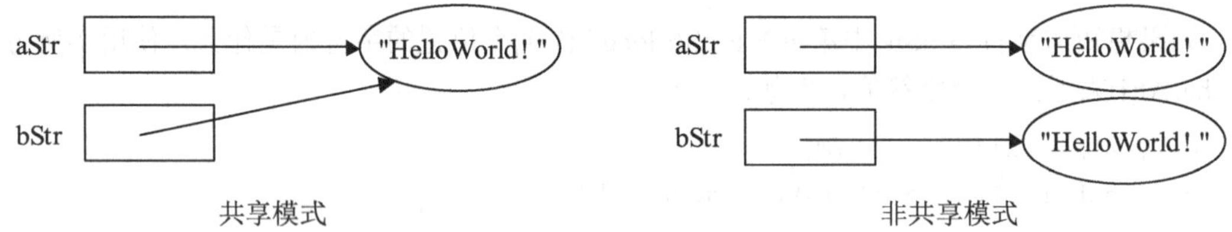

图 2.6　字符串存储的两种模式

又由于字符串变量中存储的是所指向的字符串对象的地址值(所有的对象变量中存储的值都是其所指向的对象在内存中的地址值)。因而，在共享模式下，aStr==bStr 的返回值是 true(因为是同一个地址值)；而在非共享模式下，aStr==bStr 的返回值是 false。也就是说，用关系运算符==来判断字符串是否相等是不可行的。

正确判断两个字符串内容是否相等时使用 equals()方法，例如：

```
String aStr="HelloWorld!";
String bStr="HelloWorld!";
if(aStr.equals(bStr)){    //正确
```

```
    ...
}
```

2.3.4　使用帮助文档

Java 开发包中提供了几千个类，方法更是数以万计，要想全部记住这些类和方法是不现实的。因此，学会如何使用帮助文档就很有必要。读者可以从甲骨文公司的网站(https://docs.oracle.com/javase/7/docs/api/)免费下载帮助文件。

下载得到的帮助文件是一个压缩格式的文件，使用适当的解压缩工具(Winzip 等)解压后，会发现释放文件中存在一个 docs 目录。双击打开，进入帮助文档的起始页面(见图 2.7)。该页面被分隔成三个窗格：左上角的窗格显示的是 Java 所提供的包名；左下角的窗格中显示的是所选中包中的所有类和接口名；单击左下角窗格中的类或是接口名，将会在右边的窗格中显示该类或是接口的详细帮助信息。

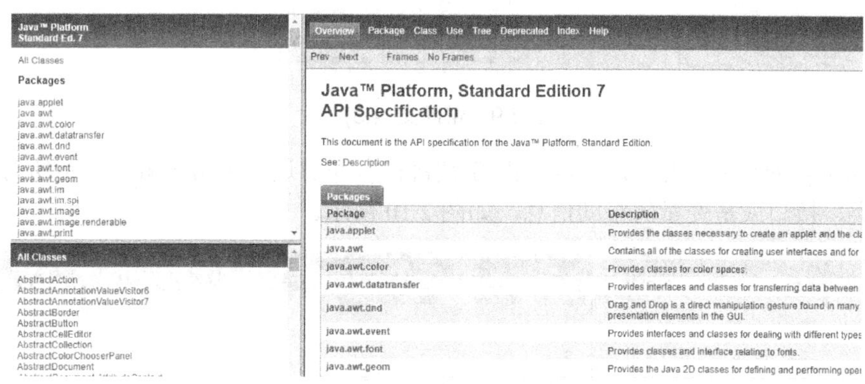

图 2.7　帮助文档(1)

可以采用不同的策略来查找我们所需要的帮助信息，下面通过几个例子来说明。

问题：查看 String 类中的 charAt()方法的详细使用信息。

方法一：如果已经知道 String 类位于 java.lang 包中，那么单击左上角窗格中的 java.lang 包名，这时候，会在左下角的窗格中显示出 java.lang 包中的所有接口和类，在该窗格中找到并单击 String 超链接，就会在右边的窗格中显示出 String 类的详细信息。滚动该窗格，就可以找到 charAt()方法的详细使用信息，如图 2.8 所示。

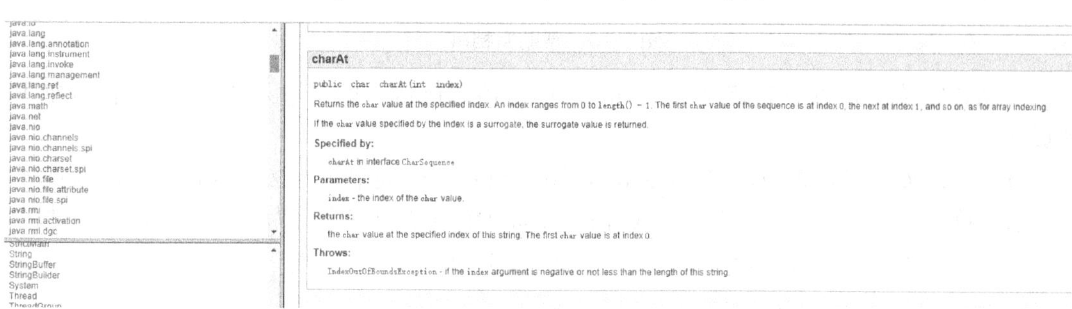

图 2.8　帮助文档(2)

方法二：如果不知道 String 类位于哪个包中，那么可以单击帮助文档起始页面(见图 2.7)右边窗格中的 Index 超链接。这时候，右边的窗格中就会出现按字母排序的方式显示的帮助文档内容，如图 2.9 所示。

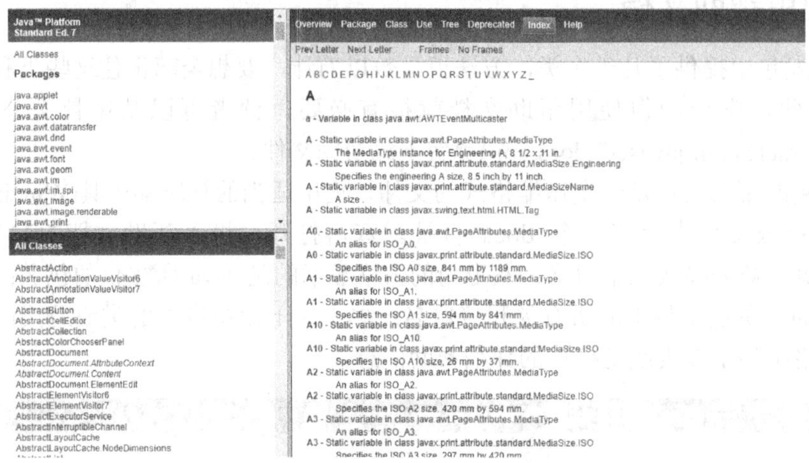

图 2.9　帮助文档(3)

由于 String 的首字符是 S，所以单击 S 超链接，在右边的窗格中就会显示所有以 S 为首字符的类、接口或是变量的帮助信息，如图 2.10 所示。

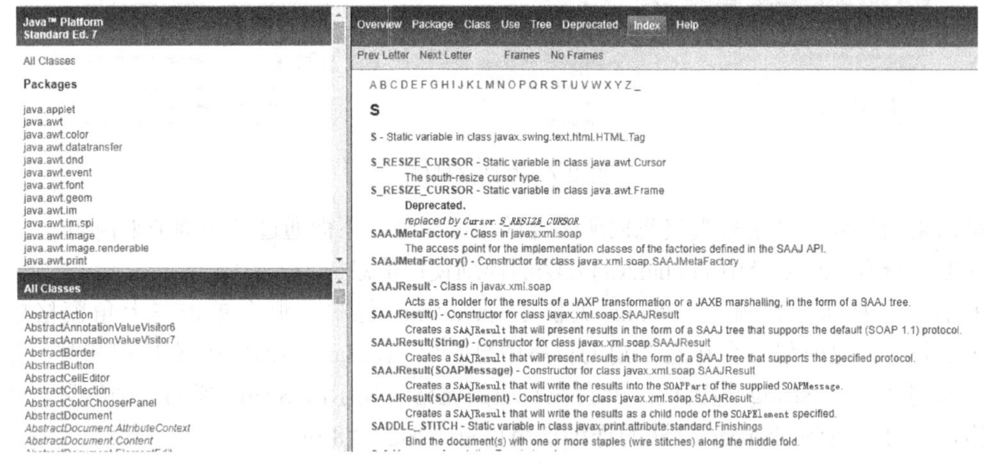

图 2.10　帮助文档(4)

滚动该窗格，可以找到超链接 String，单击该超链接，即可进入 String 类的详细帮助页面。

方法三：如果只记得方法名 charAt()，不知道是哪个类中的方法，这时候，可以首先进入按字符排序的页面，单击超链接 C(由于 charAt()方法的首字符为 c)，然后滚动右边的窗格，即可找到一个合适的 charAt()方法，如图 2.11 所示。

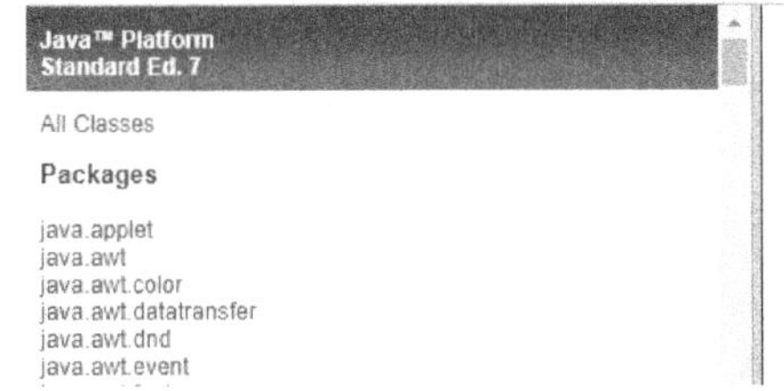

图 2.11　帮助文档(5)

2.4　控　制　流

控制流用于控制程序的执行顺序，包括条件语句、循环语句和选择语句等。

2.4.1　if 条件语句

if 条件语句的使用方式为：

```
if(条件表达式)
   语句;
```

其含义是，如果条件表达式的值为 true，则执行语句；否则，该语句不被执行。

例如：

```
if(salary>10000)
  level="high";
```

当满足条件表达式，需要执行多条语句时，需要使用一对花括号将多条语句包含起来，例如：

```
if(salary>10000){
  level="high";
  taxrate=0.006;
}
```

上面的代码片段中如果不使用花括号，那么不论 salary>10000 是否成立，语句 taxrate=0.006 均会执行。而加上花括号后，只有在 salary>10000 成立时，才执行语句 taxrate=0.006。

如果希望在 if 的条件表达式不满足时，执行特定的语句，则可以将 else 和 if 配对使用：

```
if(salary>10000){
  level="high";
  taxrate=0.006;
}else{
  level="low";
  taxrate=0.004;
}
```

如果需要进行多次条件判断，可使用 else if，例如：

```
if(salary>10000){
  level="high";
  taxrate=0.006;
}else if(salary>6000){
  level="medium";
  taxrate=0.005;
}else{
  level="low";
  taxrate=0.004;
}
```

if 语句还可以嵌套使用。例如下面这段代码完成同样的功能，却是使用了嵌套的 if 语句：

```
if(salary>10000){
  level="high";
  taxrate=0.006;
}else{
   if(salary>6000){
      level="medium";
      taxrate=0.005;
  }else{
      level="low";
      taxrate=0.004;
  }
}
```

2.4.2 for 循环语句

for 语句是一种常用的循环语句，其一般形式为：

```
for(循环变量初始化;结束条件判断;修改循环变量值){
    语句;
    ...;
    语句;
}
```

for 语句的圆括号之间包含了 3 个部分，分别是循环变量初始化、结束条件判断和修改循环变量值，并且这 3 个部分用两个分号隔开。一对花括号所包括的内容称为循环体。

for 语句的执行过程可以用图 2.12 来表示：执行 for 循环语句时，首先进入循环变量初始化①；然后立即进入循环结束条件判断②，结束条件判断的值为 false 时，结束循环，否则，执行循环体中的语句③；循环体中的语句执行完毕后，修改循环变量值④；再进行结束条件判断⑤，以确定是否需要再次执行循环体中的语句。

注意： 循环变量初始化只在首次进入时执行一次。

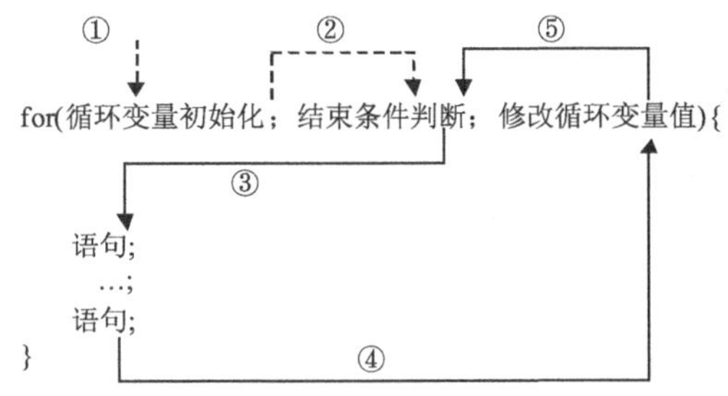

图 2.12　for 循环语句

注意： 每次执行循环体之前，都必须进行结束条件判断。

例 2.2 的作用是对 1～100 所有的整数求和。

例 2.2　Sum.java

```
public class Sum{
  public static void main(String []args){
     int sum=0;
     for(int i=1;i<=100;i++)
          sum=sum+i;
     System.out.println(sum);
     //i 不再有效
  }
}
```

需要注意的是，在循环变量初始化中定义的变量(如例 2.2 中的 i)，只在循环体内有效，在循环体外是不能对其进行访问的。

for 语句圆括号中的 3 个组成部分都是可选的，下面的 for 语句是一个无限循环：

```
for ( ; ; ) {
    ...
}
```

2.4.3　while/do while 循环语句

while 循环语句的使用方式为：

```
while(条件表达式){
    语句;
    ...
    语句;
}
```

同样，花括号之间的语句称为 while 循环体，如果没有花括号，那么最靠近 while 的一条语句作为循环体。每次执行循环体之前都需要进行条件表达式的计算，如果其值为 true，那么执行循环体；否则，退出循环。

while 循环常用在事前不能知道循环次数的场合。

例如：已知 sum(k)=1+2+3+,⋯,+k，问 k 最小为什么值时能够使得 sum(k)>2000。

例 2.3 求解了该问题。

例 2.3 FindMinimalK.java

```
public class FindMinimalK{
  public static void main(String []args){
    int sum=1;
    int k=1;
    while(sum<=2000){
      k++;
      sum=sum+k;
    }
    System.out.println("the minimal k="+k);
  }
}
```

do while 语句也常用在未知循环次数的场合，与 while 语句不同之处在于：while 语句是先判断后执行，而 do while 是先执行后判断，也即 do while 的循环体至少执行一次。do while 循环语句的使用方式为：

```
do{
    语句;
    ...
    语句;
} while(条件表达式);  //注意，这里要以分号结束
```

下面的代码片段使用 do while 循环语句来求解 k 的最小值：

```
int sum=1;
int k=1;
do{
    k++;
    sum=sum+k;
}while(sum<=2000);
System.out.println("the minimal k="+k);
```

2.4.4 switch 分支选择语句

在程序设计过程中，常常需要依据不同的条件选择执行不同的语句。当然，我们可以使用 if-else 语句，但是 Java 中也提供了 switch 语句可以完成同样的功能。例 2.4 的作用是将一个数值类型表示的月份转化为一个字符串描述的月份。

例 2.4 MonthTranslator.java

```
public class MonthTranslator{
  public static void main(String []args){
    String stringMonth="";
    for(int digitalMonth=1;digitalMonth<=13;digitalMonth++){
      switch (digitalMonth){
        case 1:  stringMonth="January";    break;
```

```
        case 2:  stringMonth="February";   break;
        case 3:  stringMonth="March";      break;
        case 4:  stringMonth="April";      break;
        case 5:  stringMonth="May";        break;
        case 6:  stringMonth="June";       break;
        case 7:  stringMonth="July";       break;
        case 8:  stringMonth="August";     break;
        case 9:  stringMonth="September";  break;
        case 10: stringMonth="October";    break;
        case 11: stringMonth="November";   break;
        case 12: stringMonth="December";   break;
        default: stringMonth="Error month";
      }
      System.out.println(digitalMonth+"  --->  "+stringMonth);
    }
  }
}
```

运行后输出：

```
1  --->  January
2  --->  February
3  --->  March
4  --->  April
5  --->  May
6  --->  June
7  --->  July
8  --->  August
9  --->  September
10  --->  October
11  --->  November
12  --->  December
13  --->  Error month
```

switch 语句从与选择值相匹配的 case 标签处开始执行，一直执行到 break 处(执行 break 将跳出 switch 语句)或是 switch 的末尾。注意，switch 只能接收整数类型的值。此外，当传递进来的值与所有的 case 标签均不匹配时，如果 switch 中含有 default 标签，将执行 default 标签后面的语句；如果 default 标签也不存在，那么 switch 中没有任何语句得到执行。

还有一点需要注意的就是：如果一个 case 子句后面不加 break，那么当该子句执行完毕后，下一个 case 子句将被继续执行，直至遇到 break 或是 switch 语句结束。有的时候，这一性质可以被有效利用，例 2.5 用于求得某一月份所在的季度。

例 2.5 QuarterTranslator.java

```
public class QuarterTranslator{
  public static void main(String []args){
    String stringQuarter="";
```

```
    for(int digitalMonth=1;digitalMonth<=13;digitalMonth++){
      switch (digitalMonth){
         case 1:
         case 2:
         case 3:  stringQuarter="一季度"; break;
         case 4:
         case 5:
         case 6:  stringQuarter="二季度"; break;
         case 7:
         case 8:
         case 9:  stringQuarter="三季度"; break;
         case 10:
         case 11:
         case 12: stringQuarter="四季度"; break;
         default: stringQuarter="Error month";
      }
      System.out.println(digitalMonth+"  --->  "+stringQuarter);
    }
  }
}
```

程序运行后输出：

```
1  --->  一季度
2  --->  一季度
3  --->  一季度
4  --->  二季度
5  --->  二季度
6  --->  二季度
7  --->  三季度
8  --->  三季度
9  --->  三季度
10  --->  四季度
11  --->  四季度
12  --->  四季度
13  --->  Error month
```

Java 7 增强了 switch 语句的功能，允许 switch 语句控制表达式是 java.lang.String 类型的变量或表达式——只能是 java.lang.String 类型，不能是 StringBuffer 或 StringBuilder 这两种字符串类型。

2.4.5 break、continue

在 switch 语句中，我们已经使用过 break，其作用是跳出 switch 语句，将控制流转到紧跟在 switch 之后的语句。实际上，break 更多的是用作跳出一个循环体，同样以求解 2.4.3 小节中 k 的最小值为例：

```
int sum=1;
int k=1;
while(true){
  if(sum>2000)
    break;
  k++;
  sum=sum+k;
}
System.out.println("the minimal k="+k);
```

在该代码中，while 是一个无限循环，当条件 sum>2000 满足时，break 跳出循环，然后执行紧跟其后的打印语句。

需要注意的是，break 只是跳出其所在的最内层循环体。例如，在下面的程序片段中，如果 break 执行，只是跳出 while 循环体，并不能跳出外层的 for 循环：

```
for(...){
   while(...){
    if(...)  break;
    ...
  }
}
```

如果需要直接跳出多层循环，可以使用带标签的 break 语句，例如：

```
abc:
for(...){
    while(...){
    if(...)  break abc;
    ...
  }
}
```

其中 abc 是为 for 语句定义的标签。上面的代码中，当 if 的条件满足时，将直接跳出 for 循环体。

标签定义在一个有效的 Java 语句之前，格式如下：

```
标签名：语句;
```

注意： 使用带标签的 break 语句时，标签必须定义在 break 之前。

与 break 语句不同，continue 语句不跳出所在的循环体，而只是中断执行当前循环体的剩余部分，并进入下一轮循环。

例如，求解 0～100 所有偶数的和，sum=0+2+4+…+98+100。

例 2.6 求解了该问题。

例 2.6　SumEven.java

```
public class SumEven{
  public static void main(String []args){
    int sum=0;
```

```
        for(int i=0;i<=100;i++){
          if(i%2!=0)
            continue;
          sum=sum+i;
        }
        System.out.println("sum="+sum);
      }
    }
```

当 i 为奇数时，continue 语句被执行。这时候，for 循环体的剩余部分(sum=sum+i;)将不被执行，也就是不对奇数进行累加，而是转而执行 for 的循环变量值修改(i++)，然后依据循环条件(i<=100)，判断是否进入下一轮循环。

2.5 数　组

2.5.1 一维数组

数组是用来存放多个同类型值的一种结构，数组本身也是对象，如图 2.13 所示。数组一旦创建完毕，就不能再改变其长度(即不能改变所能存储同类型值的个数)。

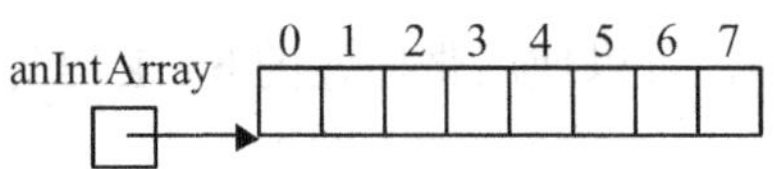

图 2.13　数组示意图

下面的语句声明了一个整型数组，数组名称为 anIntArray，表示数组 anIntArray 中只能存储整型值：

```
int[] anIntArray;  // 声明一个数组
```

注意： 也可以使用 int anIntArray[]来声明一个数组。

可以发现，声明一个数组与声明一个变量类似，不同之处在于声明数组时，在数组变量名称之前多了一个[]，[]表示所声明的变量是一个数组。类似地，可以声明任何其他类型的数组，例如 float、double 以及 string 类型：

```
float [] aFloatArrary;
double [] aDoubleArrary;
String [] aStringArrary;
```

声明一个变量为数组类型的变量，并没有真正分配空间用以存放数组元素。使用 new 操作符为一个数组类型的变量分配存储空间。例如，要为上面的数组变量 anIntArray 分配一个长度为 8 的整型数组：

```
anIntArray=new int[8];
```

数组创建完毕后，就可以对数组元素进行访问：对数组元素赋值或是读取数组元素的值。下面的代码给数组 anIntArray 赋值并打印出各数组元素的值：

```
for(int i = 0; i<anIntArray.length; i++){
    anIntArray[i] =8-i; //为数组元素赋值
    System.out.print(anIntArray[i]+ " ");   //打印数组元素
}
```

访问数组元素总是使用格式：

```
数组名[位置索引]
```

其中位置索引可以是一个具体值，也可以是一个表达式。Java 中，数组元素的位置索引总是从 0 开始的，如果一个数组的长度为 n，则最后一个数组元素的位置索引是 n-1。

如果要获取数组的长度，可以使用：

```
数组名.length
```

例如上面的代码片段中使用 anIntArray.length 来获取数组的长度，以用来判断是否结束循环。

还可以在创建数组的同时进行赋值，例如：

```
int[] anIntArray={8,7,6,5,4,3,2,1};
```

使用这种方式创建的数组，其长度是由大括号之间的数组元素个数所确定的。同样，数组一旦创建，其长度不能再改变。

注意： 如果希望在一个数组中存储不同类型的数据，并且可以动态改变数组的大小，那么可以使用 java.util.Vector。

对于一个可以运行的类，其中总是含有一个 main 方法：

```
public static void main(String[] args){}
```

在第 1 章中我们已经知道，main 方法的参数是一个字符串数组，接收来自命令行的参数。也就是说，在命令行输入的参数是以一个字符串数组的形式传入 main 方法的。

下面通过一个计算器程序来进一步演示命令行参数以及数组的使用。

例 2.7 SimpleCalculator.java

```
/** 一个简单的计算器，完成两个整数的
  * 加、减、乘、除运算
  * 参与运算的两个整数及运算符从命令行参数传入
  * 例如，要计算 100 + 200
  * 则在命令行输入：
  * java SimpleCalculator 100 + 200
  */
public class SimpleCalculator{
  public static void main(String[] args){
    if(args.length!=3){
      System.out.println("Usage: java SimpleCalculator "+
            "operand1 operator operand2");
      System.out.println("Example: java SimpleCalculator 100 + 200");
      System.exit(-1);
```

```
    }
    int oprand1=Integer.parseInt(args[0]);
    String operator=args[1];
    int oprand2=Integer.parseInt(args[2]);
    int result=Integer.MIN_VALUE;
    if(operator.equals("/")&&oprand2==0){
      System.out.println("can not divide by 0!");
      System.exit(-1);
    }
    if(operator.equals("+"))
      result=oprand1+oprand2;
    else if(operator.equals("-"))
      result=oprand1-oprand2;
    else if(operator.equals("*"))
      result=oprand1*oprand2;
    else if(operator.equals("/"))
      result=oprand1/oprand2;
    else{
      System.out.println("Error operator!");
      System.exit(-1);
    }
    System.out.println(args[0]+args[1]+args[2]+"="+result);
  }
}
```

若在命令行输入：

```
java SimpleCalculator  100  +  200
```

程序运行后将输出：

```
100+200=300
```

观察程序的输入、输出，可以发现：命令行参数指的是命令行中程序名之后的内容，并且不同的参数是以空格来分开的。

在对象数组中，数组元素中存储的值为对象的地址。上例中，字符串数组 args 的存储情况如图 2.14 所示。

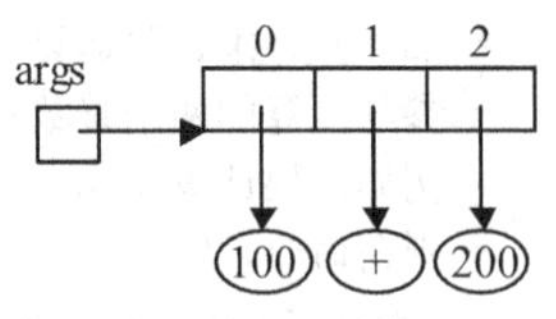

图 2.14　命令行参数的存储

由于通过命令行得到的参数都是字符串类型的，要进行四则运算，必须先转换成数值类型。使用 Integer 类中的类方法 parseInt，可以将字符串转化为 int 类型的数值，例如：

```
int oprand1=Integer.parseInt(args[0]);
```

需要说明的是，字符串中的每个字符必须是一个十进制数字(但是首字符可以是一个负号)，当字符串中包含非数字字符时，该方法将出现异常，无法进行正确的转换。例 2.7 中假定用户输入的均为可以转换成整数的字符串。在读者学习完异常处理后，还可以进一步考虑用户输入非法数据的情形。

与将字符串转化为整数类型相似，也可以将字符串转化为 double 或是 float 类型：

```
double Double.parseDouble(String str);
float Float.parseFloat(String str);
```

在例 2.7 中，还使用了 System 类中的 exit 方法。exit 方法接收一个整数类型的参数(称为退出代码)，该方法一旦执行，程序立刻退出运行，并将退出代码传送给操作系统。一般情况下，退出代码 0 表示程序正常结束，不同的非零退出代码表示程序在运行过程中出现的不同错误。

2.5.2　数组复制

System 类中提供了一个静态方法用于数组复制：

```
public static void arraycopy(Object src, int srcIndex,
   Object dest, int destIndex, int length)
```

该方法共有 5 个参数：src 是源数组，srcIndex 是源数组的起始复制位置，dest 是目标数组，destIndex 是目标数组的起始位置，length 是复制数组元素的个数，如图 2.15 所示。

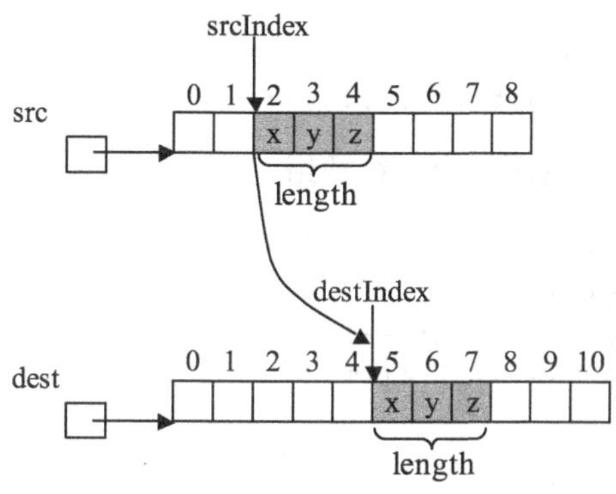

图 2.15　数组复制

图 2.15 所示的数组复制可以用 Java 语句表示为：

```
System.arraycopy(src,2,dest,5,3);
```

2.5.3　多维数组

通过前面的学习，已经知道：数组中的数组元素可以是基本数据类型的值，也可以是对象类型的值。由于数组也是对象，因此，数组中的每个元素还可以是一个数组，如图 2.16 所示：m 是一个长度为 3 的数组，其中每一个数组元素又是一个长度为 4 的数组，这时候，称 m 是一个二维数组。要生成数组 m，可以使用语句：

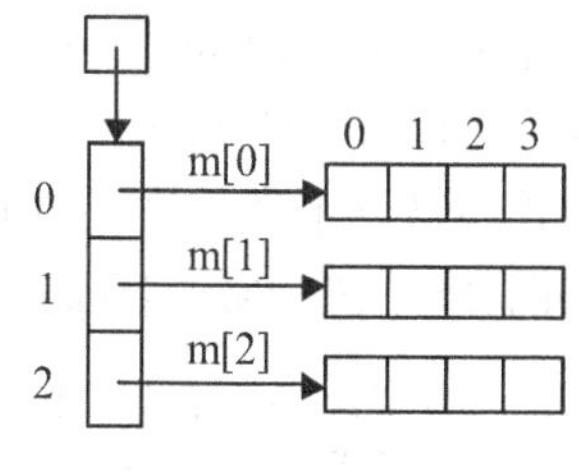

图 2.16　二维数组

```
int [][]m=new int[3][4];
```

还可以使用下面的方式:

```
int [][]m=new int[3][];          //先生成一个长度为 3 的数组
for(int i=0;i<m.length;i++)
    m[i]=new int[4];             //再生成每个元素是长度为 4 的子数组的数组
```

如果已经知道二维数组中存储的值是什么,还可以在生成数组的同时进行数组的赋值工作:

```
int [][]m={{0,1,2,3}, {4,5,6,7},{8,9,10,11}};
```

除了生成规则的数组外,还可以生成不规则的数组,如图 2.17 所示。

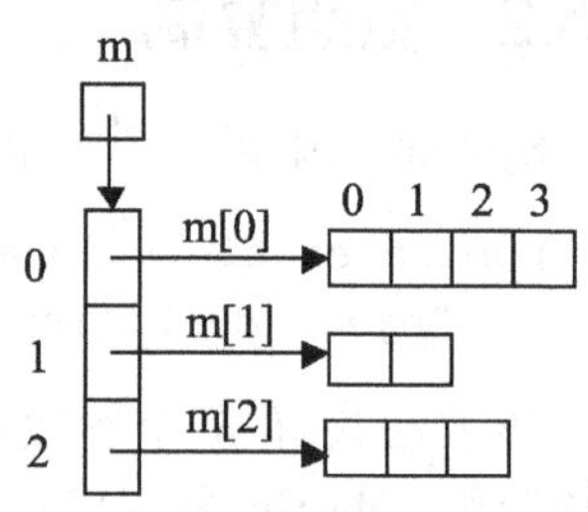

图 2.17　不规则的二维数组

对应的代码如下:

```
int [][]m=new int[3][];  //先生成一个长度为 3 的数组
m [0]=new int[4]; //再生成长度为 4 的子数组
m [1]=new int[2]; //再生成长度为 2 的子数组
m [2]=new int[3]; //再生成长度为 3 的子数组
```

同样,如果已经知道该不规则数组中要存储的值,也可以使用如下方式:

```
int [][]m={{0,1,2,3}, {4,5},{8,9,10}};
```

使用一个二重循环就可以遍历一个二维数组:

```
int [][]m={{0,1,2,3},{4,5},{8,9,10}};
for(int i=0;i<m.length;i++){
    for(int j=0;j<m[i].length;j++){
        System.out.print(m[i][j]+" ");
    }
    System.out.println();
}
```

屏幕上将输出:

```
0 1 2 3
4 5
8 9 10
```

如果二维数组 m 中每个子数组的数组元素也是一个数组,那么就得到了三维数组。类似地,可以方便地构建出更高维数的数组。

我们以一个在二维不规则数组中查找最大值的程序示例来结束本节。

例 2.8　FindMax.java

```
/** 从二维不规则数组中查找最大值
  * 并指明最大值所在的行号和列号
  */
public class FindMax{
  public static void main(String[] args){
```

```
        int [][]m={{0,1,2,3},{400,5},{8,9,10}};
        int max=m[0][0];
        int row=0;
        int column=0;
        for(int i=0;i<m.length;i++)
          for(int j=0;j<m[i].length;j++){
             if(m[i][j]>max){
               max=m[i][j];
               row=i;
               column=j;
             }
          }
        System.out.println("max="+max+" locate at row="+
            row+" column="+column);
      }
    }
```

该程序输出结果为：

```
max=400 locate at row=1 column=0
```

2.5.4 Java 8 增强的数组功能

Java 8 增强了 Arrays 类的功能，为 Arrays 类增加了一些工具方法，这些工具方法可以充分利用多 CPU 并行的能力来提高设值、排序的性能。下面是 Java 8 为 Arrays 类增加的工具方法。

void parallelPrefix(xxx[] array, XxxBinaryOperator op)：该方法使用 op 参数指定的计算公式计算得到的结果作为新的元素。op 计算公式包括 left、right 两个形参，其中 left 代表数组中前一个索引处的元素，right 代表数组中当前索引处的元素，当计算第一个新数组元素时，left 的值默认为 1。

void parallelPrefix(xxx[] array, int fromIndex, int toIndex, XxxBinaryOperator op)：该方法与上一个方法相似，区别是该方法仅重新计算 fromIndex 到 toIndex 索引的元素。

void setAll(xxx[] array, IntToXxxFunction generator)：该方法使用指定的生成器(generator)为所有数组元素设值，该生成器控制数组元素的值的生成算法。

void parallelSetAll(xxx[] array, IntToXxxFunction generator)：该方法的功能与上一个方法相同，只是该方法增加了并行能力，可以利用多 CPU 并行来提高性能。

void parallelSort(xxx[] a)：该方法的功能与 Arrays 类以前就有的 sort()方法相似，只是该方法增加了并行能力，可以利用多 CPU 并行来提高性能。

void parallelSort(xxx[] a, int fromIndex, int toIndex)：该方法与上一个方法相似，区别是该方法仅对 fromIndex 到 toIndex 索引的元素排序。

Spliterator.OfXxx spliteraator(xxx[]) array)：将该数组的所有元素转换成对应的 Spliterator 对象。

Spliterator.OfXxx spliteraator(xxx[]) array, int startInclusive, int endExclusive)：该方法与上一个方法相似，区别是该方法仅转换 startInclusive 到 endExclusive 索引的元素。

XxxStream stream(xxx[] array)：该方法将数组转换为 Stream，Stream 是 Java 8 增加的流式编程 API。

XxxStream stream(xxx[] array, int startInclusive, int endExclusive)：该方法与上一个方法相似，区别是该方法仅将 startInclusive 到 endExclusive 索引的元素转换为 Stream。

上面方法列表中，所有以 parallel 开头的方法都表示该方法可利用 CPU 并行的能力来提高性能。上面方法中的 xxx 代表不同的数据类型，比如处理 int[]型数组时应将 xxx 换成 int，处理 long[]型数组时应将 xxx 换成 long。

2.6 案例实训

1. 案例说明

在多数情况下，用户在系统中注册个人信息时往往都要求输入个人身份证号码 ID，但是每个人的号码都不相同，所以我们很难准确判断用户所输入的号码是否为真，但是我们可以借助一些常识来初步断定该号码是否在合法范围内。比如，身份证中前两位往往表示用户籍贯所在地的省份编号(本例范围暂定为 01～51)，从第 7 位开始的连续 8 位数字表示出生年月日等。本例中我们就从这几个方面进行简要判断。

2. 编程思想

身份证号码主要由籍贯所在地的省份编号、出生日期及其他部分编号组成。这里我们可以先通过输入框获取由用户输入的数字和字母组成的字符串，取出后对它的长度进行判断，在长度合法的情况下，进一步依次截取地区编号、出生年月日等，并逐一进行合法性判读。只要有一项不合法，系统就会弹出警告提示框。如果这些验证都通过，就可以认为它是合法的身份证号码。

3. 程序代码

请扫二维码 2-1，查看完整的代码。

二维码 2-1

4. 运行结果

鉴于本例运行结果的可能性很多，所以我们就列举其中一个具有代表性的情况进行演示。比如，我们输入一个生日为非闰年 2 月 29 的身份证号，程序运行结果如图 2.18 所示。

图 2.18　案例的运行结果

习　　题

2.1　指出下列哪些变量名称是不合法的。

tomSalary、float、1people、people1、price_per_m、price-per_m、$root、@test

2.2　下面这个程序的目的是找到一个最小的自然数 k，使得 0+1+2+…+k>200。该程序中是否有错误？如果有，请修改该程序以满足要求。

```
public class FindMin{
  public static void main(String []a){
    final int sum=0;
    for(int k=0;k<100;k++){
      sum=sum+k;
      if(sum>200)  break;
    }
    System.out.println("sum="+sum+" k="+k);
  }
}
```

2.3　利用 Java API 帮助文档，找到一个可以将给定的字符串转化为小写的方法。

2.4　编写一个程序，求解一元二次方程：$ax^2+bx+c=0$。参数 a、b 及 c 从命令行输入。提示：需要用到 java.lang.Math 类，Math 类中提供了多种用于科学计算的方法，例如开方 sqrt、求幂 pow 等。

2.5　写出 int min=x>y?y:x 的等价 if 语句。

2.6　编写一个程序，计算$\frac{n\times(n-1)\times(n-2)\times\cdots\times(n-k+1)}{1\times2\times3\times,\cdots,\times k}$(k≤n)，整型参数 k 及 n 从命令行输入。

第3章　类与继承

面向对象(Object Oriented)是一种新兴的程序设计方法，也是一种新的程序设计规范(Paradigm), 其基本思想是使用对象、类、继承、封装、消息等基本概念来进行程序设计。本章将结合 Java 语言本身的特性来讲解面向对象程序设计的基本概念。

3.1　类和对象

万物皆是对象，人、汽车、日期时间、银行账号、音乐、图形图像、颜色、字体、文件、记录以及网络地址等，在面向对象的程序设计中都视为对象。把这些现实世界的对象和概念用计算机语言抽象表示出来就是类。

在 Java 中，类是一种重要的复合数据类型，是组成 Java 程序的基本要素，也是面向对象程序设计的基本单位。类定义了某类对象的共有变量和方法。变量是现实对象的属性或状态的数字化表示，方法是对现实对象进行的某种操作或其对外表现的某种行为。对象是由一组相关的变量和方法共同组成的一个具体的软件体。

类实例化就成为对象。对象和类之间的关系就如同房子和其设计图纸的关系。类的作用就像一个模板，所有对象实例依照它来创建。

3.1.1　类声明

类由传统的复合数据类型(如 C 语言中的结构)发展而来，几乎所有的面向对象的程序设计语言都采用 class 来声明类，在 Java 中类声明的格式如下：

```
[public][abstract | final] class className
[extends  superClassName]  [implements  interfaceNameList ...]
{...class body...}
```

(1) public 为类的访问控制符。Java 类具有两种访问控制符：public 和 package。public 允许一个类具有完全开放的可见性，所有其他类都可以访问它；省略 public 则为 package 可见性，即只有位于同一个包中的类可以访问该类。

(2) abstract 指明该类为一个抽象类，暗示该类需要被继承，才能实例化。final 阻止一个类被继承。

(3) className 指定该类类名。

(4) extends 为类继承，superClassName 为父类。如果在类定义时没有指定类继承关系，Java 将自动从 Object 类派生该类。

(5) implements 实现接口，interfaceNameList 为被实现的一个或多个接口名，接口实现是可选的。虽然 Java 类只可继承一个父类，却可同时实现多个接口。

(6) {...}由一对花括号括起来的部分构成类的主体。这是一个类的具体实现部分，在其中我们可以定义类的变量和方法。

3.1.2　类成员

类体是一个类的功能部分，由变量和方法两部分组成，两者通称为类成员。

类体的格式如下：

```
class className{
    //成员变量
    [public | protected | private ] [static]
    [final] [transient] [volatile] type variableName;
    //成员方法
    [public | protected | private ] [static]
    [final | abstract] [native] [synchronized]
    returnType  methodName ([paramList]) [throws exceptionList]
    {statements}
}
```

(1) Java 定义了 4 种访问级别：public、protected、package 和 private。用来控制其他类对当前类的成员的访问，这种控制对于类变量和方法来说是一致的。当省略了访问控制符时，则为 package。

(2) 具有 static 声明的成员属于类本身的成员，而不是类被实例化后的具体对象实例的成员。

(3) final 变量用来定义不变的常量，final 方法在类继承时不允许子类覆盖。

(4) transient 表明类成员变量不应该被序列化，序列化是指把对象按字节流的形式进行存储。

(5) volatile 变量阻止编译器对其进行优化处理。

(6) native 方法是指 Java 本地方法，Java 本地方法是指利用 C 或 C++等语言实现的方法。

注意： Java 语言不支持 C++友元方法或友类。

1. 变量

成员变量表示类的静态属性和状态，可以是任何的数据类型，既可以是基本数据类型也可以是复合数据类型。这就是说，一个类的变量可以是其他类的对象。

在 Java 中，所有的类成员变量都具有初始值。我们可以在定义类的成员变量时，对其进行赋值，如果一个类成员变量在定义时没有指定初始值，则系统会给它赋予默认值(见表 3.1)。

表 3.1　变量的默认初始化表

变量的类型	初 始 值
布尔型(boolean)	false
字符型(char)	'\u0000'
整型(byte、short、int、long)	0

续表

变量的类型	初 始 值
浮点型(float、double)	+0.0f 或+0.0d
对象引用	null

类成员变量定义在所有的方法(包括成员方法和构建器)之外，而定义在方法中的变量称为局部变量，另外方法参数也是一种局部变量。所有的局部变量，须经程序赋值才能使用，否则在编译 Java 程序时将发生变量未初始化的错误。例如：

```
public class MyClass {
  //x 为类成员变量
  int x;
  public void print() {
    //y 和 z 为局部变量
    int y = 0;
    int z;
    //x 值为 0
    System.out.println("x = " + x);
    //y 值为 0
    System.out.println("y = " + y);
    //非法使用尚未初始化的局部变量 z，编译时无法通过
    System.out.println("z = " + z);
  }
}
```

2. 方法

Java 中所有用户定义的操作均用方法(method)来实现，方法由一组完成某种特定功能可执行的代码组成。在 Java 类中可以定义方法，在 Java 的接口中可以声明方法，当一个类要实现某个接口时，就需要实现该接口中声明的方法。

方法包括两种：构建器(constructor)和普通方法。和 C++一样，构建器在新建对象时被调用，它没有返回类型。普通方法都有返回类型，如果一个普通方法不需要返回任何值，那么它必须标上返回类型 void。

方法的参数表由成对的类型及参数名组成，相互间用逗号分隔。如果方法无参数，则参数表为空。

方法内部定义的局部变量不能与方法的参数同名，否则会产生编译错误，例如：

```
public class TestSketch{
    void  test(int i,int j){
        for (int i=0; i<=100; i++){
            System.out.println(""+i);
        }
    }
}
```

编译报错如下：

```
TestSketch.java:3: i is already defined in test(int,int)
for (int i=0; i<=100; i++){
       ^
1 error
```

注意： 方法体中声明的局部变量的作用域在该方法内部。若局部变量与类的成员变量同名，则类的成员变量被隐藏。

例 3.1　VariableDemo.java

```
//本例说明局部变量和同名类成员变量的作用域不同
class Variable{
  //类成员变量
  int a=0;
  int b=0;
  int c=0;
  void test(int a,int b){
    this.a=a;
    this.b=b;
    int c=5; //局部变量
    System.out.println("--print data in method test--");
    System.out.println("a="+a+" b="+b+" c="+c);
  }
}
public class VariableDemo{
  public static void main(String args[]){
    Variable v=new Variable();
    System.out.println("--print original data--");
    System.out.println("a="+v.a+" b="+ v.b+" c="+v.c);
    v.test(3,4);
    System.out.println("--print data after method test--");
    System.out.println("a="+v.a+ " b="+ v.b+" c="+v.c);
  }
}
```

程序运行结果：

```
--print original data--
a=0 b=0 c=0
--print data in method test--
a=3 b=4 c=5
--print data after method test--
a=3 b=4 c=0
```

在 C 程序中 main()作为一个程序的入口方法，在 Java 中也同样利用这个方法来启动一个 Java 程序。main()使用一个字符串数组作为参数，它表示启动 Java 这个程序时的命令行参数，在下面的例子中展现了如何使用 main 的这个参数。

例 3.2　TestMain.java

```
public class TestMain {
  public static void main(String[] args) {
    for(int i=0; i < args.length; i++) {
      System.out.println("参数[" + i + "]:" + args[i]);
    }
  }
}
```

程序运行结果：

```
C:\>java TestMain Hello World
参数[0]:Hello
参数[1]:World
```

命令行参数并不是必需的，但大多数应用都热衷于使用这种方式向程序输入一组参数。需要指出的是，在上例中 Hello 对应的 args 索引为 0，World 对应的 args 索引为 1，如此类推，熟悉 C 语言的读者会发现其中的不同。

main 方法应该声明为 static，否则虽然程序编译可以通过，但运行时 Java 虚拟机将指出 main 方法不存在。错误信息如下：

```
Exception in thread "main" java.lang.NoSuchMethodError: main
```

方法执行结束，可以向调用者返回一个值，返回值的类型必须匹配方法声明中的返回类型，返回值类型可以是基础数据类型，也可以是一个对象类型。返回值跟随在方法体内的 return 语句之后，在一个 void 类型的方法中也可以包含 return 语句，不过此时 return 语句后不能跟随变量，它只是表示方法已执行完毕。在一个方法体内可能同时包含多个 return 语句，在程序运行中不管遇到哪个 return 语句，都表示方法执行结束，并返回方法的调用者。

下面是另一个可供参考的例子：

```
public class MessageQueue{
  private Vector queue;
  //构建器不能有返回值
  public MessageQueue(){
    ...
  }
  //无返回值
  public void add(Message m){
    queue.add(m);
  }
  //返回 boolean 类型
  //与 C 语言不同，对于返回 boolean 类型的方法，不能返回一个整数
  public boolean isEmpty(){
    if(queue.size()==0){
      return true;
    }
    return false;
```

```
  }
  //返回一个对象
  //对于对象类型的返回值，可以返回一个 null
  public Message get(){
    if(isEmpty()){
      return null;
    }
    Message first =(Message)queue.elementAt(0);
    queue.remove(0);
    return first;
  }
}
```

3. 构建器

当一个类实例化时，调用的第一个方法就是构建器(也有的资料将 constructor 翻译为构造方法或构造函数，它们的含义都是相同的)。构建器是方法的一种，但它和一般方法有着不同的使命。构建器(constructor)是提供对象初始化的专用方法。它和类的名字相同，但没有任何返回类型，甚至不能为 void 类型。

构建器在对象创建时被自动调用，它不能被显式地调用。

Java 中的每个类都有构建器，用来初始化该类的对象。如果在定义 Java 类时没有创建任何构建器，Java 编译器自动添加一个默认的构建器。例如：

```
class Point{
    double x,y;
}
```

等同于：

```
class Point{
    double x,y;
    Point(){ //默认构建器
    }
}
```

在类中，可以通过方法的重载来提供多个构建器。

例 3.3　Point.java

```
class Point{
  double x,y;
  //构建器的重载
  Point(){
    x=0;
    y=0;
  }
  Point(double x){
    this.x=x;
    y=0;
```

```
    }
    Point(double x, double y){
      this.x=x;
      this.y=y;
    }
    Point(double x, double y, double z){
      this.x=x;
      this.y=y+z;
    }
}
```

我们还可以在构建器中利用 this 关键字调用类中的其他构建器，需要注意的是，利用 this 来调用类中的其他构建器时，必须放在代码第一行。例如上例中的不带任何参数的构建器 Point()可以改写为：

```
Point(){
    this(0, 0);
}
```

在调用类的构建器创建一个对象时，当前类的构建器会自动调用父类的默认构建器，也可以在构建器中利用 super 关键字指定调用父类的特定构建器。一般方法可以被子类继承，而构建器却不可被继承。与 this 关键字一样，super 调用也必须放在代码第一行。例如：

```
class StylePoint extends Point{
  int style;
  StylePoint(double x, double y, int style) {
    super(x, y);
    this.style = style;
  }
}
```

注意： 构建器只能由 new 运算符调用。

new 运算符除了分配存储空间之外，还初始化实例变量，调用实例的构建器。下面给出一个分配空间并初始化 Point 的实例。

```
Point a;            //声明
a = new Point( ); //初始化并分配存储空间
```

下面的构建器是带有参数的例子：

```
Point b;                    //声明
b = new Point(3.4, 2.8);  //初始化实际变量
```

对象的声明并不为对象分配内存空间，而只是分配一个引用空间；对象的引用类似于指针，是 32 位的地址空间，它的值指向一个中间的数据结构，它存储有关数据类型的信息以及当前对象所在堆的地址，而对于对象所在的实际的内存地址是不可操作的，这就保证了安全性。

注意： 类是用来定义对象状态和行为的模板，对象是类的实例。类的所有实例都分配在可作为无用单元回收的堆中。声明一个对象引用并不会为该对象分配存储空间，程序员必须显式地为对象分配存储空间，但不必显式地删除存储空间，因为无用单元回收器会自动回收无用的内存。

3.1.3　关键字 this

前面已经多次用到了关键字 this，在一个方法内部如果局部变量与类变量的名字相同，则局部变量隐藏类变量，在这种情况下，如果要访问类变量，我们必须使用关键字 this。

在类的构建器和非静态方法内，this 代表当前对象的引用。利用关键字 this，可以在构建器和非静态方法内，引用当前对象的任何成员。

注意： this 用在方法中，表示引用当前对象。

其实在 Java 程序设计中，一个方法引用它自己的实例变量及其他实例方法时，在每个引用的前面都隐含着 this。例如：

```
 class  Test{
   int a,b,c;
   …
   void myPrint( ) {
     print(a+ "\n");      //等价于 print(this.a+ "\n");
   }
   …
}
```

一个对象要把自己作为参数传给另一个对象时，就需要用到 this。例如：

```
class MyClass {
   void method(OtherClass obj) {
     …
     obj.method(this)
     …
   }
}
```

构建器用来创建和初始化一个对象，通过构建器可以传入多个参数用来初始化类的成员变量，如果对应的构建器参数和类的成员变量具有相同的名字，则不失为一种良好的编程风格，可以使得程序一目了然，此时就需要使用 this 来引用类成员变量。例如：

```
class Moose {
   String hairDresser;
   Moose(String hairDresser) {
     this.hairDresser = hairDresser;
   }
}
```

在此例中，类 Moose 的构建器的参数 hairDresser 和类成员变量具有同样的名字。具有 this 前缀的变量 hairDresser 指向类成员，而不具有 this 前缀的变量 hairDresser 指向构建器的参数。

另外，在构建器中，我们还可以利用 0 个或多个参数的 this()方法，调用该类的其他构建器，这种方法称为显式构建器调用。

除了 this 之外，super 关键字可用于访问超类中被隐藏的变量和被改写的方法。关于 super 的细节将在 3.2.2 小节讨论。

3.1.4 方法重载

方法重载(overload)是指多个方法具有相同的名字，但是这些方法的参数必须不同(或者是参数的个数不同，或者是参数类型不同)。

方法在同一个类的内部重载，类中方法声明的顺序并不重要。

注意： 返回类型不能用来区分重载的方法。方法重载时，参数类型的区分度一定要足够，例如不能是同一类型的参数。重载的认定是指要决定调用的是哪一个方法，在认定重载的方法时，不考虑返回类型。

例 3.4 OverloadDemo.java

```
public class OverloadDemo{
  //方法 1
  public void print(int a){
    System.out.println("一个参数:a="+a);
  }
  //方法 2
  public void print(int a, int b) {
    System.out.println("两个参数:a="+a+" b="+b);
  }
  public static void main(String args[]) {
    OverloadDemo oe=new OverloadDemo();
    oe.print(100);
    oe.print(100,200);
  }
}
```

程序运行结果：

```
一个参数:a=100
两个参数:a=100 b=200
```

注意： 方法重载时，编译器会根据参数的个数和类型来决定当前所使用的方法。

通过参数个数来区分方法重载，还是比较容易分辨的；而通过参数类型来区分方法重载，就略显复杂了，有时要格外小心，避免出现“二义性”。例如我们看看如下代码：

```
public class OverloadDemo2 {
   //方法 1
```

```
    public void print(int a, long b, long c) {
        ...
    }
    //方法 2
    public void print(long a, long b, long c) {
        ...
    }
}
```

当我们调用 print(1, 2L, 3L)时，方法 1 将被调用；当我们调用 print(1L, 2L, 3L)时，方法 2 将被调用。当我们调用 print(1, 2, 3)时，哪一个方法将被调用？答案是方法 1。因为方法 1 的第一个参数为 int 型，与 print(1, 2, 3)的第 1 个参数正好匹配，虽然第 2 和第 3 个参数类型并不相同，但相对于方法 2 来说，方法 1 与 print(1, 2, 3)调用更为接近，所以方法 1 将被调用。

现在我们对 OverloadDemo2 的方法 2 略做修改，如下所示：

```
public class OverloadDemo3 {
    //方法 1
    public void print(int a, long b, long c) {
        ...
    }
    //方法 2
    public void print(long a, int b, long c) {
        ...
    }
}
```

当我们再次调用 print(1, 2, 3)时，将会怎样？方法 1 和方法 2 与调用 print(1, 2, 3)不存在哪个更接近，这就产生了一种模棱两可的情形。那么参数顺序是否会产生影响呢？不会！如果利用参数顺序来解决这个问题，必将给程序编写带来极大的潜在危险。

对于这种二义性的情形，程序编译将不能通过，Java 编译器将会指出具有二义性的方法调用。

3.1.5　类继承

在构造一个新的类时，首先找到一个已有的类，新类在这个已有类的基础上构造，这种特性我们称为继承，也可以称作派生(derived)。继承使用关键字 extends 声明。继承出的类称为原来类的子类，而原来类被称为父类或者超类。

注意： 类的继承具有传递性：如果 B 是 A 的子类，C 是 B 的子类，则 C 是 A 的子类。

下面是一个点类继承的例子：

```
//在平面直角坐标系中的点类
public class Point{
    float x,y;
```

```
        ...
    }
    //可打印的点类
    class PintablePoint extends Point implements Printable{
        ...
        public void Print( ) {
        }
    }
```

关键字 extends 只能引出一个超类 superClassName，即 Java 语言仅支持单继承(single inheritance)。

Java 程序运行时建立的每个对象都具有 Object 类定义的数据和功能。例如，每个对象可调用 Object 类定义的实例方法 equals 和 toString。方法 equals 用于比较两个对象是否相等，方法 toString 用于将对象转换成字符串的描述形式。

所有的类均从一个根类 Object 中派生出来。除 Object 之外的任何类都有一个直接超类。如果一个类在声明时未指明其直接超类，那么默认即为 Object。

例如：

```
class Point {
    float x,y;
}
```

与下面写法等价：

```
class Point extends Object {
    float  x,y;
}
```

继承关系使得 Java 中所有的类构成一棵树，Object 类就是这棵树的根。

注意： Java 语言之所以没有采用 C++的多继承机制，是为了避免多继承带来的诸多不便，比如：二义性的产生、编译器更加复杂、程序难以优化等问题。Java 语言虽然仅支持单继承，但是可以通过接口机制来支持某些在其他语言中用多继承实现的机制(详见第 4 章)。

3.1.6 类的初始化过程

当创建一个对象时，对象的各个变量根据其类型被设置为相应的默认初始值(详细设置见 3.1.2 小节)，然后调用构建器。每个构建器有三个执行阶段。

(1) 调用超类的构建器。

(2) 由初始化语句对各变量进行初始化。

(3) 执行构建器的体。

下面是一个类的初始化过程的例子：

```
class Mask{
  int rightMask = 0x00ff;
  int fullMask;
```

```
  public Mask(){
    fullMask = rightMask;
  }
  public int init(int orig){
    return (orig&fullMask);
  }
}
class EnhancedMask extends Mask{
  protected int leftMask = 0xff00;
  public EnhancedMask(){
    fullMask |= leftMask;
  }
}
```

若创建一个类型为 EnhancedMask 的对象，逐步完成构造，表 3.2 所示是每一步结束后各个变量的值。

表 3.2　EnhancedMask 对象的初始化过程表

步　骤	动　作	rightMask	leftMask	fullMask
1	各个变量设置为初始值	0	0	0
2	调用 EnhancedMask 构建器	0	0	0
3	调用 Mask 构建器	0	0	0
4	Mask 变量初始化	0x00ff	0	0
5	Mask 构建器执行	0x00ff	0	0x00ff
6	EnhancedMask 变量初始化	0x00ff	0xff00	0x00ff
7	EnhancedMask 构建器执行	0x00ff	0xff00	0xffff

在构建器中调用其他方法时，应密切注意程序代码的执行次序和当前成员变量的赋值变化，因为此时对象尚未创建完成，有些变量还没有初始化。上面第 5 步中，如果在 Mask 构建器最后调用了方法 init()，fullMask 的值此时为 0x00ff，而不是 0xffff；只有当 EnhancedMask 对象构造完成之后，fullMask 的值才为 0xffff。

另外，我们还必须注意有关多态性的问题，参见 3.2.3 小节。假如我们在类 EnhancedMask 中重写了 init()方法，如果我们在 Mask 构建器中调用了 init()方法，那么当我们创建 EnhancedMask 的对象时，它实际调用的是 EnhancedMask 的 init()方法，而不是 Mask 的 init()方法。

注意： 若在构造对象阶段需要调用方法，那么在这些方法设计时，必须考虑以上因素。而且，对于构建器所调用的每个非终结(non-final)方法，因为能被改写，所以对它们应该仔细编制文档，以告示他人：他们可能想要改写具有潜在限制的构建器。

3.1.7　源文件

源文件是我们开发程序的基本单位，Java 源文件是扩展名为.java 的纯文本文件。Java 编译器处理编译 Java 源文件，输出为 Java 字节码文件，即扩展名为.class 的文件。

在一个 Java 源文件中只允许定义 0 个或 1 个 public 类或接口，但可以同时有不受限制的多个 default 类和接口。如果源文件包含了 public 类或接口，则文件名必须和 public 类或接口一样；如果源文件中不包含 public 类或接口，文件名可以是任意合法的文件名。

一个 Java 源文件的内容通常由如下 3 个功能部分构成。

(1) package 包声明：命名当前包。

(2) import 包引入：引入其他程序包。

(3) 类和接口定义：定义新的类和接口。

下面的例子是一个典型的 Java 源文件的组成格式：

```
//包声明
package  com.mycompany.myproject;
//引入其他程序包或类
import java.io.*;
import java.util.Vector;
//类定义
public class MyClass{
  ...
}
interface MyInterface{
  ...
}
```

不同的程序员在组织源程序时有自己的爱好：有的喜欢在一个源文件中只存放一个类或是接口；而有的喜欢在同一个源文件中存放多个类或是接口。在例 3.1 中，源文件 VariableDemo.java 中同时存放了两个类 Variable 和 VariableDemo。也可以将这两个类分别存放到不同的文件中。例如，将类 Variable 存放在文件 Variable.java 中，将类 VariableDemo 存放在文件 VariableDemo.java 中。使用这种方式时，可以有两种方法进行编译。一种方法是使用通配符：

```
javac Variable*.java
```

这样，所有以 Variable 开头的并以.java 结尾的源程序都得到编译。

另一种方法是直接输入：

```
javac VariableDemo.java
```

虽然我们并没有显式地指定对 Variable.java 进行编译，但是编译器在对 VariableDemo.java 进行编译时，发现其中使用了类 Variable，因此会主动寻找 Variable.class，如果没有能够找到，则继续寻找 Variable.java 并编译之。此外，即使 Variable.class 已经存在，如果 Variable.java 的时间戳比 Variable.class 的时间戳新，仍旧会对 Variable.java 进行编译。

3.2　面向对象特性

基于面向对象特性，我们来剖析 Java 语言机制。

3.2.1　封装性

访问控制符是 Java 语言控制对方法和变量访问的修饰符。对象是对一组变量和相关方法的封装，其中变量表明了对象的状态，方法表明了对象具有的行为。通过对象的封装，实现了模块化和信息隐藏；通过对类的成员施以一定的访问权限，实现了类中成员的信息隐藏。

我们可以通过一个类的接口来使用该类。这里所指的接口不同于第 4 章中的接口(后者是 Java 语言的成分，是一种类型)。这里我们认为类的接口表示一个类的设计者和使用者之间的约定。一般来说，一个类同时具有两种接口：保护(protected)接口和公共(public)接口：

- 一个类的保护接口是指该类中被声明为 protected 的所有变量和方法。通过保护接口扩展类，使子类可共享保护接口所提供的变量和方法，并且只能被子类所继承和使用。子类还可以改写接口中提供的方法，可以隐藏接口中提供的变量。子类也可以直接使用其超类的公共接口。
- 一个类的公共接口是指该类中被声明为 public 的所有变量和方法。通过公共接口，该类可作为其他类的域成分(聚集)，或者在其他类的方法中创建该类对象并使用(关联)。若要如此使用一个类，仅能通过其公共接口来进行。

一个类中除了保护接口和公共接口外，还有私有(private)成分。私有成分仅被该类所持有，并仅能被该类中的方法访问。类的私有成分被严格保护，不允许其他类直接访问，即使子类也不例外。

一个类把其私有成分封装起来，其保护接口和公共接口提供给其他类使用，这样的结构体现了类的“封装性”。封装性是面向对象程序设计的一个重要特征。我们在设计或使用一个类时，应谨慎考虑上述这些约定关系，依照类中各成分的语义做合适的安排。

1. private

类中用 private 修饰的成员，只能被这个类本身访问。

如果一个类的成员声明为 private，则其他类(不管是定义在同一个包中的类，还是该类的子类或是别的类)都无法直接使用这个 private 修饰的成员。

例 3.5　PrivateDemo.java

```
class Display{
  private int data =8;
  private void displayData(){
    System.out.println("data value=" + data);
  }
}
```

```
class EnhancedDisplay extends Display{
  void enhancedDisplayData(){
    System.out.println("********");
    displayData();
    System.out.println("********");
  }
  void changeData(int x){
    data = x;
  }
}
public class PrivateDemo{
  public static void main(String args[]){
    EnhancedDisplay ed = new EnhancedDisplay();
    ed.enhancedDisplayData();
    ed.changeData(100);
    ed.enhancedDisplayData();
  }
}
```

编译 PrivateDemo.java，出现如下错误：

```
PrivateDemo.java:10: displayData() has private access in Display
    displayData();
    ^
PrivateDemo.java:14: cannot resolve symbol
symbol  : variable i
location: class EnhancedDisplay
    i = x;
    ^
2 errors
```

2. default

类中不加任何访问权限限定的成员属于默认的(default)访问状态，这些成员可以被这个类本身和同一个包中的类所访问。例如，我们去掉例 3.5 中的两个 private，然后再编译运行之，可以得到：

```
****************
data value=8
****************
****************
data value=100
****************
```

3. protected

类中限定为 protected 的成员，可以被这个类本身、它的子类(包括同一个包中以及不同包中的子类)和同一个包中的所有其他类访问。

4. public

public 成员可以被所有的类访问，包括包内和包外的类。

表 3.3 列出了上述这些访问控制符的作用范围。

表 3.3　Java 中类的访问控制符的作用范围比较

作用范围 访问控制符	同一个类	同一个包	不同包的子类	不同包非子类
private	*			
default	*	*		
protected	*	*	*	
public	*	*	*	*

注：“*”表示可以访问。

注意： public 可用于类、方法和变量。标以 public 的类、方法和变量，可为任何地方的任何其他类和方法访问。覆盖不能改变 public 的访问权限。没有被指定 public 或 private 的类、方法和变量，只能在声明它们的包(package)中访问。

3.2.2　继承性

面向对象中最为强大的功能是类的继承，继承允许编程人员在一个已经存在的类之上编写新的程序。比如想建立一个 FillRect 类，该类可以使用 Rectangle 类中所有已定义的数据和成员方法，如 width、height 等数据和 getArea 等方法，就可以通过继承来实现。为了继承 Rectangle 类，就必须引用旧的 Rectangle 类(使用 extends 关键字)，并且在新类的说明中引用它。例如：

```
class  FillRect  extends  Rectangle{
    ...
}
```

Java 中所有的类都是通过直接或间接地继承 Java.lang.Object 类得到的。继承而得到的类称为子类，被继承的类称为父类。子类不能继承父类中访问权限为 private 的变量和方法。子类可以重写父类的方法，即命名与父类中同名的方法。

Java 不支持多重继承，即不具有一个类从多个超类派生的能力，这种单一继承使类之间具有树型的层次结构。所有类共享该层次结构的根节点 Object，也就是说，每个类都隐式地继承于 Object。继承是面向对象程序设计的主要特点和优势之一。利用类继承，可利用已有的类方便地建立新的类，最大限度地实现代码重用。

Java 由继承引出了“多态”的概念：方法的多态和类型的多态。

(1)　方法的多态。3.1.2 小节详细介绍了在一个类中方法的重载(overload)，这是一种方法多态的形式。3.2.3 小节还将引入另一种方法多态的形式：扩展类继承其超类的方法，它们有相同的基调，但对方法的实现进行了改写。这种方法多态形式在有些书中也称为方法的覆盖(override)。

(2) 类型的多态。假设由超类 F 扩展出类 Z，即类 Z 继承了超类 F。由类 Z 实例化创建的对象 d 不仅属于类 Z，而且属于其超类 F，也就是说，对象 d 的域包含了超类 F 的域，因此对象 d 也是超类 F 的对象。所以创建一个类对象，也隐含着创建了其超类的一个对象，因此，类构建器往往需要调用其超类构建器。另一个结论是，一个类的对象不仅可以被创建类的类型所引用，也可以被其超类的类型所引用。所以 Object 类型的引用可以引用任何对象。

例 3.6　VehicleDemo.java

```
//类的继承
class Vehicle{//车辆类
  int VehicleID; //性质：车辆的 ID 号
  void setID(int ID){
    VehicleID=ID;
  }
  void displayID( ) { //方法：显示 ID 号
    System.out.println("车辆的号码是："+ VehicleID);
  }
}
class Car extends Vehicle{ //轿车类
  int mph; //时速
  void setMph(int mph){
    this.mph=mph;
  }
  void displayMph( ) { //显示轿车的时速
    System.out.println("轿车的时速是："+ mph);
  }
}
public class VehicleDemo{
  public static void main(String[] args){
    //产生一个车辆对象
    Car benz = new Car();
    benz.setID(9527);
    benz.setMph(10);
    benz.displayID();
    benz.displayMph();
  }
}
```

程序运行结果：

```
车辆的号码是：9527
轿车的时速是：10
```

在例 3.6 中，定义了 Car 和 Vehicle 两个类。显然，Car 是 Vehicle 的一种，Car 除了 Vehicle 的所有特性都有之外，它还延伸出自己的一些特性。

继承关系是由原来的类延伸而来，所以子类所产生的对象也是父类的一种。就以例 3.6 为例，类 Vehicle 是类 Car 的父类，因此，由 Car 产生的对象实体，也是一种 Vehicle。

这样的关系在程序中可以表示成：即使类型是父类的一个引用，也可以拿来引用子类所产生的对象。例如：

```
class Example {
  Vehicle Benz;
  Benz= new Car();       //父类型引用子类对象
}
```

1. 成员变量的隐藏和方法的重写

子类通过隐藏父类的成员变量和重写父类的方法，可以把父类的状态和行为改变为自身的状态和行为，例如：

```
class A{
  int x;
  void setX(){
    x=0;
  }
}
class B extends A{
  int x; //隐藏了父类的变量 x
  void setX(){         //重写了父类的方法 setX()
    x=5;
  }
}
```

注意： 子类中重写的方法和父类中被重写的方法要具有相同的名字，相同的参数表和相同的返回类型，只是方法体不同。

2. 关键字 super

Java 中通过关键字 super 来实现对父类成员的访问，super 用来引用当前对象的父类。在扩展类的所有非静态方法中均可使用 super 关键字。在访问字段和调用方法时，super 将当前对象作为其超类的一个实例加以引用。

使用 super 时应特别注意，super 引用类型明确决定了所使用方法的实现。具体来说，super.method 总是调用其超类的 method 实现，而不是在类层次中较下层该方法的任何改写后的实现。使用 super 关键字调用特定方法与其他引用不同，非 super 关键字调用根据对象的实际类型选择方法，而不是根据引用的类型。当通过 super 调用一个方法时，得到的是基于超类类型的方法的实现。

注意： super 的使用有 3 种情况:

- 访问父类被隐藏的成员变量，如 super.variable。
- 调用父类中被重写的方法，如 super.method([paramlist])。
- 调用父类的构建器，如 super([paramlist])。

下面例子说明了 super 的作用。

例 3.7 SuperDemo.java

```
class Father{
  int x;
  Father(){
    x=3;
    System.out.println("Calling Father : x=" +x);
  }
  void doSomething(){
    System.out.println("Calling Father.doSomething()");
  }
}
class Son extends Father{
  int x;
  Son(){
    //调用父类的构造方法
    //super()必须放在方法中的第一句
    super();
    x=5;
    System.out.println("Calling Son : x="+x);
  }
  void doSomething() {
    super.doSomething( ); //调用父类的方法
    System.out.println("Calling Son.doSomething()");
    System.out.println("Father.x="+super.x+" Son.x="+x);
  }
}
public class SuperDemo{
  public static void main(String args[]) {
    Son son=new Son();
    son.doSomething();
  }
}
```

程序运行结果:

```
Calling Father : x=3
Calling Son : x=5
Calling Father.doSomething()
Calling Son.doSomething()
Father.x=3 Son.x=5
```

注意: 在 Java 中，this 通常指当前对象，super 则指父类。当编程人员想要引用当前对象的某种东西，比如当前对象的某个方法，或当前对象的某个成员时，便可以利用 this 来实现这个目的，当然，this 的另一个用途是调用当前对象的另一个构建器。如果编程人员想引用父类的某种东西，则非 super 莫属。

3. 类 Object

类 java.lang.Object 处于 Java 开发环境的类层次的根部，其他所有的类都是直接或间接地继承了此类。Object 类定义了一些最基本的状态和行为。

一些常用的方法如下。

- equals()：比较两个对象(引用)是否相同。
- getClass()：返回对象运行时所对应的类的表示，从而可得到相应的信息。
- toString()：用来返回对象的字符串描述。
- finalize()：用于在垃圾收集前清除对象。
- notify()、notifyAll()、wait()：用于多线程处理中的同步。

3.2.3　多态性

在 Java 语言中，多态性体现在两个方面：由方法重载实现的静态多态性(编译时多态)和方法覆盖实现的动态多态性(运行时多态)。

(1) 编译时多态。在编译阶段，编译器会根据参数的不同来静态确定调用相应的方法，即具体调用哪个被重载的方法。

(2) 运行时多态。由于子类继承了父类所有的属性(私有的除外)，所以子类对象可以作为父类对象使用。程序中凡是使用父类对象的地方，都可以用子类对象来代替。一个对象可以通过引用子类的实例来调用子类的方法。

注意： 重载方法的调用原则是，Java 运行时系统根据调用该方法的实例，来决定调用哪个方法。对于子类的一个实例，如果子类重写了父类的方法，则运行时系统调用子类的方法；如果子类继承了父类的方法(未重写)，则运行时系统调用父类的方法。

例 3.8　Dispatch.java

```
class C{
  void abc() {
    System.out.println("Calling C's method abc");
  }
}
class D extends C{
  void abc() {
    System.out.println("Calling D's method abc");
  }
}
public class Dispatch{
  public static void main(String args[]) {
    C c=new D();
    c.abc( );
  }
}
```

程序运行结果：

```
Calling D's method abc
```

💡 **注意**： 在例 3.8 中，父类对象 C 引用的是子类的实例，所以 Java 运行时调用子类 D 的 abc 方法。

下面我们再举一个例子来说明在对象的创建过程中，发生在构建器中的多态性方法调用的例子。

例 3.9　SuberClass.java

```
class BaseClass{
  public BaseClass(){
    System.out.println("Now in BaseClass()");
    init();
  }
  public void init(){
    System.out.println("Now in BaseClass.init()");
  }
}
public class SuberClass extends BaseClass{
  public SuberClass() {
    System.out.println("Now in SuberClass()");
  }
  public void init() {
    System.out.println("Now in SuberClass.init()");
  }
  public static void main(String[] args) {
    System.out.println("创建 BaseClass 对象:");
    new BaseClass();
    System.out.println("创建 SuberClass 对象:");
    new SuberClass();
  }
}
```

程序运行结果：

```
创建 BaseClass 对象:
Now in BaseClass()
Now in BaseClass.init()
创建 SuberClass 对象:
Now in BaseClass()
Now in SuberClass.init()
Now in SuberClass()
```

3.3　关键字 static

有时候，可能需要同类的各对象之间共享某些变量或方法，这些共享的变量或方法被称为类变量或者类方法。类变量或者类方法统称为静态对象。

用 static 关键字来声明类变量和类方法的格式如下。

类变量：

```
static variableType variableName;
```

类方法：

```
static returnType classMethod([paramlist]) {…}
```

注意： 每个实例对象对类变量的改变都会影响到其他的实例对象。类变量可通过类名直接访问，无须先生成一个实例对象，也可以通过实例对象访问类变量。类方法不能访问实例变量，只能访问类变量。类方法可以由类名直接调用，也可以由实例对象进行调用。类方法中不能使用 this 或 super 关键字。

静态变量可以有初值，就像实例变量一样。静态变量和方法都是通过类名字来访问的。为方便起见，也可以用具体对象来访问。

例 3.10 演示了如何显式调用静态方法。

例 3.10　StaticDemo.java

```
//静态方法的调用
class MyMath{
  static final double PI=3.14159;
  static int max(int a,int b){
    return a>b?a:b;
  }
}
public class StaticDemo{
  public static void main(String[] args){
    //无须创建实例，即可直接调用
    System.out.println("PI="+MyMath.PI);
    System.out.println("max(100,200)="+MyMath.max(100,200));
  }
}
```

调用静态方法的格式为：

```
类名.方法名
```

注意： 如果在声明时不用 static 关键字修饰变量或者方法，则表示是实例变量或实例方法。

每个对象的实例变量都独立分配内存，通过对象来访问这些实例变量。实例方法可以对当前对象的实例变量进行操作，也可以对类变量进行操作，实例方法由实例对象调用。

例 3.11　StaticDemo2.java

```
//静态成员的使用
class  StaticDemo2{
  //实例变量
  int i;
```

```
    //静态变量
    static int j;
    static int arr[ ] = new  int[12];
    //静态初始化成员，初始化数组
    static{
      for(int i=0;i<arr.length;i++)
        arr[i] =i;
    }
    //实例方法
    void setI(int i){
      this.i =i;
    }
    //静态方法
    static void setJ(int j) {
      StaticDemo2.j=j;
    }
    public static void main(String []args ){
      StaticDemo2 sd2 = new StaticDemo2();
      StaticDemo2.j=2;          //正确：  通过类访问静态变量
      sd2.j =3;                 //正确：  通过实例访问静态变量
      StaticDemo2.setJ(2);      //正确：  通过类访问静态方法
      sd2.setJ(3);              //正确：  通过实例访问静态方法
      sd2.i=4;                  //正确：  通过实例访问实例变量
      sd2.setI(7);              //正确：  通过实例访问实例方法
      StaticDemo2.i=5;          //错误：  通过类访问实例变量
      StaticDemo2.setI(5);      //错误：  通过类访问实例方法
    }
}
```

注意： static 也可以用来修饰一个类，称为静态类。通常只有内部类才允许声明为静态的。

3.4 关键字 final

final 关键字可以修饰类、变量和方法。

3.4.1 final 变量

在第 2 章中，我们已经知道，使用 final 关键字修饰的变量，只能被初始化一次，也即变量一旦被初始化便不可改变。这里的不可改变具有两层含义：对基本类型来说是其值不可改变；对于对象变量来说其引用不可改变。

注意： 使用 final 修饰的变量，自动成为常量。

格式为：

```
final variableType variableName;
```

高等学校应用型特色规划教材

3.4.2 final 方法

方法被声明为 final，格式为：

```
final returnType methodName(paramList) {…}
```

这表示该方法不需要进行扩展(继承)，也不允许任何子类覆盖这个方法，但是可以继承这个方法。

例 3.12　FinalMethodDemo.java

```
class FinalMethod{
  final void aMethod(){
    System.out.println("a final method");
  }
}
public class FinalMethodDemo extends FinalMethod{
  //错误：不能覆盖父类的 final 方法
  void aMethod(){
    System.out.println("override a final method");
  }
}
```

编译该程序，报错如下：

```
FinalMethodDemo.java:8: aMethod() in FinalMethodDemo cannot override
aMethod() in FinalMethod; overridden method is final
  void aMethod(){
       ^
1 error
```

3.4.3 final 类

final 修饰类，格式为：

```
final class finalClassName{…}
```

这表示该类不能被任何其他类继承。final 类中的方法自然也就成了 final 型的。可以显式定义其为 final，也可以不显式定义为 final，效果都一样。

例 3.13　FinalClassDemo.java

```
final class FinalClass{
  void method (){
  }
}
//错误：不能继承 final 类
public class FinalClassDemo extends FinalClass{
}
```

编译该程序，报错如下：

```
FinalClassDemo.java:6: cannot inherit from final FinalClass
public class FinalClassDemo extends FinalClass{
                                    ^
1 error
```

下面的程序演示了 final 方法和 final 类的用法。

例 3.14　FinalDemo.java

```
final class AFinalClass{
  final String strA="This is a final String";
  public String strB="This is not a final String";
  final public void print(){
    System.out.println("a final method named print()");
  }
  public void showString(){
    System.out.println(strA+"\n"+strB);
  }
}
public class FinalDemo{
  public static void main(String[] args){
    AFinalClass f=new AFinalClass();
    f.print();
    f.showString();
  }
}
```

注意： final 类与普通类的使用几乎没有差别，只是它失去了被继承的特性。

3.5　对象复制

假设我们需要对一个对象进行复制，怎么办呢？很多读者会想到赋值，例如：obj2=obj1。但是这个方法实际上并没有复制对象，而仅仅是建立一个新的对象引用，在执行这个操作后仍然只有一个对象，新建对象引用 obj2 也指向了对象引用 obj1 所指的对象。

本节介绍一个极其有用的方法 Object.clone()，实现对象的复制。

既然 clone 是类 Object 中的一个方法，那么它能否像 toString()这些方法一样，直接调用呢？我们来看下面这个例子。

例 3.15　CloneDemo.java

```
class AnObject{
  private int x;
    public AnObject(int x){
      this.x =x;
    }
    public int getX(){
```

```
      return x;
    }
}
public class CloneDemo{
  public static void main(String args[]){
    AnObject obj1 = new  AnObject(100);
    AnObject obj2 = (AnObject)obj1.clone();
    System.out.println("obj1 locate at "+obj1+" x="+obj1.getX());
    System.out.println("obj2 locate at "+obj2+" x="+obj2.getX());
  }
}
```

上面的代码会引发编译错误。查阅 Java API 文档，我们会发现：Object.clone()是一个 protected 方法，因此不能直接调用 clone()方法。我们将类 AnObject 修改如下：

```
class AnObject{
  private int x;
  public AnObject(int x) {
    this.x =x;
  }
  public int getX(){
    return x;
  }
  public Object clone(){
    try{
      return super.clone();
    }catch(CloneNotSupportedException e){
      e.printStackTrace();
      return null;
    }
  }
}
```

修改后的类 AnObject 定义了自己的 clone()方法，它扩展 Object.clone()方法。虽然 CloneDemo.java 可以编译，但是，当运行它时会抛出一个 CloneNotSupportedException 异常。通过阅读 Java API 文档我们发现，还必须让那些包含 clone()方法的类实现 Cloneable 接口。代码如下：

```
class AnObject implements Cloneable{
  private int x;
  public AnObject(int x){
    this.x =x;
  }
  public int getX(){
    return x;
  }
  public Object clone(){
    try{
```

```
            return super.clone();
        }catch (CloneNotSupportedException e){
            e.printStackTrace();
            return null;
        }
    }
}
```

再次编译并运行 CloneDemo.java，得到：

```
obj1 locate at AnObject@182f0db x=100
obj2 locate at AnObject@192d342 x=100
```

观察运行结果，显然 obj2 复制了 obj1，因为这两个对象中存储的 x 值均为 100，并且位于内存中不同的位置。

由上面的程序可知，要使得一个类的对象具有复制能力，必须显式地定义 clone()方法，并且该类必须实现 Cloneable 接口。Cloneable 接口中没有定义任何内容，只是起“标记”的作用，说明类的设计者已经为该类设计了复制的功能(这一点与第 4 章将要讲到的接口有所不同)。如果类没有实现 Cloneable 接口，则在运行时会抛出一个 CloneNotSupportedException 异常。

3.6 内 部 类

在一个类的内部我们还可以定义类，这就是内部类，也称为嵌套类。内部类的定义范围要比包小，它定义在另一个类里面，也可以定义在一个方法里面，甚至可以定义在一个表达式中。与内部类相对而言，包含内部类的类称为外部类或顶级类。

内部类本身是一个类，但它同时又是外部类的一个成员。作为外部类的成员，它可以毫无限制地访问外部类的变量和方法，包括 private 成员。这和 private 的含义并不矛盾，因为 private 修饰符只是限制从一个类的外部访问该类成员的权限，而内部类在外部类内部，所以它可以访问外部类的所有资源。

内部类又具有多种形式，可细分为：静态内部类、成员内部类、本地内部类和匿名内部类。在一个顶级类中声明一个类，并用 static 修饰符修饰的该类，就是静态内部类。例如：

```
package mypackage;
public class OuterClass {
    ...

    public static class StaticInnerClass {
        ...
    }
}
```

该例中静态内部类的完全限定名称为 mypackage.OuterClass.StaticInnerClass，编译时 Java 产生两个 class 文件：OuterClass.class 和 OuterClass$StaticInnerClass.class。静态内部类作为外部类的静态成员，和其他静态变量、静态方法一样，与对象无关，静态内部类只可以访问外部类的静态变量和静态方法，而不能直接引用定义在外部类中的实例变量或者方法，但可以通过对象的引用来使用它们。

匿名内部类是没有名字的内部类。由于匿名内部类没有名称，在程序中没有办法引用它们。在 Java 中，创建匿名内部类对象的语法如下：

```
new 类或接口() {类的主体}
```

这种形式的 new 语句声明一个匿名内部类，它对一个给定的类进行扩展，或者实现一个给定的接口。它还创建匿名内部类的一个对象实例，并把这个对象实例作为 new 语句的返回值。在 Java 程序中，匿名内部类的使用十分广泛，它常被用来实现某个接口。例如实现 Enumeration 接口(它定义在 java.util 包中)，Enumeration 接口提供了方法，用来遍历集合数据结构的每个成员，而不暴露集合对象本身。

下面通过一个例子来说明匿名内部类的用法，该例子实现了一个简单的动态数组。

例 3.16　JDynamicArray.java

```
import java.util.Enumeration;
public class JDynamicArray{
  private Object[] array = null;
  private int count = 0;
  public JDynamicArray(int size) {
    if (size <= 0) {
      throw new IllegalArgumentException("size must > 0");
    }
    array = new Object[size];
  }
  public int add(Object obj) {
    if (count == array.length) {
      Object[] newArray = new Object[array.length * 2 + 1];
      for (int i = 0; i < array.length; i++) {
        newArray[i] = array[i];
      }
      array = newArray;
    }
    array[count++] = obj;
    return count;
  }
  public Enumeration getEnumeration() {
    //匿名内部类实现 Enumeration 接口
    return new Enumeration() {
      private int index = 0;
      public boolean hasMoreElements() {
        return index < count;
      }
      public Object nextElement() {
        return array[index++];
      }
```

```
      };
    }
    public static void main(String[] args) {
      JDynamicArray da = new JDynamicArray(10);
      for(int i=0; i<10; i++) {
        da.add(new Integer(i));
      }
      for (Enumeration e = da.getEnumeration(); e.hasMoreElements(); ) {
        System.out.println(e.nextElement());
      }
    }
  }
```

程序运行结果：

```
0
1
...
9
```

3.7 案例实训

1. 案例说明

开发一个企业内部员工管理系统时，需要对员工进行建模，员工包含 3 个属性：工号、姓名和工资。经理也是员工，他具有员工所具有的一切属性，此外也具有属于自身的奖金属性。本例使用继承的思想设计出员工类和经理类。同时要求在类中提供必要的方法对属性进行访问。

2. 编程思想

首先，设计一个员工类 Employee，并给它添加一些基本属性，比如工号、姓名和工资等，同时也提供一个方法用于打印员工的基本信息。然后，设计一个经理类 Employer，该类继承了员工类，并利用 super 关键字指定调用父类的特定构建器，而且重写了父类中的一个方法。同时也有自己的奖金属性 bonus 和方法。

二维码 3-1

3. 程序代码

请扫二维码 3-1，查看完整的代码。

4. 运行结果

程序运行结果如图 3.1 所示。

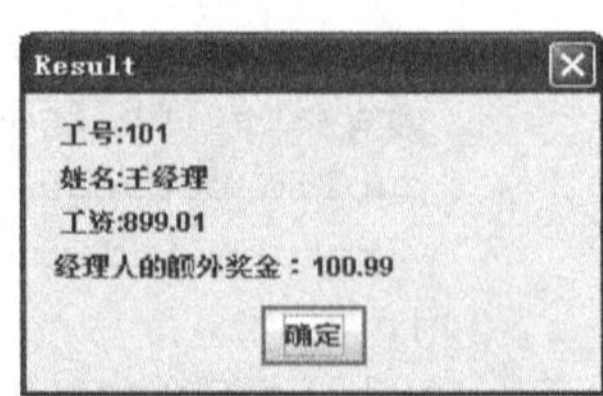

图 3.1　案例的运行结果

习　题

3.1　选择题

(1)　程序 TestSketch.java 的代码如下，4 个选项中正确的描述是(　　)。

```
class A{
}
class B extends A{
}
public class TestSketch{
  public static void main(String args[]){
    A a=new A();
    B B=(B)a;
  }
}
```

A. 通过编译并正常运行

B. 编译时出现异常

C. 编译通过，运行时出现异常

D. 编译器报告找不到 TestSketch.java

(2)　下面有关类 Demo 的描述正确的有(　　)。

```
public class Demo extends Base{
  private int count;
  public Demo(){
    System.out.println("A Demo object has been created");
  }
  protected void addOne(){
    count++;
  }
}
```

A. 当创建一个 Demo 类的实例对象时，count 的值为 0

B. 当创建一个 Demo 类的实例对象时，count 的值是不确定的

C. Base 类型的对象中可以包含改变 count 值的方法

D. Demo 的子类对象可以访问 count

(3)　阅读下面的程序，正确的选项为(　　)。

```
class Person{
  String name;
  String nickName;
  public Person(String s,String t){
    name=s;
    nickName=t;
  }
```

```
  public String toString(){
    return name+" nickname="+nickName;
  }
}
public class Teacher extends Person{
  String rank;
  public Teacher(String s,String t,String r){
    super(s,t);
    rank=r;
  }
  public String toString(){
    return name+" nickname="+nickName+"  rank="+rank;
  }
  public static void main(String args[]){
    Person a= new Person("Tom","Tiger");
    Person b= new Teacher("Jack","Horse","Professor");
    Teacher c= new Teacher("Bobby","Elephant","Lecturer");
    System.out.println("a is "+a.toString());
    System.out.println("b is "+b.toString());
    System.out.println("c is "+c.toString());
  }
}
```

A. 编译时会出现错误

B. 运行时会出现错误

C. 运行结果为:

```
a is Tom nickname=Tiger
b is Jack nickname=Horse  rank=Professor
c is Bobby nickname=Elephant  rank=Lecturer
```

D. 运行结果为:

```
a is Tom nickname=Tiger
b is Jack nickname=Horse
c is Bobby nickname=Elephant  rank=Lecturer
```

3.2　阅读程序 ShapeTest.java，写出其运行结果。

```
class Shape{
  public void draw(){
    System.out.println("draw Shape");
  }
}
class Circle extends Shape{
  public void draw(){
    System.out.println("draw Circle");
  }
}
class Rectangle extends Shape{
```

```
  public void draw(){
    System.out.println("draw Rectangle");
  }
}
public class ShapeTest{
  public static void main(String[] args){
    Shape []shapes=new Shape[3];
    shapes[0]=new Shape();
    shapes[1]=new Rectangle();
    shapes[2]=new Circle();
    for(int i=0;i<shapes.length;i++)
      shapes[i].draw();
  }
}
```

3.3　定义一个自己的数学类 MyMath。类中提供静态方法 max，该方法接收 3 个同类型的参数(例如整型)，返回其中的最大值。

3.4　下面程序的运行结果是什么？并请读者阅读附录 A 中关于参数传递的内容。

```
public class Util{
  public static void swap(int a,int b){
    int temp=a;
    a=b;
    b=temp;
  }
  public static void swap(String a,String b){
    String temp=a;
    a=b;
    b=temp;
  }
  public static void swapArray(Object []a,int i,int j){
    if(i!=j){
      Object temp=a[i];
      a[i]=a[j];
      a[j]=temp;
    }
  }
  public static void main(String []args){
    int a=100;
    int b=200;
    System.out.println("---before swap---");
    System.out.println("a="+a+" b="+b);
    Util.swap(a,b);
    System.out.println("---after swap---");
    System.out.println("a="+a+" b="+b);
    String aStr="Hello";
    String bStr="World";
```

```
        System.out.println("---before swap---");
        System.out.println("aStr="+aStr+" bStr="+bStr);
        Util.swap(aStr,bStr);
        System.out.println("---after swap---");
        System.out.println("aStr="+aStr+" bStr="+bStr);
        String []strArray={"Hello","World"};
        System.out.println("---before swap---");
        System.out.println("strArray[0]="+strArray[0]+
            " strArray[1]="+strArray[1]);
        Util.swapArray(strArray,0,1);
        System.out.println("---after swap---");
        System.out.println("strArray[0]="+strArray[0]+
            " strArray[1]="+strArray[1]);
    }
}
```

第 4 章　接口、抽象类与包

构造 Java 语言程序有两大基本构件：类和接口。事实上，程序设计的任务就是构建各种类和接口，并由它们组装出程序。接口由常量和抽象方法构成。一个接口可以扩展多个接口，一个接口也可以被多个接口所继承。

在 Java 语言中，抽象类可以用来表示那些不能或不需要实例化的抽象概念，抽象类需要被继承，在抽象类中包含了一些子类共有的属性和行为。抽象类中可以包含抽象方法，抽象类的非抽象的继承类需要实现抽象方法。

在 Java 语言中可以把一组相关类和接口存放在一个“包”中，构成一个“类库”，然后供多个场合重复使用，这种机制称为类复用。类复用体现了面向对象编程的优点之一。每个 Java 包也为类和接口提供了一个不同的命名空间，一个包中的类和接口可以和其他包中的类和接口重名。

4.1　接　　口

在 Java 语言中，接口是一个特殊的语法结构，其中可以包含一组方法声明(没有实现的方法)和一些常量。接口和类构成 Java 的两个基本类型，但接口和类有着不同的目的，它可用于在树形层次结构上毫不相关的类之间进行交互。一个 Java 类可以实现多个 Java 接口，这也弥补了 Java 类不支持多重继承带来的弱点。

4.1.1　接口定义

Java 接口的定义方式与类基本相同，不过接口定义使用的关键字是 interface，其格式如下：

```
public interface InterfaceName extends I1,...,Ik  //接口声明
{//接口体，其中可以包含方法声明和常量
  ...
}
```

接口定义由接口声明和接口体两部分组成。具有 public 访问控制符的接口，允许任何类使用；没有指定为 public 的接口，其访问将局限于所属的包。

在接口定义中，InterfaceName 指定接口名。

在接口定义中，还可以包含关键词 extends，表明接口的继承关系，接口继承没有唯一性限制，一个接口可以继承多个接口。

位于 extends 关键字后面的 I1,…,Ik 就是被继承的接口，接口 InterfaceName 称为 I1,…,Ik 的子接口(subinterface)，I1,…,Ik 称为 InterfaceName 的父接口(superinterface)。

由一对花括号{}括起来的部分是接口体，可以在其中定义抽象方法(abstract methods，参见 4.2 小节)和常量。在接口内也可以嵌套类和接口的定义，不过这并不多见。

在接口体中，方法声明的常见格式如下：

```
ReturnType  MethodName(Parameter-List);
```

此方法声明由方法返回值类型(ReturnType)、方法名(MethodName)和方法参数列表(Parameter-List)组成，不需要其他修饰符。在 Java 接口中声明的方法，将隐式地声明为公有的(public)和抽象的(abstract)。

由于接口没有为其中声明的方法提供实现，在方法声明后会需要一个分号。如果把分号换成一对花括号{}，即使花括号{}中没有任何内容，也表示一个方法被实现，只是这是一个没有任何操作的空方法。

在 Java 接口中声明的变量其实都是常量，接口中的变量声明，将隐式地声明为 public、static 和 final，即常量，所以接口中定义的变量必须初始化。

```
interface MyInterface {
    //变量 a 声明不合法，a 为常量，必须初始化
    int a;
    //下面的变量声明，等同于 public static final int b = 200;
    int b = 200;
    //下面的方法声明，等同于 public abstract void m();
    void m();
}
```

与类不同，一个 Java 接口可以继承多个父接口，子接口也可以对父接口的方法和变量进行覆盖。例如：

```
interface A{
     int x = 1;
     void method1();
}
interface B{
     int x = 2;
     void method2();
}
interface C extends A,B{
     int x = 3;
     void method1();
     void method2();
}
```

在该例中，接口 C 的常量 x 覆盖了父接口 A 和 B 中的常量 x，方法 method1()覆盖了父接口 A 中的方法 method1()，方法 method2()覆盖了父接口 B 中的方法 method2()。

Java 接口和类还有一个重要的区别，那就是在 Java 接口中不存在构建器。

4.1.2 接口的实现

Java 接口中声明了一组抽象方法，它构成了实现该接口的不同类共同遵守的约定。在

类定义中可以用关键字 implements 来指定其实现的接口。一个类实现某个接口，就必须为该接口中的所有方法(包括因继承关系得到的方法)提供实现，它也可以直接引用接口中的常量。

例 4.1　Example.java

```
interface A{
  int x = 1;
  void method1();
}
interface B extends A{
  int x = 2;
  void method2();
}
public class Example implements B{
  public void method1(){
      System.out.println("x = " + x);
      System.out.println("A.x = " + A.x);
      System.out.println("B.x = " + B.x);
      System.out.println("Example.x = " + Example.x);
 }
 public void method2(){
 }
 public static void main(String[] args){
    Example d = new Example();
    d.method1();
 }
}
```

程序运行结果：

```
x = 2
A.x = 1
B.x = 2
Example.x = 2
```

在上面的例子中，类 Example 实现了接口 B，它为接口 B 中声明的方法 method2()提供了实现，虽然 method2()的方法体为空。在类 Example 中，还要实现接口 B 继承接口 A 得到的方法 method1()。从类 Example 的方法 method1()中，可以引用其实现接口 B 而继承的变量 x，此变量属于类成员，我们也可以通过类名来引用。

注意： Java 类只允许单一继承，即一个类只能继承(extends)一个父类；但一个类可以实现多个接口，Java 支持接口的多重继承。在 Java 类定义中，可以同时包括 extends 子句和 implements 子句，如果存在 extends 子句，则 implements 子句应跟随在 extends 子句后面。

Java 接口常用于在不同对象之间进行通信，接口定义对象之间通信的协议，下面通过一个具体的例子来说明。

例 4.2 EventProducer.java

```
import java.util.Vector;
//事件
class SimpleEvent{
}
//凡需要处理 SimpleEvent 事件的监听器，要求实现该接口
interface EventListener{
  void processEvent(SimpleEvent e);
}
//SimpleEvent 事件的监听器，实现 EventListener 接口
class EventConsumer implements EventListener{
    public void processEvent(SimpleEvent e){
        System.out.println("Receive event: " + e);
    }
}
//事件源，产生 SimpleEvent 事件
public class EventProducer{
    //对象容器，存储事件监听器
    Vector listeners = new Vector();
    //事件监听器向事件源注册自身
    public synchronized void registeListener(EventListener listener){
        listeners.add(listener);
    }
    public void demo() {
        SimpleEvent e = new SimpleEvent();
        for(int i=0; i<listeners.size(); i++) {
          EventConsumer consumer =
          (EventConsumer)listeners.elementAt(i);
          consumer.processEvent(e);
        }
    }
    public static void main(String[] args) {
        EventProductor productor = new EventProductor();
        EventConsumer consumer = new EventConsumer();
        productor.registeListener(consumer);
        productor.demo();
    }
}
```

程序运行结果:

```
Receive event: SimpleEvent@9cab16
```

4.1.3 接口作为类型

与类一样，Java 接口也是一种数据类型，可以在任何使用其他数据类型的地方使用接口名来表示数据类型。我们可以用接口名来声明一个类变量、一个方法的形参或者一个局部变量。

用接口名声明的引用型变量，可以指向实现该接口的任意类的对象，如例 4.3。

例 4.3　Server.java

```
class Worker implements Runnable{
  public void run(){
      System.out.print("Worker run!");
  }
}
public class Server{
    public static void main(String[] args){
        Runnable w = new Worker();
        (new Thread(w)).start();
    }
}
```

程序运行结果：

```
Worker run!
```

该例中的 Runnable 是 Java 语言包中一个非常重要的接口，Worker 是实现了 Runnable 接口的类，在程序中我们创建了 Worker 对象，并赋给了声明为 Runnable 类型的变量 w。有关本例中使用的接口 Runnable 和类 Thread，可参见本书第 11 章。

4.1.4　接口不应改变

一个接口声明了方法，但没有实现它们。位于树型结构中任何位置的任何类都可以实现它，实现某个接口的类，要为这个接口中的每个方法提供具体的实现，由此形成某些一致的行为协议。

如果有一天，用户想修改某个接口，为其添加一个方法，这个简单的修改可能会造成牵一发而动全身的局面：所有实现这个接口的类都将无法工作，因为现在它们已经不再实现这个接口了。用户要么放弃对这个接口的修改，要么连带修改所有实现这个接口的所有类。

在设计接口的最初，预测出接口的所有功能，这可能是不太现实的。如果觉得接口非改不行，那么可以创建一个新的接口或者扩展这个接口，算是一种折中的解决方法。其他相关的类可以保持不变，或者重新实现这个新的接口。

4.2　抽　象　类

在面向对象的概念中，所有的对象都是通过类来描述的，但并不是所有的类都是用来描绘对象的，如果一个类中没有包含足够的信息来描绘一个具体的对象，这样的类就是抽象类。抽象类往往用来表征我们在对问题领域进行分析、设计中得出的抽象概念，是对一系列看上去不同，但是本质上相同的具体概念的抽象。如果我们要开发一个作图软件包，就会发现问题领域存在着点、线、三角形和圆等这样一些具体概念，它们是不同的，但是它们又都属于形状这样一个概念。形状这个概念在问题领域是不存在的，它就是一个抽象

概念。正是因为抽象的概念在问题领域没有对应的具体概念，所以用以表征抽象概念的抽象类是不能够实例化的，抽象类必须被继承。

4.2.1 抽象方法

在讨论抽象类之前，我们首先来了解什么是抽象方法。抽象方法(abstract method)在形式上就是包含 abstract 修饰符的方法声明，它没有方法体，也就是没有实现方法。抽象方法的声明格式如下：

```
abstract returnType abstractMethodName([paramlist]);
```

抽象方法只能出现在抽象类中。如果一个类中含有抽象方法，那么该类也必须声明为抽象的，否则在编译时编译器会报错，例如：

```
class  Test{
  abstract int f();
}
```

编译时的错误信息为：

```
Test.java:1: Test should be declared abstract; it does not define f() in
Test class  Test{
^
1 error
```

4.2.2 抽象类

在现实世界中存在的一些概念通常用来泛指一类事物，比如家具，它用来指桌子、凳子、柜子等一系列具体的实物。就家具本身而言，并没有确定的对应实物。在 Java 中，我们可以定义一个抽象类，来表示这样的概念。

定义一个抽象类需要关键字 abstract，其基本格式如下：

```
abstract class ClassName{
...
}
```

注意： 作为类的修饰符，abstract 和 final 不可同时出现在类的声明中，因为 final 将限制一个类被继承，而抽象类却必须被继承。

抽象类不能被实例化，在程序中如果试图创建一个抽象类的对象，编译时 Java 编译器会提示出错。抽象类中最常见的成员就是抽象方法。抽象类中也可以包含供所有子类共享的非抽象的成员变量和成员方法。继承抽象类的非抽象子类只需要实现其中的抽象方法，对于非抽象方法，既可以直接继承，也可以重新覆盖。

下面我们通过一个具体的例子来说明抽象类的使用。在一个有关各种图形的应用程序中，我们可以将各种图形的共有的、相似的状态和行为提取出来，放在一个抽象类(Graphic)中，那些具体的图形，例如点、线、圆等都继承这个类。

在类 Graphic 中我们定义了一个方法 area()，用来返回一个图形的面积。在 Graphic

中，这个方法只是简单地返回一个值 0，对于点和线这样的对象来说，直接继承这个方法是合适的；而对于一个圆来说，直接继承该方法显然是错误的，所以在类 Circle 中需要重新实现该方法。

在类 Graphic 中还声明了一个抽象方法 draw()，该方法用来绘制一个图形。每个图形都具有这个行为，但它们的具体绘制方式却各不相同，所以在 Graphic 中将 draw()方法声明为抽象的，留待在各个继承类中去实现，见例 4.4。

例 4.4　GraphicDemo.java

```
abstract class Graphic{
  public static final double PI = 3.1415926;
  double area(){
    return 0;
  };
  abstract void draw();
}
class Point extends Graphic{
  protected double x, y;
  public Point(double x, double y) {
    this.x = x;
    this.y = y;
  }
  void draw(){
    //在此实现绘制一个点
    System.out.println("Draw a point at ("+x+","+y+")");
  }
  public String toString(){
    return "("+x+","+y+")";
  }
}
class Line extends Graphic{
  protected Point p1, p2;
  public Line(Point p1, Point p2){
    this.p1 = p1;
    this.p2 = p2;
  }
  void draw(){
    //在此实现绘制一条线
    System.out.println("Draw a line from "+p1+" to "+p2);
  }
}
class Circle extends Graphic{
  protected Point  o;
  protected double r;
  public Circle(Point o, double r) {
    this.o = o;
    this.r = r;
```

```
    }
    double area() {
      return PI * r * r;
    }
    void draw() {
      //在此实现绘制一个圆
      System.out.println("Draw a circle at "+o+" and r="+r);
    }
  }
  public class GraphicDemo{
    public static void main(String []args){
      Graphic []g=new Graphic[3];
      g[0]=new Point(10,10);
      g[1]=new Line(new Point(10,10),new Point(20,30));
      g[2]=new Circle(new Point(10,10),4);
      for(int i=0;i<g.length;i++){
        g[i].draw();
        System.out.println("Area="+g[i].area());
      }
    }
  }
```

4.2.3 抽象类和接口的比较

抽象类在 Java 语言中体现了一种继承关系，要想使得继承关系合理，抽象类和继承类之间必须存在“是一个(is a)”关系，即抽象类和继承类在本质上应该是相同的。而对于接口来说，并不要求接口和接口实现者在本质上是一致的，接口实现者只是实现了接口定义的行为而已。

在 Java 中，按照继承关系，所有的类形成了一个树型的层次结构，抽象类位于这个层次中的某个位置。接口不存在于这种树型的层次结构中，位于树型结构中任何位置的任何类都可以实现一个或者多个不相干的接口。

注意： 在抽象类的定义中，我们可以定义方法，并赋予其默认行为。而在接口的定义中，只能声明方法，不能为这些方法提供默认行为。抽象类的维护要比接口容易一些，在抽象类中，增加一个方法并赋予其默认行为，并不一定要修改抽象类的继承类。而接口一旦修改，所有实现该接口的类都被破坏，需要重新修改。

下面我们通过一个应用案例来说明抽象类和接口的使用。在一个超市的管理软件中，所有的商品都具有价格，我们可以把商品的价格、设置和获取商品价格的方法，定义成一个抽象类 Goods：

```
abstract class Goods{
//商品价格
     protected double cost;
```

```
        //设置商品价格
        abstract public void setCost();
        //获取商品价格
        abstract public double getCost();
        ...
    }
```

某些商品，例如食品，具有一定保质期，我们需要为这类商品设置过期日期，并希望在过期时，能够通知过期消息。对于这样的行为，我们是否可以把它们也整合在类 Goods 中呢？显然这并不合适，因为对于其他商品来说，并不存在这样的行为，比如服装，而 Goods 中的方法，应该是所有子类共有的行为。我们可以将过期这样的行为，设计在一个接口 Expiration 中，Goods 的子类可以选择是否要实现 Expiration 接口。接口代码如下：

```
    interface Expiration{
        //设置过期日期
        void setExpirationDate();
        //通知过期
        void expire();
    }
```

对于服装这类商品，我们需要继承抽象类 Goods 中的属性和方法，对其中的抽象方法必须提供具体的实现，至于 Expiration 接口可以完全不管。而食品这样的商品，我们既要继承 Goods 抽象类，又要实现 Expiration 接口。代码如下：

```
    class Clothes extends Goods{
          public void setCost(){
              ...
          }
          public double getCost(){
             ...
             return cost;
          }
          ...
    }
    class Food extends Goods implements Expiration{
          public void setCost(){
          ...
          }
        public double getCost(){
           ...
           return cost;
          }
        public void setExpirationDate() {
           ...
         }
         public void expire() {
           ...
```

```
    }
    ...
}
```

仔细体味一下个中关系，抽象类 Goods(商品)和类 Clothes(服装)及 Food(食品)存在着“is a”的关系；而接口 Expiration 和 Food 具有联系，与 Clothes 就不存在联系。

4.3 包

包(package)是一组相关类和接口的集合，通常称为“类库”。Java 语言提供了一些系统级基本包；程序员也可以自行定义应用系统的包，以存放相关的类和接口。包提供了命名空间管理和访问保护，包也为类复用提供了方便的途径。

4.3.1 包的作用

包的作用与其他编程语言中的函数库类似。它将实现某方面功能的一组类和接口集合为包进行发布。Java 语言本身就是由一组包组成，每个包实现了某方面的功能。下面简单介绍一些常见 Java 系统包的作用。

- 语言包(java.lang)：提供的支持包括字符串处理、多线程处理、异常处理、数学函数处理等，可以用它简单地实现 Java 程序的运行平台。
- 实用程序包(java.util)：提供的支持包括散列表、堆栈、可变数组、时间和日期等。
- 输入输出包(java.io)：用统一的流模型来实现所有格式的 I/O，包括文件系统、网络和输入。
- 网络包(java.net)：支持 Internet 的 TCP/IP 协议，用于实现 Socket 编程；提供了与 Internet 的接口，支持 URL 连接、WWW 即时访问，并且简化了用户/服务器模型的程序设计。
- 抽象图形用户接口包(javax.swing)：实现了不同平台的计算机的图形用户接口部件，包括窗口、菜单、滚动条和对话框等，使得 Java 可以移植到不同的平台。

创建一个包的方法十分简单，只要将一个包的声明放在 Java 源程序的头部即可。包声明格式如下：

```
package  packageName;
```

package 语句的作用范围是整个源文件，而且同一个 package 声明可以放到多个源文件中，所有定义在这些源文件中的类和接口都属于这个包的成员。

如果我们准备开发一个自己的图形工具，就可以定义一个名叫 Graphics 的包，将所有相关的类放在这个包里。如下：

```
package Graphics;
class Square{
  ...
}
```

```
class Triangle{
  ...
}
class Circle{
  ...
}
```

在一些小的或临时的应用程序中，我们可以忽略 package 声明，那么我们的类和接口被放在一个默认包(default package)中，默认包没有名称。

在前面的章节中我们曾提到 package 访问控制，只有声明为 public 的包成员才可以从一个包的外部进行访问。

4.3.2　包命名

包是实现某方面功能的程序集合，因此一个有意义的包名应该体现包的功能。另外，全球所有的 Java 程序员都在轰轰烈烈地开发自己的 Java 程序，命名自己的程序包，因此保证包名的唯一性也就成了一个问题。

各公司组织达成一个约定，在它们的包名称中使用自己的 Internet 域名的反序形式。例如常见的包名格式都是这样的：

```
com.company.package
```

这种方式可以有效地防止各公司组织之间在命名 Java 程序包上的冲突。在一个公司内部可能还会存在冲突，这需要公司内部的软件规范来解决，通常可以在公司名称后面增加项目的名称来解决。例如：

```
com.company.projectname.package
```

这种方式可以有效地确保 Java 程序包名的唯一性，但是包中的成员还是可能重名。例如在 javax.swing 包和 java.util 中都有一个类 Timer，如果我们在同一段程序中同时引入了这两个包，那么下面这个语句就存在二义性：

```
Timer timer = new Timer();
```

在这种情况下，我们就需要采用类的完全限定名称来消除二义性。一个类的完全限定名称就是包含包名的类名。例如：

```
java.util.Timer timer = new  java.util.Timer();
```

Java 平台采用层次化的文件系统来管理 Java 源文件和类文件。Java 包名称的每个部分对应一层子目录。例如下面是一个名为 MyMath.java 的 Java 源文件：

```
package edu.njust.cs;
public class MyMath{
...
}
class Helper{
...
}
```

该文件在文件系统(以 Windows 系统为例)中的存储位置为:

```
src\edu\njust\cs\MyMath.java
```

编译后，对应的类文件为:

```
classes\edu\njust\cs\MyMath.class
classes\edu\njust\cs\Helper.class
```

其中，src 和 classes 分别对应具体应用程序的源文件和类文件根目录，src 目录和 classes 目录可以在一起，也可以各自独立。

在此顺便指出，在编译 Java 源代码时，编译器为一个源文件中定义的每个类和接口都创建一个单独的输出文件。输出文件的基本名称是类或接口名加上文件扩展名.class。

4.3.3 包的使用

一个包中的 public 类或 public 接口可以被包外代码访问；非 public 的类型则以包作为作用域，在同一包内可以访问，对外是隐藏的，甚至对于嵌套包也是隐藏的。

所谓嵌套包，是指一个包嵌套在另一个包中。例如 javax.swing.event 是一个包，同样 javax.swing 也是一个包，所以可以称 javax.swing.event 包嵌套在 javax.swing 包中。

当我们要使用某个包时，要通过关键字 import 实现:

```
import packagename;
```

比如:

```
//表示引入 java.io 包，.*表示 java.io 包中所有的类和接口
import java.io.*;
```

也可以指明只引入包中的某个类或是接口:

```
//表示只引入 java.io 包中的 File 类
import java.io.File;
```

在 Java 程序中，如果我们通过类的完全限定名称来使用一个类，可以省略 import 语句，不过这显然会给程序的书写带来诸多不便。

注意: 在引入包时，并不会自动引入嵌套包中的类和接口，例如:

```
import java.swing.event.*;
```

只是表示引入包 java.swing.event 中的所有类和接口，但是包 java.swing 中的类和接口并不会被引入。

1. 使用系统提供的包

我们已经知道，系统提供了大量的类和接口供程序开发人员使用，并且按照功能的不同，存放在不同的包中。例如，如果在程序中需要用到一个接收用户输入的对话框，就可以使用 javax.swing 包中的 JOptionPane 类，如例 4.5 所示。

例 4.5　DialogDemo.java

```
//引入包 javax.swing 中的 JOptionPane 类
import javax.swing.JOptionPane;
public class DialogDemo{
    public static void main(String []args){
    String input=JOptionPane.showInputDialog("Please input text");
    System.out.println(input);
    }
}
```

程序运行结果如图 4.1 所示。

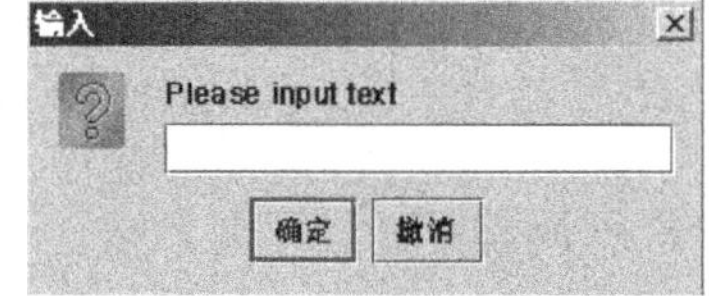

图 4.1　程序运行结果

我们可以发现，需要使用包中的类或者接口时，总是需要先引入。读者可以将 DialogDemo.java 中的 import 语句注释掉，观察编译结果。

2. 使用自定义包

下面，我们来定义一个自己的数学类 MyMath(其中只包含一个方法 max)，并将该类存放在包 edu.njust.cs 中。创建 MyMath 的类文件如下。

例 4.6　MyMath.java

```
package edu.njust.cs;
public class MyMath{
    public static int max(int a,int b){
    System.out.println("edu.njust.cs.MyMath's max() is called ");
    return a>b?a:b;
    }
}
```

注意，程序的第一行使用了 package 语句，用于指定包名。此外，源文件 MyMath.java 必须存放在和包名一致的目录中，这里为 edu\njust\cs。至于 edu 之上是否还包含目录无关紧要。为了说明问题，先将 MyMath.java 存放在 d:\lib\edu\njust\cs 目录中。然后，我们在 d:\lib 中开发了一个程序 TestMyMath.java。

例 4.7　TestMyMath.java

```
import edu.njust.cs.MyMath;
public class TestMyMath{
    public static void main(String []args){
    int a=MyMath.max(100,200);
    System.out.println(a);
    }
}
```

同样，在 TestMyMath.java 中需要引入包。编译并运行例 4.7，结果如下：

```
edu.njust.cs.MyMath's max() is called
200
```

可以发现确实使用了我们自定义的包。

下面我们将 TestMyMath.java 存放到另一个目录下，例如 c:\myprogram，MyMath.java 的存放位置不变。进入 c:\myprogram 编译 TestMyMath.java，会出现以下错误：

```
c:\myprogram>javac TestMyMath.java
TestMyMath.java:1: cannot resolve symbol
symbol  : class MyMath
location: package cs
import edu.njust.cs.MyMath;
                   ^
TestMyMath.java:4: cannot resolve symbol
symbol  : variable MyMath
location: class TestMyMath
         int a=MyMath.max(100,200);
                  ^
2 errors
```

编译器提示找不到类 MyMath。

为什么会是这样呢？当编译器在编译时，会自动在以下位置查找需要用到的类文件：

- 当前目录。
- 系统环境变量 classpath 指定的目录，称为类路径。
- JDK 的运行库 rt.jar，在 JDK 安装目录的 jre\lib 子目录中。

由于 TestMyMath.java 中用到了 MyMath 类，因此编译器会在上述 3 个位置搜索 MyMath 类文件。由于 MyMath 不在这 3 个位置的任何一个地方，所以编译器找不到 MyMath 的类文件，因而报错。可以使用两种方法来解决。

一种方法是在编译时指定类文件的搜索路径：

```
C:\myprogram>javac -classpath .;d:\lib TestMyMath.java
```

上面的命令中使用了参数-classpath 来指定类文件的搜索路径。不同的搜索路径之间使用分号隔开。

另一种方法是直接设置系统的环境变量 classpath，设置方法类似于 path，参见第 1 章中的环境变量设定：在系统变量区域找到变量 classpath(如果没有，则新建一个 classpath 变量)，双击该行就可以编辑该环境变量的值。在该变量已有的值后追加“;d:\lib”(不包括引号)即可。

4.4 案 例 实 训

1. 案例说明

公司付给员工的工资根据员工的类型不同而有所区别，比如，有些员工的总工资是其基本工资和加班费的总和，而有些员工的工资则由基本工资和超额提成构成。本案例就是利用接口来实现不同类型员工工资的计算。

2. 编程思想

首先，定义一个工资接口 SalaryInterface 及接口方法，用于计算员工工资。然后定义两种工资类型 SalaryA 和 SalaryB，其中 SalaryA 是由基本工资和加班费构成，而 SalaryB 则由基本工资和超额提成构成，而且这两个类都要实现 SalaryInterface 接口。此外，还要定义一个员工类 Employee 用于创建员工实体。

二维码 4-1

3. 程序代码

请扫二维码 4-1，查看完整的代码。

4. 运行结果

程序运行结果如图 4.2 所示。

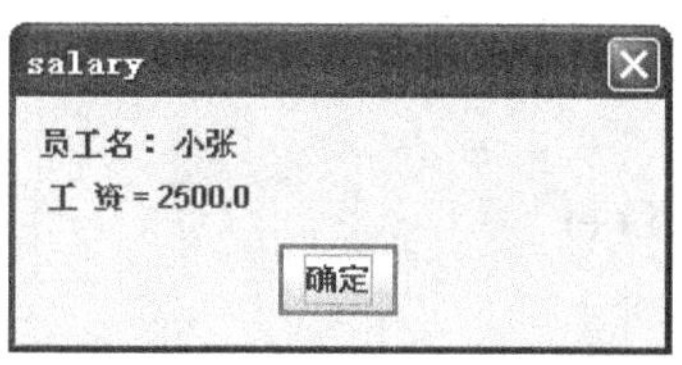

图 4.2　案例的运行结果

习　　题

4.1　填空题

(1) 接口是一种由________和________组成的类型。

(2) 在 Java 中接口中定义的变量总是被隐式声明为________、________和________。

(3) 在 Java 编程语言中，类只能实现________重继承，但接口可以实现________重继承关系。

4.2　选择题

(1) 在使用 interface 声明一个接口时，可以使用(　　)修饰符修饰该接口。

A. private　　　　B. protected

C. private 或 protected　　　　D. public

(2) 虽然接口和抽象类不能创建对象，但它们的对象引用仍可指向该类型的对象。这种说法(　　)。

A. 正确　　　　B. 不正确

C. 不能肯定　　　　D. 接口和抽象类不能说明其对象引用

(3) 接口中说明了一组公共的抽象方法，其中是否可包含公共的静态方法？答案是(　　)。

A. 可以　　　　B. 不可以

C. 不能肯定　　　　D. 因静态方法不能被改写，故不能出现在接口中

(4) 当我们说明一个类 C 实现一个接口 I 时，下面说法(　　)不正确。

A. 接口 I 是类 C 的一个超类型

B. 类 C 也实现了接口 I 的超接口

C. 类 C 的子类也实现接口 I

D. 接口 I 类型的对象引用所指定的对象一定是类 C 或其子类的一个对象

4.3 阅读程序 LookupDemo.java，写出其运行结果。

```
interface Lookup{
 Object find(String name);
}
class LookupProduct implements Lookup{
  private String[] productNames={"Cloth","Bike","Car"};
  private Object[] productPrices={new Integer(100),
    new Integer(200),new Integer(300)};
  LookupProduct(){
  }
  public Object find(String name){
    for(int i=0;i <productNames.length;i++)
      if(productNames[i].equals(name))
        return productPrices[i];
    return null;
  }
}
public class LookupDemo{
  public void processValues(String[] name,Lookup table){
    for(int i=0;i<name.length;i++){
      Object value = table.find(name[i]);
      if(value != null)
        System.out.println("Product "+name[i]+" Price="+ value);
      else
        System.out.println("Product "+name[i]+" Not Found!");
    }
  }
  public static void main(String[] args){
    String[] productArray = {"Bike","Car","Paper"};
    LookupProduct lp = new LookupProduct();
    new LookupDemo().processValues(productArray,lp);
  }
}
```

4.4 试比较接口和抽象类。

第 5 章　Java 基础类库

Oracle 为 Java 提供了丰富的基础类库，Java 8 提供了 4000 多个基础类，通过这些基础类库可以提高开发效率，降低开发难度。Java 提供了 String、StringBuffer 和 StringBuilder 来处理字符串。Java 还提供了 Date 和 Calendar 来处理日期、时间。本章将介绍 Java 程序设计中经常使用的类。

5.1　常　用　类

本节将介绍 Java 提供的一些常用类，如 String、Math、BigDecimal 等的用法。

5.1.1　Object 类

Object 类是所有 Java 类的祖先。每个类都使用 Object 作为超类。所有对象(包括数组)都实现这个类的方法。在不明确给出超类的情况下，Java 会自动把 Object 作为要定义类的超类。可以使用类型为 Object 的变量指向任意类型的对象。Object 类有一个默认构造方法 pubilc Object()，在构造子类实例时，都会先调用这个默认构造方法。Object 类的变量只能用作各种值的通用持有者。要对它们进行任何专门的操作，都需要知道它们的原始类型并进行类型转换。

例如：

```
Object obj = new MyObject();
MyObject x = (MyObject)obj;
```

当定义一个类时没有使用 extends 关键字为它显式指定父类，则该类默认继承 Object 父类。

因为所有的 Java 类都是 Obeject 类的子类，所以任何 Java 对象都可以调用 Object 类的方法。Object 类提供了如下几个常用方法。

public int hashCode()：返回调用对象的哈希码值，默认情况下，该值是根据对象的地址计算得来。

public final Class getClass()：返回调用对象的运行时类。

public String toString()：返回调用对象的字符串。默认，返回类名+@+哈希码的十六进制值。一般情况下，需要重写此方法，输出对象的属性值。如果打印对象的引用，则默认使用 toString()方法。

equals(Object object)：比较两个对象是否相等。

除此之外，Object 类还提供了 wait()、notify()、notifyAll()三个方法，通过这三个方法可以控制线程的暂停和运行。

Java 还提供了一个 protected 修饰的 clone()方法，该方法用于帮助其他对象来实现“自我克隆”。在实际编程过程中，我们常常会遇到这种情况：有一个对象 A，在某一时刻 A 中已经包含了一些有效值，此时可能会需要一个和 A 完全相同的新对象 B，并且此后对 B 进行任何改动都不会影响到 A 中的值，也就是说，A 与 B 是两个独立的对象，但 B 的初始值是由 A 对象确定的。在 Java 语言中，用简单的赋值语句是不能满足这种需求的。要满足这种需求虽然有很多途径，但实现 clone()方法是其中最简单，也是最高效的手段。由于 Object 类提供的 clone()方法使用了 protected 修饰，因此该方法只能被子类重写或调用。

自定义类实现“克隆”的步骤如下。

自定义类实现 Clonable 接口。这是一个标记性的接口，实现该接口的对象可以实现“自我克隆”，接口里没有定义任何方法。

自定义类实现自己的 clone()方法。

实现 clone()方法时通过 super.clone()：调用 Object 实现的 clone()方法来得到该对象的副本，并返回该副本。如下程序示范了如何实现“自我克隆”。

例 5.1 CloneTest.java

```
class Address
{
    String detail;
    public Address(String detail)
    {
        this.detail = detail;
    }
}
//实现 cloneable 接口
class User implements Cloneable
{
    int age;
    Address address;
    public User(int age)
    {
        this.age = age;
        address = new Address("北京清华");
    }
    //通过调用 super.clone()来实现 clone()方法
    public User clone()
    throws CloneNotSupportedException
    {
        return (User)super.clone();
    }
}
public class CloneTest
{
    public static void main(String[] args)
        throws CloneNotSupportedException
    {
        User u1 = new User(29);
```

```
            //clone 得到 u1 对象的副本
            User u2 = u1.clone();
            //判断 u1、u2 是否相同
            System.out/println(u1 == u2);    // ①
            //判断 u1、u2 的 address 是否相同
            //System.out/println(u1.address == u2.address);    // ②
        }
    }
```

上面的程序让 User 类实现了 Cloneable 接口，而且实现了 clone()方法，因此 User 对象就可实现“自我克隆”——克隆出来的对象只是原有对象的副本。程序在①号代码处判断原有的 User 对象与克隆出来的 User 对象是否相同，程序返回 false。

Object 类提供的 Clone 机制只对对象里的各实例变量进行“简单复制”，如果实例变量的类型是引用类型，Object 的 Clone 机制也只是简单地复制这个引用变量，这样原有对象的引用类型的实例变量与克隆对象的引用类型的实例变量依然指向内存中的同一个实例，所以上面程序在②号代码处输出 true。

Object 类提供的 clone()方法不仅能简单地处理“复制”对象的问题，而且这种“自我克隆”机制十分高效。比如 clone 一个包含 100 个元素的 int[]数组，用系统默认的 clone 方法比静态 copy 方法快近 2 倍。

需要指出的是，Object 类的 clone()方法虽然简单、易用，但它只是一种“浅克隆”，它只克隆该对象的所有成员变量值，不会对引用类型的成员变量值所引起的对象进行克隆。如果开发者需要对对象进行深克隆，则需要开发者自己进行“递归”克隆，保证所有引用类型的成员变量值所引用的对象都被复制了。

5.1.2　Java 7 新增的 Objects 类

Java 7 新增了一个 Objects 工具类，它提供了一些工具方法来操作对象，这些工具方法大多是“空指针”安全的。比如你不能确定一个引用变量是否为 null，如果贸然地调用该变量的 toString()方法，则可能引发 NullPointerException 异常；但如果使用 Objects 类提供的 toString(Object o)方法，就不会引发空指针异常，当 o 为 null 时，程序将返回一个"null"字符串。

如下程序示范了 Objects 工具类的用法：

```
public class ObjectsTest
{
    //定义一个 obj 变量，它的默认值是 null
    static ObjectsTest obj;
    public static void main(String[] args)
    {
        //输出一个 null 对象的 hashCode 值，输出 0
        System.out.println(Objects.hashCode(obj));
        //输出一个 null 对象的 toString，输出 null
        System.out.println(Objects.toStrting(obj));
        //要求 obj 不能为 null，如果 obj 为 null 则引发异常
```

```
        System.out.println(
            Objects.requireNonNull(obj,"obj 参数不能是 null! "));
    }
}
```

上面的程序还示范了 Objects 提供的 requireNonNull()方法，当传入的参数不为 null 时，该方法返回参数本身；否则将会引发 NullPointerException 异常。该方法主要用来对方法形参进行输入校验，例如如下代码：

```
public Foo(Bar bar)
{
    //校验 bar 参数，如果 bar 参数为 null 将引发异常；否则 this.bar 被赋值为 bar 参数
    this.bar = Object.requireNonNull(bar);
}
```

5.1.3 String、StringBuffer 和 StringBuilder 类

字符串就是一连串的字符序列，Java 提供了 String 和 StringBuffer 两个类来封装字符串，并提供了一系列方法来操作字符串对象。

String 类是不可变类，即一旦一个 String 对象被创建以后，包含在这个对象中的字符序列是不可改变的，直至这个对象被销毁。

StringBuffer 对象则代表一个字符序列可变的字符串，当一个 StringBuffer 被创建以后，通过 StringBuffer 提供的 append()、insert()、reverse()、setCharAt()、setLength()等方法可以改变这个字符串对象的字符序列。一旦通过 StringBuffer 生成了最终想要的字符串，就可以调用它的 toString()方法将其转换为一个 String 对象。

JDK 1.5 又新增了一个 StringBuilder 类，它也代表字符串对象。实际上，StringBuilder 和 StringBuffer 基本相似，两个类的构造器和方法也基本相同。不同的是，StringBuffer 是线程安全的，而 StringBuilder 则没有实现线程安全功能，所以性能略高。因此在通常情况下，如果需要创建一个内容可变的字符串对象，则应该优先考虑使用 StringBuilder 类。

String 类提供了大量构造器来创建 String 对象，其中如下几个有特殊用途。

String()：创建一个包含 0 个字符串序列的 String 对象(并不是返回 null)。

String(byte[]bytes,Charset charset)：使用指定的字符集将指定的 byte[]数组解码成一个新的 String 对象。

String(byte[]bytes,int offset,int length)：使用平台的默认字符集将指定的 byte[]数组从 offset 开始、长度为 length 的子数组解码成一个新的 String 对象。

String(byte[]bytes,int offset,int length,String charsetName)：使用指定的字符集将指定的 byte[]数组从 offset 开始、长度为 length 的子数组解码成一个新的 String 对象。

String(byte[]bytes,String charsetName)：使用指定的字符集将指定的 byte[]数组解码成一个新的 String 对象。

String(char[]value,int offset,int count)：将指定的字符数组从 offset 开始、长度为 count 的字符元素连缀成字符串。

String(String original)：根据字符串直接量来创建一个 String 对象。也就是说，新创建

的 String 对象是该参数字符串的副本。

String(StringBuffer buffer)：根据 StringBuffer 对象来创建对应的 String 对象。

String(StringBuilder builder)：根据 StringBuilder 对象来创建对应的 String 对象。

String 类也提供了大量方法来操作字符串对象，下面详细介绍这些常用方法。

char charAt(int index)：获取字符串中指定位置的字符。其中，参数 index 指的是字符串的序数，字符串的序数从 0 开始到 length()-1。如下面的代码所示：

```
String s = new String("fkit.org");
System.out.println("s.charAt(5): "+s.charAt(5));
```

结果为：

```
s.charAt(5): o
```

int compareTo(String anotherString)：比较两个字符串的大小。如果两个字符串的字符序列相等，则返回 0；不相等时，从两个字符串第 0 个字符开始比较，返回第一个不相等的字符差。另一种情况，较长字符串的前面部分恰巧是较短的字符串，则返回它们的长度差。例如：

```
String s1 = new String("abcdefghijklmn");
String s2 = new String("abcdefghij");
String s3 = new String("abcdefghijalmn");
System.out.println("s1.compareTo(s2): " +s1.compareTo(s2));//返回长度差
System.out.println("s1.compareTo(s3): "+s1.compareTo(s3));//返回'k'-'a'的差
```

结果为：

```
s1.compareTo(s2):4
s1.compareTo(s3):10
```

String concat(String str)：将该 String 对象与 str 连接在一起。与 Java 提供的字符串连接运算符“+”的功能相同。

boolean contentEquals(StringBuffer sb)：将该 String 对象与 StringBuffer 对象 sb 进行比较，当它们包含的字符序列相同时返回 true。

static String copyValueOf(char[] data)：将字符数组连缀成字符串，与 String(char[] content)构造器的功能相同。

static String copyValueOf(char[] data,int offset,int count)：将 char 数组的子数组中的元素连缀成字符串，与 String(char[] value,int offset,int count)构造器的功能相同。

boolean endsWith(String suffix)：返回该 String 对象是否以 suffix 结尾。

```
String s1 = "fkit.org"; String s2 = ".org";
System.out.println("s1.endsWith(s2): "+ s1.endsWith(s2));
```

结果为：

```
s1.endsWith(s2):true
```

boolean equals(Object anObject)：该字符串与指定对象比较，如果二者包含的字符序列

相等，则返回 true；否则返回 false。

boolean equalsIgnoreCase(String str)：与前一个方法基本相似，只是忽略字符的大小写。

byte[] getBytes()：将该 String 对象转换成 byte 数组。

void getChars(int srcBegin,int srcEnd,char[] dst,int dstBegin)：该方法将字符串中从 srcBegin 开始，到 srcEnd 结束的字符复制到 dst 字符数组中，其中 dstBegin 为目标字符数组的起始复制位置。

例如：

```
char[]s1 = {'I',' ','l','o','v','e',' ','j','a','v','a',};
//s1 = I love java
String s2 = new String("ejb");
s2.getChars(0,3,s1,7);// s1 = I love ejba
System.out.println(s1);
```

结果为：

```
I love ejba
```

int indexOf(int ch)：找出 ch 字符在该字符串中第一次出现的位置。

int indexOf(int ch,int fromIndex)：找出 ch 字符在该字符串中从 fromIndex 开始后第一次出现的位置。

int indexOf(String str)：找出 str 子字符串在该字符串中第一次出现的位置。

int indexOf(String str,int fromIndex)：找出 str 子字符串在该字符串中从 fromIndex 开始后第一次出现的位置。

例如：

```
String s = www.fkit.org; String ss = "it";
System.out.println("s.indexOf('r'): " + s.indexOf('r'));
System.out.println("s.indexOf('r',2): " + s.indexOf('r',2));
System.out.println("s.indexOf(ss): " + s.indexOf(ss));
```

结果为：

```
s.indexOf('r'):10
s.indexOf('r',2):10
s.indexOf(ss):6
```

int lastIndexOf(int ch)：找出 ch 字符在该字符串中最后一次出现的位置。

int lastIndexOf(int ch, int fromIndex)：找出 ch 字符在该字符串中从 fromIndex 开始后最后一次出现的位置。

int lastIndexOf(String str)：找出 str 子字符串在该字符串中最后一次出现的位置。

int lastIndexOf(String str, intfromIndex)：找出 str 子字符串在该字符串中从 fromIndex 开始后最后一次出现的位置。

int length()：返回当前字符串长度。

String replace(char oldChar,char newChar)：将字符串中的第一个 oldChar 替换成 newChar。

boolean startsWith(String prefix)：该 String 对象是否以 prefix 开始。

boolean startsWith(String prefix，int toffset)：该 String 对象从 toffset 位置算起，是否以 prefix 开始。

例如：

```
String s = www.fkit.org; String ss = "www";
String sss = "fkit";
System.out.println("s.startsWith(ss): " + s.startsWith(ss));
System.out.println("s.startsWith(sss,4): " + s.startsWith(ss,4));
```

结果为：

```
s.startsWith(ss):true
s.startsWith(sss,4):true
```

String substring(int beginIndex)：获取从 beginIndex 位置开始到结束的子字符串。

String substring(int beginIndex,int endIndex)：获取从 beginIndex 位置开始到 endIndex 位置的子字符串。

char[] toCharArray()：将该 String 对象转换成 char 数组。

String toLowerCase()：将字符串转换成小写。

String toUpperCase()：将字符串转换成大写。

例如：

```
String s = "fkjava.org";
System.out.println("s.toUpperCase(): " + s.toUpperCase());
System.out.println("s.toLowerCase(): " + s.toLowerCase());
```

结果为：

```
s.toUpperCase(): FKJAVA.ORG
s.toLowerCase(): fkjava.org
```

static String valueOf(X x)：一系列用于将基本类型值转换为 String 对象的方法。

本书详细列出 String 类的各种方法时，有读者可能会觉得烦琐，因为这些方法都可以从 API 文档中找到，所以后面介绍各常用类时不会再列出每个类里所有方法的详细用法了，读者可自行查阅 API 文档来掌握各方法的用法。

String 类是不可变的，String 的实例一旦生成就不会再改变了，例如下面的代码：

```
String str1 = "java";
str1 = str1 + "struts";
str1 = str1 + "spring"
```

上面程序除了使用了 3 个字符串直接量之外，还会额外生成 2 个字符串直接量——"java" 和 "struts" 连接生成的 "javastruts"，接着 "javastruts" 与 "spring" 连接生成的 "javastrutsspring"，程序中的 str1 依次指向 3 个不同的字符串对象。

因为 String 是不可变的，所以会额外产生很多临时变量，使用 StringBuffer 或 StringBuilder 就可以避免这个问题。

StringBuilder 提供了一系列插入、追加、改变该字符串里包含的字符序列的方法。而 StringBuffer 与其用法完全不同，只是 StringBuffer 是线程安全的。

StringBuilder、StringBuffer 有两个属性：length 和 capacity，其中 length 属性表示其包含的字符序列的长度。与 String 对象的 length 不同的是，StringBuilder、StringBuffer 的 length 是可以改变的，可以通过 length()、setLength(int len)方法来访问和修改其字符序列的长度。capacity 属性表示 StringBuilder 的容量，capacity 通常比 length 大，程序通常无须关心 capacity 属性。如下程序示范了 StringBuilder 类的用法。

例 5.2　StringBuilderTest.java

```
public class StringBuilderTest
{
    public static void main(String[] args)
    {
        StringBuilder sb = new StringBuilder();
        //追加字符串
        sb.append("java");
        //插入
        sb.insert(0,"hello");
        //替换
        sb.replace(5,6,",");
        //删除
        sb.delete(5,6);
        System.out.println(sb);
        //反转
        sb.reverse();  // sb="avajolleh"
        System.out.println(sb.length()); // 输出 9
        System.out.println(sb.capacity()); //输出 16
        //改变 StringBuilder 的长度，将只保留前面部分
        sb.setLength(5);
        System.out.println(sb);
    }
}
```

上面程序示范了 StringBuilder 类的追加、插入、替换、删除等操作，这些操作改变了 StringBuilder 里的字符序列，这就是 StringBuilder 与 String 之间最大的区别：StringBuilder 的字符序列是可变的。从程序看到 StringBuilder 的 length()方法返回其字符序列的长度，而 capacityt()返回值则比 length()返回值大。

5.1.4　Math 类

Java 提供了+、-、*、/、%等基本算术运算的运算符，但对于更复杂的数学运算，例如，三角函数、对数运算、指数运算等则无能为力。Java 提供了 Math 工具类来完成这些复杂的运算，Math 工具类的构造器被定义成 private 的，因此无法创建 Math 类的对象；Math 类中的所有方法都是类方法，可以直接通过类名来调用它们。Math 类除了提供了大量静态方法之外，还提供了两个类变量：PI 和 E，正如它们名字暗示的，它们的值分别等

于π和 e。

Math 类的所有方法名都明确标识了该方法的作用，读者可自行查阅 API 来了解 Math 类各种方法的说明。下面的程序示范了 Math 类的用法。

例 5.3　MathTest.java

```
public class MathTest
{
    public static void main(String[] args)
    {
        /*-----------下面是三角运算-----------*/
        //将弧度转换成角度
        System.out.println("Math.toDegrees(1.57): "
            + Math.toDegrees(1.57));
        //将角度转换为弧度
        System.out.println("Math.toRadians(90): " + Math.toRadians(90));
        //计算反余弦，返回的角度范围在 0.0 到 pi 之间
        System.out.println("Math.acos(1.2): " + Math.acos(1.2));
        //计算反正弦，返回的角度范围在-pi/2 到 pi/2 之间
        System.out.println("Math.asin(0.8): " + Math.asin(0.8));
        //计算反正切，返回的角度范围在-pi/2 到 pi/2 之间
        System.out.println("Math.asin(2.3): " + Math.asin(2.3));
        //计算三角余弦
        System.out.println("Math.cos(1.57): " + Math.cos(1.57));
        //计算双曲余弦
        System.out.println("Math.cosh(1.2): " + Math.cosh(1.2));
        //计算正弦
        System.out.println("Math.sin(1.57): " + Math.sin(1.57));
        //计算双曲正弦
        System.out.println("Math.sinh(1.57): "+ Math.sinh(1.57));
        //计算三角正切
        System.out.println("Math.tan(0.8): " + Math.tan(0.8));
        //计算双曲正切
        System.out.println("Math.tanh(0.8): " + Math.tanh(0.8));
        //将矩形坐标(x,y)转换成极坐标(r,thet)
        System.out.println("Math.atan2(0.1,0.2): "+ Math.tan(0.8));
        /*-----------下面是取整运算-----------*/
        //取整，返回小于目标数的最大整数
        System.out.println("Math.floor(-1.2): "+ Math.floor(-1.2));
        //取整，返回大于目标数的最大整数
        System.out.println("Math.ceil(1.2): "+Math.ceil(1.2));
        //四舍五入取整
        System.out.println("Math.round(2.3): "+Math.round(2.3));
        /*-----------下面是乘方、开方、指数运算-----------*/
        //计算平方根
        System.out.println("Math.sqrt(2.3): "+Math.sqrt(2.3));
        //计算立方根
        System.out.println("Math.cbrt(9): "+Math.cbrt(9));
```

```
        //返回欧拉数 e 的 n 次幂
        System.out.println("Math.exp(2): "+Math.exp(2));
        //返回 sqrt(x2+y2)，没有中间溢出或下溢
        System.out.println("Math.hypot(4,4): "+Math.hypot(4,4));
        //按照 IEEE 754 标准的规定，对两个参数进行余数运算
        System.out.println("Math.IEEEremainder(5,2): "
            + IEEEremainder(5,2));
        //计算乘方
        System.out.println("Math.pow(3,2): "+Math.pow(3,2));
        //计算自然对数
        System.out.println("Math.log(12): "+Math.log(12));
        //计算底数为 10 的对数
        System.out.println("Math.log10(9): "+Math.log10(9));
        //返回参数与 1 之和的自然对数
        System.out.println("Math.log1p(9): "+Math.log1p(9));
        /*-----------下面是与符号相关的运算-----------*/
        //计算绝对值
        System.out.println("Math.abs(-4.5): "+Math.abs(-4.5));
        //符号赋值，返回带有第二个浮点数符号的第一个浮点参数
        System.out.println("Math.copySign(1.2,-1.0): "
            +Math.copySign(1.2,-1.0));
        //符号函数，如果参数为 0，则返回 0；如果参数大于 0，则返回 1.0
        //如果参数小于 0，则返回-1.0
        System.out.println("Math.signum(2.3): " + Math.signum(2.3));
        /*-----------下面是与大小相关的运算-----------*/
        //找出最大值
        System.out.println("Math.max(2.3,4.5): " + Math.max(2.3,4.5));
        //计算最小值
        System.out.println("Math.min(1.2,3.4): " + Math.min(1.2,3.4));
        //返回第一个参数和第二个参数之间与第一个参数相邻的浮点数
        System.out.println("Math.After(1.2,1.0): "
            +Math.nextAfter(1.2,1.0));
        //返回比目标数略大的浮点数
        System.out.println("Math.nextUp(1.2): " + Math.nextUp(1.2));
        //返回一个伪随机数，该值大于等于 0.0 且小于 1.0
        System.out.println("Math.random(): " + Math.random());
    }
}
```

上面的程序中关于 Math 类的用法几乎覆盖了 Math 类的所有数学计算功能，读者可参考上面的程序来学习 Math 类的用法。

5.1.5 Java 7 的 ThreadLocalRandom 与 Random

Random 类专门用于生成一个伪随机数，它有两个构造器：一个构造器使用默认的种子(以当前时间作为种子)，另一个构造器需要程序员显式传入一个 long 型整数的种子。

ThreadLocalRandom 类是 Java 7 新增的一个类，它是 Random 的增强版。在并发访问

的环境下，使用 ThreadLocalRandom 来代替 Random 可以减少多线程资源竞争，最终保证系统具有更好的线程安全性。

ThreadLocalRandom 类的使用方法与 Random 类的用法基本相似，它提供了一个静态的 current()方法来获取 ThreadLocalRandom 对象，获取该对象之后即可调用各种 nextXxx 方法来获取伪随机数了。

ThreadLocalRandom 与 Random 都比 Math 的 random()方法提供了更多的方式来生成伪随机数，可以生成浮点类型的伪随机数，也可以生成整数类型的伪随机数，还可以指定生成随机数的范围。关于 Random 类的用法如下面的程序所示。

例 5.4　RandomTest.java

```
public class RandomTest
{
    public static void main(String[] args)
    {
        Random rand = new Random();
        System.out.println("rand.nextBoolean(): " + rand.nextBoolean());
        byte[] buffer = new byte[16];
        rand.nextByte(buffer);
        System.out.println(Arrays.toString(buffer));
        //生成 0.0~1.0 的伪随机 double 数
        System.out.println("rand.nextDouble(): " + rand.nextDouble());
        //生成 0.0~1.0 的伪随机 float 数
        System.out.println("rand.nextFloat(): "  + rand.nextFloat());
        //生成平均值是 0.0，标准差是 1.0 的伪高斯数
        System.out.println("rand.nextGaussian(): "+ rand.nextGaussian());
        //生成一个处于 int 整数取值范围的伪随机整数
        System.out.println("rand.nextInt(): "  + rand.nextInt());
        //生成 0~26 的伪随机整数
        System.out.println("rand.nextInt(26): " + rand.nextInt(26));
        //生成一个处于 long 整数取值范围的伪随机整数
        System.out.println("rand.nextLong(): " + rand.nextLong());
    }
}
```

从上面的程序中可以看出，Random 可以提供很多选项来生成伪随机数。

Random 使用一个 48 位的种子，如果这个类的两个实例是用同一个种子创建的，对它们以同样的顺序调用方法，则它们会产生相同的数字序列。

下面就对上面的介绍做一个实验，可以看到当两个 Random 对象种子相同时，则它们会产生相同的数字序列。值得指出的是，当使用默认的种子构造 Random 对象时，它们属于同一个种子。

例 5.5　SeedTest.java

```
public class SeedTest
{
    public static void main(String[] args)
```

```
    {
        Random r1 = new Random(50);
        System.out.println("第一个种子为 50 的 Random 对象");
        System.out.println("r1.nextBoolean():\t"+r1.nextBoolean());
        System.out.println("r1.nextInt():\t\t"+r1.nextInt());
        System.out.println("r1.nextDouble():\t"+r1.nextDouble());
        System.out.println("r1.nextGaussian():\t"+r1.nextGaussian());
        System.out.println("----------------------------");
        Random r2 = new Random(50);
        System.out.println("第二个种子为 50 的 Random 对象");
        System.out.println("r2.nextBoolean():\t"+r2.nextBoolean());
        System.out.println("r2.nextInt():\t\t"+r2.nextInt());
        System.out.println("r2.nextDouble():\t"+r2.nextDouble());
        System.out.println("r2.nextGaussian():\t"+r2.nextGaussian());
        System.out.println("----------------------------");
        Random r3 = new Random(100);
        System.out.println("第三个种子为 100 的 Random 对象");
        System.out.println("r3.nextBoolean():\t"+r3.nextBoolean());
        System.out.println("r3.nextInt():\t\t"+r3.nextInt());
        System.out.println("r3.nextDouble():\t"+r3.nextDouble());
        System.out.println("r3.nextGaussian():\t"+r3.nextGaussian());
    }
}
```

运行上面的程序，看到如下结果：

```
第一个种子为 50 的 Random 对象
r1.nextBoolean():       true
r1.nextInt():           -1727040520
r1.nextBoolean():       0.6141579720626675
r1.nextBoolean():       2.377650302287946
----------------------------
第二个种子为 50 的 Random 对象
r2.nextBoolean():       true
r2.nextInt():           -1727040520
r2.nextBoolean():       0.6141579720626675
r2.nextBoolean():       2.377650302287946
----------------------------
第三个种子为 100 的 Random 对象
r3.nextBoolean():       true
r3.nextInt():           -1139614796
r3.nextBoolean():       0.19497605734770518
r3.nextBoolean():       0.6762208162903859
```

从上面的运行结果来看，只要两个 Random 对象的种子相同，而且方法调用顺序也相同，它们就会产生相同的数字序列。也就是说，Random 产生的数字并不是真正随机的，而是一种伪随机。

为了避免两个 Random 对象产生相同的数字序列，通常推荐使用当前时间作为 Random 对象的种子，如下面的代码所示：

```
Random rand = new Random(System.currentTimeMillis());
```

在多线程环境下使用 ThreadLocalRandom 的方式与使用 Random 基本类似，如下程序片段示范了 ThreadLocalRandom 的用法：

```
ThreadLocalRandom rand = ThreadLocalRandom.current();
//生成一个 4~20 的伪随机整数
int val1 = rand.nextInt(4,20);
//生成一个 2.0~10.0 的伪随机浮点数
int val2 = rand.nextDouble(2.0,10.0);
```

5.1.6 BigDecimal 类

前面在介绍 float、double 两种基本浮点类型时已经指出，这两个基本类型的浮点数容易引起精度丢失。先看如下程序。

例 5.6 DoubleTest.java

```
public class DoubleTest
{
    public static void main(String[] args)
    {
        System.out.println("0.05 + 0.01 = " + (0.05 + 0.01));
        System.out.println("1.0 - 0.42 = " + (1.0 - 0.42));
        System.out.println("4.015 * 100 = " + (4.015 * 100));
        System.out.println("123.3 / 100 = " + (123.3 / 100));
    }
}
```

程序输出结果是：

```
0.05 + 0.01 = 0.060000000000000005
1.0 - 0.42 = 0.5800000000000001
4.015 * 100 = 401.49999999999994
123.3 / 100 = 1.2329999999999999
```

上面的程序运行结果表明，Java 的 double 类型会发生精度丢失，尤其在进行算术运算时更容易发生这种情况。不仅仅是 Java，很多编程语言也存在这样的问题。

为了能精确表示、计算浮点数，Java 提供了 BigDecimal 类，该类提供了大量的构造器用于创建 BigDecimal 对象，包括把所有的基本数值型变量转换成一个 BigDecimal 对象，也包括利用数字字符串、数字字符数组来创建 BigDecimal 对象。

查看 BigDecimal 类的 BigDecimal(double val)构造器的详细说明时，可以看到不推荐使用该构造器的说明，主要是因为使用该构造器时有一定的不可预知性。当程序使用 new BigDecimal(0.1)来创建一个 BigDecimal 对象时，它的值并不是 0.1，它实际上等于一个近似 0.1 的数。这是因为 0.1 无法准确地表示为 double 浮点数，所以传入 BigDecimal 构造器的值不会正好等于 0.1(虽然表面上等于该值)。

如果使用 BigDecimal(String val)构造器，结果是可预知的——写入 new BigDecimal ("0.1")将创建一个 BigDecimal，它正好等于预期的 0.1。因此通常建议优先使用基于 String 的构造器。

如果必须使用 double 浮点数作为 BigDecimal 构造器的参数时，不要直接将该 double 浮点数作为构造器参数创建 BigDecimal 对象，而是应该通过 BigDecimal.valueOf(double value)静态方法来创建 BigDecimal 对象。

BigDecimal 类提供了 add()、subtract()、multiply()、divide()、pow()等方法对精确浮点数进行常规算术运算。下面的程序示范了 BigDecimal 的基本运算。

例 5.7　BigDecimalTest.java

```
public class BigDecimalTest
{
    public static void main(String[] args)
    {
        BigDecimal f1 = new BigDecimal("0.05");
        BigDecimal f2 = BigDecimal.valueOf(0.01);
        BigDecimal f3 = new BigDecimal(0.05);
        System.out.println("使用 String 作为 BigDecimal 构造器参数: ");
        System.out.println("0.05 + 0.01 = " + f1.add(f2));
        System.out.println("0.05 - 0.01 = " + f1.subtract(f2));
        System.out.println("0.05 + 0.01 = " + f1.multiply(f2));
        System.out.println("0.05 + 0.01 = " + f1.divide(f2));
        System.out.println("使用 double 作为 BigDecimal 构造器参数: ");
        System.out.println("0.05 + 0.01 = " + f3.add(f2));
        System.out.println("0.05 - 0.01 = " + f3.subtract (f2));
        System.out.println("0.05 * 0.01 = " + f3.multiply (f2));
        System.out.println("0.05 / 0.01 = " + f3.divide (f2));
    }
}
```

上面程序中 f1 和 f3 都是基于 0.05 创建的 BigDecimal 对象，其中 f1 是基于"0.05"字符串，但 f3 是基于 0.05 的 double 浮点数。运行上面的程序，看到如下运行结果：

```
使用 String 作为 BigDecimal 构造器参数:
0.05 + 0.01 = 0.06
0.05 - 0.01 = 0.04
0.05 * 0.01 = 0.0005
0.05 / 0.01 = 5
使用 double 作为 BigDecimal 构造器参数:
0.05 + 0.01 =0.06000000000000000277555756156289135105907917022705078125
0.05 - 0.01 =0.04000000000000000277555756156289135105907917022705078125
0.05 * 0.01 =0.0005000000000000000277555756156289135105907917022705078125
0.05 / 0.01 =5.000000000000000277555756156289135105907917022705078125
```

从上面的运行结果可以看出 BigDecimal 进行算术运算的效果，而且可以看出创建

BigDecimal 对象时，一定要使用 String 对象作为构造器参数，而不是直接使用 double 数字。

如果程序中要求对 double 浮点数进行加、减、乘、除基本运算，则需要先将 double 类型数值包装成 BigDecimal 对象，调用 BigDecimal 对象的方法执行运算后再将结果转换成 double 型变量。这是比较烦琐的过程，可以考虑以 BigDecimal 为基础定义一个 Arith 工具类，该工具类代码如下。

例 5.8　Arith.java

```
public class Arith
{
    //默认除法运算精度
    private static final int DEF_DIV_SCALE = 10;
    //构造器私有，让这个类不能实例化
    private Arith()     {}
    //提供精确的加法运算
    public static double add(double v1,double v2)
    {
        BigDecimal b1 = BigDecimal.valueOf(v1);
        BigDecimal b2 = BigDecimal.valueOf(v2);
        return b1.add(b2).doubleValue();
    }
    //提供精确的减法运算
    public static double sub(double v1,double v2)
    {
        BigDecimal b1 = BigDecimal.valueOf(v1);
        BigDecimal b2 = BigDecimal.valueOf(v2);
        return b1.subtract(b2).doubleValue();
    }
    //提供精确的乘法运算
    public static double mul(double v1,double v2)
    {
        BigDecimal b1 = BigDecimal.valueOf(v1);
        BigDecimal b2 = BigDecimal.valueOf(v2);
        return b1.multiply(b2).doubleValue();
    }
    //提供(相对)精确的除法运算，当发生除不尽的情况时
    //精确到小数点以后 10 位的数字四舍五入
    public static double div(double v1,double v2)
    {
        BigDecimal b1 = BigDecimal.valueOf(v1);
        BigDecimal b2 = BigDecimal.valueOf(v2);
        return b1.div(b2,DEF_DIV_SCALE,
            BigDecimal.ROUND_HALF_UO).doubleValue();
    }
    public static void main(String[] args)
    {
```

```
        System.out.println("0.05 + 0.01 = " + Arith.add(0.05 , 0.01));
        System.out.println("1.0 - 0.42 = " + Arith.sub(1.0 , 0.42));
        System.out.println("4.015 * 100= " + Arith.mul(4.015 , 100));
        System.out.println("123.3 / 100 = " + Arith.div(123.3 , 100));
    }
}
```

Arith 工具类还提供了 main 方法用于测试加、减、乘、除运算。运行上面的程序，将看到如下运行结果：

```
0.05 + 0.01 = 0.06
1.0 - 0.42 = 0.58
4.015 * 100 = 401.5
123.3 / 100 = 1.233
```

上面的运行结果才是期望的结果，这也正是使用 BigDecimal 类的作用。

5.2　Java 8 的日期、时间类

Java 原本提供了 Date 和 Calendar 用于处理日期、时间的类，包括创建日期、时间对象，获取系统当前日期、时间等操作。但 Date 不仅无法实现国际化，而且它对不同属性也使用了前后矛盾的偏移量，比如月份与小时都是从 0 开始的，月份中的天数则是从 1 开始的，年又是从 1900 开始的，而 java.util.Calendar 则显得过于复杂，从下面介绍中会看到传统 Java 对日期、时间处理的不足。Java 8 吸取了 Joda-Time 库(一个被广泛使用的日期、时间库)的经验，提供了一套全新的日期时间库。

5.2.1　Date 类

Java 提供了 Date 类来处理日期、时间(此处的 Date 是指 java.util 包下的 Date 类，而不是 java.sql 包下的 Date 类)，Date 对象既包含日期，也包含时间。Date 类从 JDK 1.0 起就开始存在了，但正因为它历史悠久，所以它的大部分构造器、方法都已经过时，不再推荐使用了。

Date 类提供了 6 个构造器，其中 4 个已经过时(Java 不再推荐使用，使用不再推荐的构造器时编译器会提出警告信息，并导致程序性能、安全性等方面的问题)，剩下的两个构造器如下。

Date()：生成一个代表当前日期时间的 Date 对象。该构造器将会在底层调用 System.currentTimeMillis()获得 long 整数作为日期参数。

Date(long date)：根据指定的 long 型整数来生成一个 Date 对象。该构造器的参数表示创建的 Date 对象和 GMT 1970 年 1 月 1 日 00:00:00 之间的时间差，以毫秒作为计时的单位。

与 Date 构造器相同的是，Date 对象的大部分方法也过时了，剩下为数不多的几个方法。

boolean after(Date when)：测试该日期是否在指定日期 when 之后。

boolean before(Date when)：测试该日期是否在指定日期 when 之前。

long getTime()：返回该时间对应的 long 型整数，即从 GMT 1970-01-01 00:00:00 到该 Date 对象之间的时间差，以毫秒作为计时单位。

void setTime(long time)：设置该 Date 对象的时间。

下面程序示范了 Date 类的用法。

例 5.9　DateTest.java

```
public class DateTest
{
    public static void main(String [] args)
    {
        Date d1 = new Date();
        //获取当前时间之后 100ms 的时间
        Date d2 = new Date (System.currentTimeMillis() + 100);
        System.out.println(d2);
        System.out.println(d1.compareTo(d2));
        System.out.println(d1.before(d2));
    }
}
```

总体来说，Date 是一个设计相当糟糕的类，因此 Java 官方推荐尽量少用 Date 的构造器和方法。如果需要对日期、时间进行加减运算，或获取指定时间的年、月、日、时、分、秒信息，可使用 Calendar 工具类。

5.2.2 Calendar 类

因为 Date 类在设计上存在一些缺陷，所以 Java 提供了 Calendar 类来更好地处理日期和时间。Calendar 是一个抽象类，它用于表示日历。

历史上有着许多纪年方法，它们的差异实在太大了，比如说一个人的生日是“七月七日”，那么一种可能是阳(公)历的七月七日，但也可能是阴(农)历的日期。为了统一计时，全世界通常选择最普及、最通用的日历：Gregorian Calendar，也就是日常介绍年份时常用的“公元几几年”。

Calendar 类本身是一个抽象类，它是所有日历类的模板，并提供了一些所有日历通用的方法；但本身不能直接实例化，程序只能创建 Calendar 子类的实例，Java 本身提供了一个 Gregorian Calendar 类，一个代表格里公历日历的子类，它代表了通常所说的公历。

当然，也可以创建自己的 Calendar 子类，然后将它作为 Calendar 对象使用(这就是多态)。在 IBM 的 alphaWorks 站点(http://www.alphaworks.ibm.com/tech/calendar)上，IBM 的开发人员实现了多种日历。在 Internet 上，也有对中国农历的实现。因为篇幅关系，本章不会详细介绍如何扩展 Calendar 子类，读者可以查看上述 Calendar 的源码来学习。

Calendar 类是一个抽象类，所以不能使用构造器来创建 Calendar 对象。但它提供了几个静态 getInstance()方法来获取 Calendar 对象，这些方法根据 TimeZone、Locale 类来获取特定的 Calendar，如果不指定 TimeZone、Locale，则使用默认的 TimeZone、Locale 来创建 Calendar。

Calendar 与 Date 都是表示日期的工具类，它们可以直接自由转换，如下列代码所示：

```
//创建一个默认的 Calendar 对象
Calendar calendar = Calendar.getInstance();
//从 Calendar 对象中取出 Date 对象
Date date = calendar.getTime();
//通过 Date 对象获得对应的 Calendar 对象
//因为 Calendar/GregorianCalendar 没有构造函数可以接收 Date 对象
//所以必须先获得一个 Calendar 实例，然后调用其 setTime()方法
Calendar calendar2 = Calendar.getInstance();
calendar2.setTime(date);
```

Calendar 类提供了大量访问、修改日期时间的方法，常用方法如下。

void add(int field,int amount)：根据日历的规则，为给定的日历字段添加或减去指定的时间量。

int get(int field)：返回指定日历字段的值。

int getActualMaximum(int field)：返回指定日历字段可能拥有的最大值。例如月，最大值为 11。

int getActualMinimum(int field)：返回指定日历字段可能拥有的最小值。例如月，最小值为 0。

void roll(int field,int amount)：与 add()方法类似，区别在于加上 amount 后超过了该字段所能表示的最大范围时，也不会向上一个字段进位。

void set(int field,int value)：将给定的日历字段设置为给定值。

void set(int field,int month,int date)：设置 Calendar 对象的年、月、日三个字段的值。

void set(int field,int month,int date,int hourOfDay,int minute,int second)：设置 Calendar 对象的年、月、日、时、分、秒 6 个字段的值。

上面的很多方法都需要一个 int 类型的 field 参数，field 是 Calendar 类的类变量，如 Calendar.YEAR、Calendar.MONTH 等分别代表了年、月、日、小时、分钟、秒等时间字段。需要指出的是，Calendar.MONTH 字段代表月份，月份的起始值不是 1，而是 0，所以要设置 8 月时，用 7 而不是 8。如下程序示范了 Calendar 类的常规用法。

例 5.10　CalendarTest.java

```
public class CalendarTest
{
    public static void main(String [] args)
    {
        Calendar c = Calendar.getInstance();
        //取出年
        System.out.println(c.get(YEAR));
        //取出月份
        System.out.println(c.get(MONTH));
        //取出日
        System.out.println(c.get(DATE));
        //分别设置年、月、日、小时、分钟、秒
        c.set(2003,10,23,12,32,23);      //2003-11-23 12:32:23
        System.out.println(c.getTime());
```

```
        //将 Calendar 的年前推 1 年
        c.add(YEAR,-1);                //2002-11-23 12:32:23
        System.out.println(c.getTime());
        //将 Calendar 的月前推 8 个月
        c.roll(MONTH,-8);              //2002-03-23 12:32:23
        System.out.println(c.getTime());
    }
}
```

上面的程序中示范了 Calendar 类的用法，Calendar 可以灵活地改变它对应的日期。

Calendar 类还有如下几个注意事项。

1. add 与 roll 的区别

add(int field,int amount)的功能非常强大，add 主要用于改变 Calendar 的特定字段的值。如果需要增加某字段的值，则让 amount 为正数；如果需要减少某字段的值，则让 amount 为负数即可。

add(int field,int amount)有如下两条规则。

当被修改的字段超过它允许的范围时，会发生进位，即上一级字段也会增大。例如：

```
Calendar call = Calendar.getInstance();
call.set(2003,7.23.0.0.0); // 2003-8-23
call.add(MONTH,6); // 2003-8-23=>2004-2-23
```

如果下一级字段也需要修改，那么该字段会修正到变化最小的值。例如：

```
Calendar cal2 = Calendar.getInstance();
call.set(2003,7.31.0.0.0); // 2003-8-31
//因为进位后月份改为 2 月，2 月没有 31 日，自动变成 29 日
cal2.add(MONTH,6); // 2003-8-23=>2004-2-29
```

对于上面的例子，8-31 就会变成 2-29。因为 MONTH 的下一级字段是 DATE，从 31 到 29 改变最小。所以上面 2003-8-31 的 MONTH 字段增加 6 后，不是变成 2004-3-2，而是变成 2004-2-29。

roll()的规则与 add()的处理规则不同：当被修改的字段超过它允许的范围时，上一级字段不会增大。例如：

```
Calendar cal3 = Calendar.getInstance();
cal3.set(2003,7,23,0,0,0);       //2003-8-23
//MONTH 字段“进位”，但 YEAR 字段并不增加
cal3.roll(MONTH,6);              //2003-8-23 => 2003-2-23
```

下一级字段的处理规则与 add()相似：

```
Calendar cal4 = Calendar.getInstance();
cal4.set(2003,7,23,0,0,0);       //2003-8-31
//MONTH 字段“进位”后变成 2，2 月没有 31 日
//YEAR 字段不会改变，2003 年 2 月只有 28 天
cal4.roll(MONTH,6);              //2003-8-31 => 2003-2-28
```

2. 设置 Calendar 的容错性

调用 Calendar 对象的 set()方法来改变指定时间字段的值时，有可能传入一个不合法的参数，例如为 MONTH 字段设置 13，这将会导致怎样的后果呢？看如下程序。

例 5.11　LenientTest.java

```
public class LenientTest
{
    public static void main(String [] args)
    {
        Calendar cal = Calendar.getInstance();
        //结果是 YEAR 字段加 1，MONTH 字段为 1(2 月)
        cal.set(MONTH,13);      // ①
        System.out.println(cal.getTime());
        //关闭容错性
        cal.setLenient(false); // ②
        //导致运行时异常
        cal.set(MONTH,13);      // ③
        System.out.println(cal.getTime());
    }
}
```

上面程序①、②两处的代码完全相似，但它们运行的结果不一样：①和②处代码可以正常运行，因为设置 MONTH 字段的值为 13，这会导致 YEAR 字段加 1；③处代码将会导致运行时异常，因为设置的 MONTH 字段值超出了 MONTH 字段允许的范围。关键在于 Calendar 提供了一个 setLenient()用于设置它的容错性，Calendar 默认支持较好的容错性，通过 setLenient(false)可以关闭 Calendar 的容错性，让它进行严格的参数检查。

Calendar 有两种解释日历字段的模式：lenient 模式和 non-lenient 模式。当 Calendar 处于 lenient 模式时，每个时间字段可接受超出它允许范围的值；当 Calendar 处于 non-lenient 模式时，如果为某个时间字段设置的值超出了它允许的取值范围，程序将会抛出异常。

3. set()方法延迟修改

set(f,value)方法将日历字段 f 更改为 value，此外它还设置了一个内部成员变量，以指示日历字段 f 已经被更改。尽管日历字段 f 是立即更改的，但该 Calendar 所代表的时间却不会立即修改，直到下次调用 get()、getTime()、getTimeMillis()、add()或 roll()时才会重新计算日历的时间。这被称为 set()方法的延迟修改，采用延迟修改的优势是多次调用 set()不会触发多次不必要的计算(需要计算出一个代表实际时间的 long 型整数)。

下面的程序演示了 set()方法延迟修改的效果。

例 5.12　LazyTest.java

```
public class LazyTest
{
    public static void main(String [] args)
    {
        Calendar cal = Calendar.getInstance();
        cal.set(2003,7,31);//2003-8-31
```

```
        //将月份设为 9，但 9 月 31 日不存在
        //如果立即修改，系统将会把 cal 自动调整到 10 月 1 日
        cal.set(MONTH,8);
        //下面代码输出 10 月 1 日
        //System.out/println(cal.getTime());    // ①
        //设置 DATE 字段为 5
        cal.set(DATE , 5);    // ②
        System.out.println(cal.getTime());     // ③
    }
}
```

上面程序中创建了代表 2003-8-31 的 Calendar 对象，当把这个对象的 MONTH 字段加 1 后，应该得到 2003-10-1(因为 9 月没有 31 日)，如果程序在①号代码处输出当前 Calendar 里的日期，也会看到输出 2003-10-1，③号代码处将输出 2003-10-5。

如果程序将①处代码注释起来，因为 Calendar 的 set()方法具有延迟修改的特性，即调用 set()方法后 Calendar 实际上并未计算真实的日期，它只是使用内部成员变量表记录 MONTH 字段被修改为 8，接着程序设置 DATE 字段值为 5，程序内部再次记录 DATE 字段为 5——就是 9 月 5 日，因此看到③处输出 2003-9-5。

5.2.3　Java 8 新增的日期、时间包

Java 8 专门新增了一个 java.time 包，该包下包含了如下常用的类。

Clock：该类用于获取指定时区的当前日期、时间。该类可取代 System 类的 currentTimeMillis()方法，而且提供了更多方法来获取当前日期、时间。该类提供了大量静态方法来获取 Clock 对象。

Duration：该类代表持续时间。该类可以非常方便地获取一段时间。

Instant：代表一个具体的时刻，可以精确到纳秒。该类提供了静态的 now()方法来获取当前时刻，也提供了静态的 now(Clock clock)方法来获取 clock 对应的时刻。除此之外，它还提供了一系列 minusXxx()方法在当前时刻基础上减去一段时间，也提供了 plusXxx()方法在当前时刻基础上加上一段时间。

LocalDate：该类代表不带时区的日期，例如 2007-12-03。该类提供了静态的 now()方法来获取当前日期，也提供了静态的 now(Clock clock)方法来获取 clock 对应的日期。除此之外，它还提供了一系列 minusXxx()方法在当前时刻基础上减去一段时间，也提供了 plusXxx()方法在当前时刻基础上加上一段时间。

LocalTime：该类代表不带时区的时间，例如 10:15:30。该类提供了静态的 now()方法来获取当前时间，也提供了静态的 now(Clock clock)方法来获取 clock 对应的时间。除此之外，它还提供了 minusXxx()方法在当前年份基础上减去几小时、几分、几秒等，也提供了 plusXxx()方法在当前年份基础上加上几小时、几分、几秒等。

LocalDateTime：该类代表不带时区的日期、时间，例如 2007-12-03T10:15:30。该类提供了静态的 now()方法来获取当前日期、时间，也提供了静态的 now(Clock clock)方法来获取 clock 对应的日期、时间。除此之外，它还提供了 minusXxx()方法在当前年份基础上减去几年、几月、几日、几小时、几分、几秒等，也提供了 plusXxx()方法在当前年份基础上

加上几年、几月、几日、几小时、几分、几秒等。

MonthDay：该类仅代表月日，例如 04-12。该类提供了静态的 now()方法来获取当前月日，也提供了静态的 now(Clock clock)方法来获取 clock 对应的月日。

Year：该类仅代表年，例如 2014。该类提供了静态的 now()方法来获取当前年份，也提供了静态的 now(Clock clock)方法来获取 clock 对应的年份。除此之外，它还提供了 minusYears()方法在当前年份基础上减去几年，也提供了 plusYears()方法在当前年份基础上加上几年。

YearMonth：该类仅代表年月，例如 2014-04。该类提供了静态的 now()方法来获取当前年月，也提供了静态的 now(Clock clock)方法来获取 clock 对应的年月。除此之外，它还提供了 minusXxx()方法在当前年月基础上减去几年、几月，也提供了 plusXxx()方法在当前年月基础上加上几年、几月。

ZonedDateTime：该类代表一个时区化的日期、时间。

ZoneId：该类代表一个时区。

DayOfWeek：这是一个枚举类，定义了周日到周六的枚举值。

Month：这也是一个枚举类，定义了一月到十二月的枚举值。

下面通过一个简单的程序来示范这些类的用法。

例 5.13 NewDatePackageTest.java

```
public class NewDatePackageTest
{
    public static void main(String [] args)
    {
        //-----下面是关于 Clock 的用法-----
        //获取当前 Clock
        Clock clock = Clock.systemUTC();
        //通过 Clock 获取当前时刻
        System.out.println("当前时刻为: " + clock.instant());
        //获取 clock 对应的毫秒数，与 System.currentTimeMillis()输出相同
        System.out.println(clock.millis());
        System.out.println(System.currentTimeMillis());
        //-----下面是关于 Duration 的用法-----
        Duration d = Duration.ofSeconds(6000);
        System.out.println("6000 秒相当于" + d.toMinutes() + "分");
        System.out.println("6000 秒相当于" + d.toHours() + "小时");
        System.out.println("6000 秒相当于" + d.toDays() + "天");
        //在 clock 基础上增加 6000 秒，返回新的 Clock
        Clock clock2 = Clock.offset(clock,d);
        //可以看到 clock2 与 clock1 相差 1 小时 40 分
        System.out.println("当前时刻加 6000 秒为" + clock2.instant());
        //-----下面是关于 Instant 的用法-----
        //获取当前时间
        Instant instant = Instant.now();
        System.out.println(instant);
        //instant 增加 6000 秒(即 100 分钟)，返回新的 Instant
```

```
Instant instant2 = instant.plusSeconds(6000);
System.out.println(instant2);
//根据字符串解析 Instant 对象
Instant instant3 = Instant.parse("2014-02-23T10:12:35.3422");
System.out.println(instant3);
//在 instant3 的基础上添加 5 小时 4 分钟
Instant instant4 = Instant3.plus(Duration
    .ofHours(5).plusMinutes(4));
System.out.println(instant4);
//获取 instant4 的 5 天以前的时刻
Instant instant5 = Instant4.minus(Duration.ofDays(5));
System.out.println(instant5);
//-----下面是关于 LocalDate 的用法-----
LocalDate localDate = LocalDate.now();
System.out.println(localDate);
//获得 2014 年的第 146 天
localDate = LocalDate.ofYearDay(2014,146);
System.out.println(localDate); //2014-05-26
//设置为 2014 年 5 月 21 日
localDate = LocalDate.of(2014,Month.MAY,21);
System.out.println(localDate); //2014-05-21
//-----下面是关于 LocalTime 的用法-----
//获取当前时间
LocalTime localTime = LocalTime.now();
//设置为 22 点 33 分
localTime = LocalTime.ofSecondOfDay(5503);
System.out.println(localTime); //01:31:43
//-----下面是关于 LocalDateTime 的用法-----
//获取当前日期、时间
LocalDateTime localDateTime = LocalDateTime.now();
//当前日期、时间加上 25 小时 3 分钟
LocalDateTime future=LocalDateTime.plusHours(25).plusMinutes(3);
System.out.println("当前日期、时间的 25 小时 3 分之后：" + future);
//-----下面是关于 Year、YearMonth、MonthDay 的用法示例-----
Year year = Year.now();//获取当前的年份
System.out.println("当前年份：" + year);//输出当前年份
year = year.plusYears(5);//当前年份再加 5 年
System.out.println("当前年份再过 5 年：" + year);
//根据指定月份获取 YearMonth
YearMonth ym = year.atMonth(10);
System.out.println("year 年 10 月：" + ym);//输出 xxxx-10
//xxxx 代表当前年份
//当前年月再加 5 年、减 3 个月
ym = ym.plusYears(5).minusMonths(3);
System.out.println("year 年 10 月再加 5 年。减 3 个月："+ym);
MonthDay md = MonthDay.now();
System.out.println("当前月："+md);//输出—XX-XX，代表几月几日
```

```
        //设置为 5 月 23 日
        MonthDay md2 = md.with(Month.MAY).withDayOfMonth(23);
        System.out.println("5 月 23 日为: " + md2); //输出-05-23
    }
}
```

该程序就是这些常见类的用法示例，这些 API 和它们的方法都非常简单，而且程序中注释也很清楚，此处不再赘述。

5.3 正则表达式

正则表达式是一个强大的字符串处理工具，可以对字符串进行查找、提取、分割、替换等操作。String 类里也提供了如下几个特殊的方法。

boolean matches(String regex)：判断该字符串是否匹配指定的正则表达式。

String replaceAll(String regex,String replacement)：将该字符串中所有匹配 regex 的子串替换成 replacement。

String replaceFirst(String regex,String replacement)：将该字符串中第一个匹配 regex 的子串替换成 replacement。

String[] split (String regex)：以 regex 作为分隔符，把该字符串分割成多个子串。

上面这些特殊的方法都依赖于 Java 提供的正则表达式支持，除此之外，Java 还提供了 Pattern 和 Matcher 两个类，专门用于提供正则表达式支持。

很多读者都会觉得正则表达式是一个非常神奇、高级的知识，其实正则表达式是一种非常简单而且非常实用的工具。正则表达式是一个用于匹配字符串的模板。实际上，任意字符串都可以当成正则表达式使用，例如“abc”，它也是一个正则表达式，只是它只能匹配“abc”字符串。

如果正则表达式仅能匹配“abc”这样的字符串，那么正则表达式也就不值得学习了。下面开始学习如何创建正则表达式。

5.3.1 创建正则表达式

前面已经介绍过了，正则表达式就是一个用于匹配字符串的模板，可以匹配一批字符串，所以创建正则表达式就是创建一个特殊的字符串。正则表达式所支持的合法字符如表 5.1 所示。

表 5.1 正则表达式支持的合法字符

字　符	解　释
x	字符 x(x 可代表任何合法的字符)
\0mnn	八进制数 0mnn 所表示的字符
\xhh	十六进制值 0xhhh 所表示的 Unicode 字符
\uhhhh	十六进制值 0xhhhh 所表示的 Unicode 字符

续表

字　符	解　释
\t	制表符('\u0009')
\n	新行(换行)符('\u000A')
\r	回车符('\u000D')
\f	换页符('\u000C')
\a	报警(bell)符('\u0007')
\e	Escape 符('\u001B')
\cx	x 对应的控制符。例如\cM 匹配 Crtl-M。x 值必须为 A~Z 或 a~z 之一

除此之外，正则表达式中有一些特殊字符，这些特殊字符在正则表达式中有其特殊的用途，比如前面介绍的反斜线(\)。如果需要匹配这些特殊字符，就必须首先将这些字符转义，也就是在前面添加一个反斜线(\)。正则表达式中的特殊字符如表 5.2 所示。

表 5.2　正则表达式中的特殊字符

<table>
<tr><th>特殊字符</th><th>说　明</th></tr>
<tr><td>$</td><td>匹配一行的结尾。要匹配 $ 字符本身，请使用 \$</td></tr>
<tr><td>^</td><td>匹配一行的结尾。要匹配 ^ 字符本身，请使用 \^</td></tr>
<tr><td>()</td><td>标记子表达式的开始和结束位置。要匹配这些字符，请使用 \(和 \)</td></tr>
<tr><td>[]</td><td>用于确定中括号表达式的开始和结束位置。要匹配这些字符，请使用 \[和 \]</td></tr>
<tr><td>{}</td><td>用于标记前面子表达式的出现频度。要匹配这些字符，请使用 \{ 和 \}</td></tr>
<tr><td>*</td><td>指定前面子表达式可以出现零次或多次。要匹配 * 字符本身，请使用 *</td></tr>
<tr><td>+</td><td>指定前面子表达式可以出现一次或多次。要匹配 + 字符本身，请使用 \+</td></tr>
<tr><td>?</td><td>指定前面子表达式可以出现零次或一次。要匹配 ? 字符本身，请使用 \?</td></tr>
<tr><td>.</td><td>匹配除换行符 \n 之外的任何单字符。要匹配 . 字符本身，请使用 \.</td></tr>
<tr><td>\</td><td>用于转义下一个字符，或指定八进制、十六进制字符。如果需匹配 \ 字符，请使用 \\</td></tr>
<tr><td>|</td><td>指定两项之间任选一项。如果要匹配 | 字符本身，请使用 \|</td></tr>
</table>

将上面多个字符拼起来，就可以创建一个正则表达式。例如：

```
"\u0041\\\\"     //匹配 A\
"\u0061\t"       //匹配 a<制表符>
"\\?\\["         //匹配?[
```

上面的正则表达式依然只能匹配单个字符，这是因为还未在正则表达式中使用“通配符”，“通配符”是可以匹配多个字符的特殊字符。正则表达式中的“通配符”远远超出了普通通配符的功能，它被称为预定义字符，正则表达式支持如表 5.3 所示的预定义字符。

表 5.3　预定义字符

预定义字符	说　明
.	可以匹配任何字符
\d	匹配 0~9 的所有数字
\D	匹配非数字
\s	匹配所有的空白字符，包括空格、制表符、回车符、换页符、换行符等
\S	匹配所有的非空白字符
\w	匹配所有的单词字符，包括 0~9 的所有数字、26 个英文字母和下画线(_)
\W	匹配所有的非单词字符

有了上面的预定义字符后，接下来就可以创建更强大的正则表达式了。例如：

```
c\\wt  //可以匹配 cat、cbt、cct、c0t、c9t 等一批字符串
\\d\\d\\d-\\d\\d\\d-\\d\\d\\d\\d  //匹配如 000-000-0000 形式的电话号码
```

在一些特殊情况下，例如，若只想匹配 a~f 的字母，或者匹配除了 ab 之外的所有小写字母，或者匹配中文字符，上面这些预定义字符就无能为力了，此时就需要使用方括号表达式，方括号表达式有如表 5.4 所示的几种形式。

表 5.4　方括号表达式

方括号表达式	说　明
表示枚举	例如[abc]，表示 a、b、c 中任意一个字符；[gz]，表示 g、z 中任意一个字符
表示范围：-	例如[a-f]，表示 a~f 范围内的任意字符；[\\u0041-\\u0056]，表示十六进制字符\u0041 到\u0056 范围的字符。范围可以和枚举结合使用，如[a-cx-z]，表示 a~c、x~z 范围内的任意字符
表示求否：^	例如[^abc]，表示非 a、b、c 的任意字符；[^a-f]，表示不是 a~f 范围内的任意字符
表示“与”运算：&&	例如[a-z&&[def]]，求 a~z 和[def]的交集，表示 d、e 或 f [a-z&&[^bc]]，a~z 范围内的所有字符，除了 b 和 c 之外，即[ad-z] [a-z&&[^m-p]]，a~z 范围内的所有字符，除了 m~p 范围之外的字符，即[a-lq-z]
表示“并”运算	并运算与前面的枚举类似。例如[a-d[m-p]]，表示[a-dm-p]

正则表达式还支持圆括号表达式，用于将多个表达式组成一个子表达式，圆括号可以使用或运算符()。例如，正则表达式"((public)\|(protected)\|(private))"用于匹配 Java 的三个访问控制符其中之一。

除此之外，Java 正则表达式还支持如表 5.5 所示的几个边界匹配符。

表 5.5　边界匹配符

边界匹配符	说　明
^	行的开头
$	行的结尾

续表

边界匹配符	说　明
\b	单词的边界
\B	非单词的边界
\A	输入的开头
\G	前一个匹配的结尾
\Z	输入的结尾，仅用于最后的结束符
\z	输入的结尾

前面例子中需要建立一个匹配 000-000-0000 形式的电话号码时，使用了\\d\\d\\d-\\d\\d\\d-\\d\\d\\d\\d 正则表达式，这看起来比较烦琐。实际上，正则表达式还提供了数量标识符，正则表达式支持的数量标识符有如下几种模式。

Greedy(贪婪模式)：数量标识符默认采用贪婪模式，除非另有表示。贪婪模式的表达式会一直匹配下去，直到无法匹配为止。如果你发现表达式匹配的结果与预期不符，很有可能是因为——你以为表达式只会匹配前面几个字符，而实际上它是贪婪模式，所以会一直匹配下去。

Reluctant(勉强模式)：用问号后缀(?)表示，它只会匹配最少的字符。也称为最小匹配模式。

Possessive(占有模式)：用加号后缀(+)表示，目前只有 Java 支持占有模式，通常比较少用。

三种模式的数量标识符如表 5.6 所示。

表 5.6　三种模式的数量标识符

贪婪模式	勉强模式	占用模式	说　明
X?	X??	X??	X 表达式出现零次或一次
X*	X*?	X*?	X 表达式出现零次或多次
X+	X+?	X+?	X 表达式出现一次或多次
X{n}	X{n}?	X{n}?	X 表达式出现 n 次
X{n,}	X{n,}?	X{n,}?	X 表达式最少出现 n 次
X{n,m}	X{n,m}?	X{n,m}?	X 表达式最少出现 n 次，最多出现 m 次

关于贪婪模式和勉强模式的对比，看如下代码：

```
String str = "hello , java !";
//贪婪模式的正则表达式
System.out.println(str.replaceFirst("\\w*","■")); //输出■，java!
//勉强模式的正则表达式
System.out.println(str.replaceFirst("\\w*?","■")); //输出■hello，java!
```

当从"hello,java"字符串中查找匹配"\\w*"子串时，因为"\\w*"使用了贪婪模式，数量表示符(*)会一直匹配下去，所以该字符串前面的所有单词字符都被它匹配到，直到遇到空格，所以替换后的效果是“■，java！”；如果使用勉强模式，数量表示符(*)会尽量匹配最少字符，即匹配 0 个字符，所以替换后的结果是“■hello，java！”。

5.3.2 使用正则表达式

一旦在程序中定义了正则表达式，就可以使用 Pattern 和 Matcher 来使用正则表达式。

Pattern 对象是正则表达式编译后在内存中的表示形式，因此，正则表达式字符串必须先被编译为 Pattern 对象，然后再利用该 Pattern 对象创建对应的 Matcher 对象。执行匹配所涉及的状态保留在 Matcher 对象中，多个 Matcher 对象可共享同一个 Pattern 对象。

因此，典型的调用顺序如下：

```
//将一个字符串编译成 Pattern 对象
Pattern p = Pattern.compile("a*b");
//使用 Pattern 对象创建 Matcher 对象
Matcher m = p.matcher("aaaaab");
Boolean b = m.matchers();//返回 true
```

上面定义的 Pattern 对象可以多次重复使用。如果某个正则表达式仅需一次使用，则可直接使用 Pattern 类的静态 matches()方法，此方法自动把指定字符串编译成匿名的 Pattern 对象，并执行匹配，如下所示：

```
boolean b = Pattern.matches("a*b","aaaaab");//返回 true
```

上面的语句等效于前面的三条语句。但采用这种语句每次都需要重新编译新的 Pattern 对象，不能重复利用已编译的 Pattern 对象，所以效率不高。

Pattern 是不可变类，可供多个并发线程安全使用。

Matcher 类提供了如下几个常用方法。

find()：返回目标字符串中是否包含与 Pattern 匹配的子串。

group()：返回上一次与 Pattern 匹配的子串。

start()：返回上一次与 Pattern 匹配的子串在目标字符串中的开始位置。

end()：返回上一次与 Pattern 匹配的子串在目标字符串中的结束位置加 1。

lookingAt()：返回目标字符串前面部分与 Pattern 是否匹配。

matches()：返回整个目标字符串与 Pattern 是否匹配。

reset()：将现有的 Matcher 对象应用于一个新的字符序列。

通过 Matcher 类的 find()和 group()方法可以从目标字符串中一次取出特定子串(匹配正则表达式的子串)，例如互联网的网络爬虫，它们可以自动从网页中识别出所有的电话号码。下面的程序示范了如何从大段的字符串中找出电话号码。

例 5.14 FindGroup.java

```
public class FindGroup
{
    public static void main(String [] args)
    {
        //使用字符串模拟从网络上得到的网页源码
        String str = "我想求购一本《Java 程序设计与应用开发》，尽快联系我
```

```
            13566666666" + "交朋友，电话号码是 13688888888" +
            "出售二手书籍，联系方式 15888888888";
        //创建一个 Pattern 对象，并用它建立一个 Matcher 对象
        //该正则表达式只抓取 13X 和 15X 段的手机号
        //实际要抓取哪些手机号码，只要修改正则表达式即可
        Matcher m = Pattern.compile("((13\\d)|(15\\d))\\d{8}")
            .matcher(str);
        //将所有符合正则表达式的子串(电话号码)全部输出
        while(m.find())
        {
            System.out.println(m.group());
        }
    }
}
```

运行上面的程序，会看到如下运行结果：

```
13566666666
13688888888
15888888888
```

从上面的运行结果可以看出，find()方法一次查找字符串中与 Pattern 匹配的子串，一旦找到对应的子串，下次调用 find()方法时将接着向下查找。

find()方法还可以传入一个 int 类型的参数，带 int 参数的 find()方法将从该 int 索引向下搜索。

start()和 end()方法主要用于确定子串在目标字符串中的位置，程序如下所示。

例 5.15　StartEnd.java

```
public class StartEnd
{
    public static void main(String [] args)
    {
        //创建一个 Pattern 对象，并用它建立一个 Matcher 对象
        String regStr = "Java is very good! ";
        System.out.println("目标字符串是：" + regStr);
        Matcher m = Pattern.compile("\\w+")
          .matcher(regStr);
        while(m.find())
        {
            System.out.println(m.group() + "子串的起始位置："
                + m.start() + "，其结束位置：" + m.end());
        }
    }
}
```

上面的程序使用 find()、group()方法逐项取出目标字符串中与指定正则表达式匹配的子串，并使用 start()、end()方法返回子串在目标字符串中的位置。运行上面的程序，看到如下运行结果：

```
目标字符串是：Java is very good!
Java 子串的起始位置：0，其结束位置：4
is 子串的起始位置：5，其结束位置：7
very 子串的起始位置：8，其结束位置：12
good 子串的起始位置：13，其结束位置：17
```

matches()和 lookingAt()方法有点相似，只是 matchers()方法要求整个字符串和 Pattern 完全匹配时才返回 true，而 lookingAt()只要字符串以 Pattern 开头就会返回 true。reset()方法可将现有的 Matcher 对象应用于新的字符序列。看如下例子程序。

例 5.16　MatchersTest.java

```
public class MatchersTest
{
    public static void main(String [] args)
    {
        String [] mails =
        {
            "javaismylover@163.com",
            "javaismylover@qq.com",
            "python@y1book.org",
            "html@zsy.xx",
        };
        String mailRegEx = "\\w{3,20}@\\w+\\.(com|org|cn|net|gov)";
        Pattern mailPattern = Pattern.compile(mailRegEx);
        Matcher matcher = null;
        for (String mail:mails)
        {
            if(matcher ==null)
            {
                matcher = mailPattern.matcher(mail);
            }
            else
            {
                matcher.reset(mail);
            }
            String result = mail + (matcher.matchers()? "是" : "不是")
                + "一个有效的邮件地址";
            System.out/println(result);
        }
    }
}
```

上面的程序创建了一个邮件地址的 Pattern，接着用这个 Pattern 与多个邮件地址进行匹配。当程序中的 Matcher 为 null 时，程序调用 matcher()方法来创建一个 Matcher 对象，一旦 Matcher 对象被创建，程序就调用 Matcher 的 reset()方法将该 Matcher 应用于新的字符序列。

从某个角度来看，Matcher 的 matchers()、lookingAt()和 String 类的 equals()、startsWith()有点相似。区别是 String 类的 equals()和 startsWith()都是与字符串进行比较，而 Matcher 的 matches()和 lookingAt()则是与正则表达式进行匹配。

事实上，String 类里也提供了 matches()方法，该方法返回该字符串是否匹配指定的正则表达式。例如：

```
"javaismylover@163.com".matches("\\w{3,20}@\\w+\\.(com|org|cn|net|gov)");
//返回 true
```

除此之外，还可以利用正则表达式对目标字符串进行分割、查找、替换等操作，看如下例子程序。

例 5.17　ReplaceTest.java

```
public class ReplaceTest
{
    public static void main(String [] args)
    {
        String []msgs=
        {
            "Java has regular expressions in 1.4",
            "regular expressions now expression in Java",
            "Java represses oracular expressions"
        };
        Pattern p = Pattern.compile("re\\w*");
        Matcher matcher = null;
        for(int i=0;i<msgs.length;i++)
        {
            if(matcher ==null)
            {
                matcher = p.matcher(msgs[i]);
            }
            else
            {
                matcher.reset(msgs[i]);
            }
            System.out.println(matcher.replaceAll("呵呵"));
        }
    }
}
```

上面程序使用了 Matcher 类提供的 replaceAll()把字符中所有与正则表达式匹配的子串替换成“呵呵”，实际上，Matcher 类还提供了一个 replaceFirst()，该方法只替换第一个匹配的子串。运行上面的程序，会看到字符串中所有以"re"开头的单词都会被替换成"呵呵"。

实际上，String 类中也提供了 replaceAll()、replaceFirst()、split()等方法。下面的例子程序直接使用 String 类提供的正则表达式功能来进行替换和分割。

例 5.18 StringReg.java

```
public class StringReg
{
    public static void main(String [] args)
    {
        String []msgs =
        {
            "Java has regular expressions in 1.4",
            "regular expressions now expression in Java",
            "Java represses oracular expressions"
            };
            for (String msg:msgs)
            {
                System.out.println(msg.replaceFirst("re\\w*","呵呵"));
                System.out.println(Arrays.toString(msg.split(" ")));
        }
    }
}
```

上面的程序只使用 String 类的 replaceFirst()和 split()方法对目标字符串进行一次替换和分割。

正则表达式是一种功能非常灵活的文本处理工具，增加了正则表达式支持后的 Java，可以不再使用 StringTokenizer 类(也是一个处理字符串的工具，但功能远不如正则表达式强大)即可进行复杂的字符串处理。

5.4 案 例 实 训

1. 案例说明

本案例由 7 个字符串处理方法和一个 main 方法构成，具体功能是根据用户输入的操作序列号进行相应的字符串处理操作，直到用户选择 0 时退出编辑器。此简易字符串编辑器可以对字符串进行 7 种常规处理，例如字符串比较、字符串搜索和字符串替换等。

2. 编程思想

本案例中实现的功能有字符串的比较、搜索、替换、截取、反转、追加和拆分 7 项，涉及与本章有关的多个知识点。

程序中依次引入实现简易字符串编辑器所需的 Java 包 java.text.*和 java.util.*；主类名称为 StringEditor；定义一个控制循环执行的变量 flag；定义用于存放操作序号的变量 choice；调用 ShowDate()方法用于显示当前的日期及时间信息；输出功能列表；接收用户输入的操作序号；根据用户的选择进行相应的字符串处理操作；7 个字符串处理方法的具体实现，分别为字符串比较方法 StringCompare(String str1, String str2)、字符串搜索方法 StringSearch(String str1, String str2)、字符串替换方法 StringReplace(String str, String oldStr, String tempStr)、字符串截取方法 StringSub(String str, int begin, int end)、字符串反序方法

StringReverse(String str)、字符串追加方法 StringAppend(String str, String tempStr) 和字符串拆分方法 StringSplit(String str, String delim)；定义显示日期的方法 ShowDate()。

二维码 5-1

3. 程序代码

请扫二维码 5-1，查看完整的代码。

4. 运行结果

程序运行结果如图 5.1 所示。

```
--------------------------------------
当前时间：2018 年 02 月 02 日 星期四 13:32:52
--------------------------------------
请选择所要进行的操作(输入操作序号)：
--------------------------------------
 0. 退出
 1. 字符串比较
 2. 字符串搜索
 3. 字符串替换
 4. 字符串截取
 5. 字符串反转
 6. 字符串追加
 7. 字符串拆分
--------------------------------------
1
请输入一个字符串：
hello
请输入与之比较的字符串：
holllo
两字符串不同！
```

```
--------------------------------------
当前时间：2018 年 02 月 02 日 星期四 13:32:52
--------------------------------------
请选择所要进行的操作(输入操作序号)：
--------------------------------------
 0. 退出
 1. 字符串比较
 2. 字符串搜索
 3. 字符串替换
 4. 字符串截取
 5. 字符串反转
 6. 字符串追加
 7. 字符串拆分
--------------------------------------
2
请输入一个字符串：
welcome to java！
请输入想搜索到的字符串：
java
查找字符串“welcome to java！”中所有 java 的索引值：
java：11
```

图 5.1　案例的运行结果

习　　题

5.1　对于 String 对象，可以使用“=”赋值，也可以使用 new 关键字赋值，两种方式有什么区别？

5.2　String 类和 StringBuffer 类有什么区别？

5.3　Object 类有什么特点？

5.4　请画出 Java 集合框架的主要接口和类的继承关系。

5.5　Date 和 Calender 类有什么区别和联系？

第6章 异常处理

我们都希望自己的程序不包含任何错误，也都希望我们的程序要访问的资源总是可用。然而现实的情况可能与所期望的恰恰相反：程序中包含有 bug，在运行时会出现各种错误；要访问的资源不存在或是存在但不能访问。Java 提供了强有力的异常处理机制来应对可能出现的各种异常情况。本章讲解 Java 异常处理机制及异常抛出和捕获的策略。

6.1 概 述

早期的编程语言(比如 C 语言)没有异常(Exception)处理机制，通常是遇到错误时返回一个特殊的值或设定一个标志，并以此判断是不是有错误产生。随着系统规模的不断扩大，这种错误处理已经成为创建大型可维护程序的障碍。于是在一些语言中出现了异常处理机制，比如 Basic 中的异常处理语句 on error goto，而 Java 则在 C++基础上建立了全新的异常处理机制。

Java 运用面向对象的方法进行异常处理，对各种不同的异常进行分类，并提供了良好的接口。这种机制为复杂程序提供了强有力的控制方式。同时这些异常代码与“常规”代码的分离，增强了程序的可读性，编写程序时也显得更为灵活。

Java 程序开发人员在开发 Java 程序的时候要面对很多的问题，从获得可移植的代码一直到处理异常。除了最简单的程序，稍微复杂的程序常会崩溃。原因多种多样，从编程错误，错误的用户输入，一直到操作系统的缺陷。无论程序崩溃的原因是什么，程序开发者都有责任使得所设计的程序在错误发生后，要么能够恢复(在错误修复后能够继续执行)，要么能合适地关闭(要尽力在系统终止前能够保存用户的数据)。

简而言之，异常是用来应对程序中可能发生的各种错误的一种强大的处理机制。正确地使用异常，可以使程序易于开发、维护、远离 bug、可靠性增强、易于使用。反之，若异常运用不当，则会产生许多令程序开发人员头疼的事情：程序难以理解和开发、产生令人迷茫的结果、维护变得非常困难。

要写出友好、健壮的程序，灵活地运用 Java 程序语言的异常处理机制，须从以下几个方面来认识异常：抛出异常、捕获异常以及处理异常。

本章将从这几个不同的方面来讨论 Java 语言的异常处理策略。

6.2 异 常 处 理

6.2.1 遭遇异常

先来看下面的一段程序，见例 6.1。

例 6.1　ReadFile.java

```
import java.io.*;
import java.util.*;
public class ReadFile {
    public static void printFile(String fileName){
        //try
        //{
            Vector v=new Vector();
            BufferedReader in;
            String line;
            in = new BufferedReader(new FileReader(fileName));
            line=in.readLine();
            while(line!=null){
                v.addElement(line);
                line=in.readLine();
            }
            in.close();
            for(int i=0;i<v.size();i++)
                System.out.println(v.elementAt(i));
        //}catch(FileNotFoundException e){
        //System.out.println("File Not Found"+e.getMessage());
        //}catch(IOException e){
        //System.out.println("IO Exception"+e.getMessage());
        //}
    }
    public static void main(String []args){
        ReadFile.printFile("ReadFile.java");
    }
}
```

类 ReadFile 中定义了一个静态方法 printFile，该方法接收一个文件名作为参数，并在屏幕上打印出文件内容。编译该程序，出现如下错误：

```
ReadFile.java:7: unreported exception java.io.FileNotFoundException;
must be caught or declared to be thrown
        in = new BufferedReader(new FileReader(fileName));
                                ^
ReadFile.java:8: unreported exception java.io.IOException; must be
caught or declared to be thrown
        String line=in.readLine();
                              ^
ReadFile.java:11: unreported exception java.io.IOException; must be
caught or declared to be thrown
        line=in.readLine();
                        ^
ReadFile.java:13: unreported exception java.io.IOException; must be
caught or declared to be thrown
```

```
        in.close();
        ^
4 errors
```

例 6.1 中，粗体表示的 5 个语句均会出现异常。

首先，BufferedReader 的构建器会出现一个 FileNotFoundException 异常，表示给定的文件不存在。

其次，两条 in.readLine()语句和 in.close()语句均会出现 IOException 异常。

最后，v.elementAt(i)也可能出现 ArrayIndexOutOfBoundsException 异常，表示数组越界。例如当 i 为负值或是大于 v.size()-1 时。

观察编译出错信息，可以发现，编译器指出：FileNotFoundException 和 IOException 必须被捕获(catch)或声明(declare)。但是并没有对 v.elementAt(i)可能出现的 ArrayIndexOutOfBoundsException 报错。

这是因为，在 Java 中，异常分为检查的(Checked)和未检查的(Unchecked)两种类型。对于 Checked 类型的异常，编译器要求在方法中必须捕获之或是声明之；而对于 Unchecked 类型的异常，编译器并不强制方法捕获或是声明。

由于 FileNotFoundException 和 IOException 均属于 Checked 类型的异常，因而编译器会强制要求捕获之或是声明之；而 ArrayIndexOutOfBoundsException 属于 Unchecked 类型的异常，因而编译器并不会强制要求捕获该异常或是声明该异常。

6.2.2 捕获并处理异常

例 6.1 现在还不能编译通过，可以用两种方法来解决该问题。

一种方法是捕获 printFile 方法中含有的 Checked 类型的异常，然后对捕获的异常进行处理；另一种方法是声明 printFile 方法抛出其中所含有的 Checked 类型的异常。

本小节讲述如何捕获并处理异常。

通常使用下面的代码框架来进行异常的捕获与处理：

```
try {
   ...//可能出现异常的代码
} catch (...){//捕获异常
   ... //异常处理代码
}
```

对于可能出现异常的代码，使用一个 try 块将其包括起来。try 块中可以包含一条或是多条 Java 语句。

对于例 6.1，共有 4 条语句可能出现 Checked 类型的异常。当然，可以将每条语句包含在一个自己的 try 块中，也可以使用一个 try 块同时包含这 4 条语句，例如：

```
try{
    Vector v=new Vector();
    BufferedReader in;
    String line;
    in = new BufferedReader(new FileReader(fileName));
    line=in.readLine();
```

```
    while(line!=null){
        v.addElement(line);
        line=in.readLine();
    }
        in.close();
        for(int i=0;i<v.size();i++)
        System.out.println(v.elementAt(i));
}catch(...){//捕获异常
   ... //异常处理代码
}
```

这样，try 块中的代码在执行时一旦出现异常，try 块中剩余的代码将被跳过，出现的异常立刻由相应的 catch 语句捕获，并由 catch 块中的异常处理代码进行处理。如果 try 块中没有出现异常，那么 catch 语句中的代码不会得到执行。

注意： try 语句至少有一个对应的 catch 块或是一个 finally 块。catch 块和 finally 块的内容详见本小节剩余部分。

一个 try 块可以有多个对应的 catch 块，用以捕获不同类型的异常：

```
try {
  ...
} catch(ExceptionType1 name1) {
  ...
} catch(ExceptionType2 name2) {
  ...
}
```

catch 子句的一般形式为：

```
catch(ExceptionType exceptionName) {
    ...
}
```

catch 子句中包含有唯一的参数：

```
ExceptionType exceptionName
```

ExceptionType 指明了 catch 语句所能捕获的异常类型，ExceptionType 必须是一个继承了 java.lang.Throwable 的类。当 catch 语句捕获一个异常时，将传递一个 ExceptionType 类型的对象进入 catch 块，该对象中包含了异常的全部信息，可以使用该对象中相应的方法获取异常信息，例如：

```
exceptionName.getMessage();          //取得异常信息
exceptionName.printStackTrace();     //打印异常信息栈
```

对于例 6.1 中会出现的 FileNotFoundException 和 IOException 异常，可以使用两个对应的 catch 块分别加以捕获：

```
catch(FileNotFoundException e){
  System.out.println("File Not Found"+e.getMessage());
```

```
}catch(IOException e){
  System.out.println("IO Exception"+e.getMessage());
}
```

FileNotFoundException 和 IOException 均为 Throwable 的子类，并且 FileNotFoundException 也是 IOException 的子类，如图 6.1 所示。

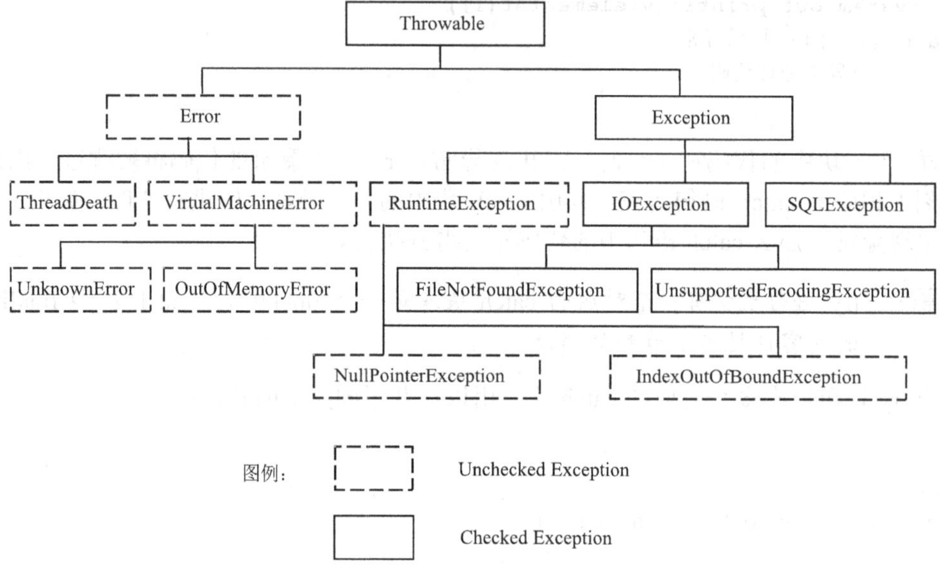

图 6.1　Java 中的部分异常

需要注意的是，如果将上述的 catch 写成如下形式：

```
catch(IOException e){
  System.out.println("IO Exception"+e.getMessage());
}catch(FileNotFoundException e){
  System.out.println("File Not Found"+e.getMessage());
}
```

编译器会报如下错误：

```
ReadFile.java:22: exception java.io.FileNotFoundException has already
been caught
                }catch(FileNotFoundException e){
                ^
1 error
```

其原因是：catch 块不仅可以捕获指定类型的异常，而且可以捕获该类型的所有子类类型的异常。由于 FileNotFoundException 是 IOException 的子类，当出现 FileNotFoundException 类型的异常时，必定也是一个 IOException 类型的异常。第一个 catch 块捕获 IOException 类型的异常，已经包含了捕获 FileNotFoundException 类型的异常。也即总是第一个 catch 块起作用，第二个 catch 块是多余的。

基于上述原因，我们完全可以使用下面的 catch 块来捕获一个所谓的“超级异常”，而不去精细地区分异常类型：

```
catch(Exception e){
  System.out.println("Exception "+e.getMessage());
}
```

由于 Exception 是所有异常的父类，因此不管 try 块中可能出现何种类型的异常，catch 块总是能够捕获。但是并不建议在任何情况下都使用这种方式来捕获异常。

从图 6.1 中可以看出 Java 的几个特别重要的异常类。

- Throwable：所有异常的基类。
- Error：Throwable 的子类，代表一个严重的问题。例如：
    - OutOfMemoryError 代表 JVM 的堆空间耗尽。
    - UnknownError 代表 Java 虚拟机中出现一个未知但严重的异常。
- Exception：Throwable 的另一个子类，代表一个普通的问题。例如：
    - FileNotFoundException 代表文件未找到。
    - SQLException 代表有关 JDBC 的异常。
- RuntimeException：Exception 类的一个特殊的子类，可能在任何正常的操作中被抛出。例如：
    - NullPointerException 表示试图引用 null 对象的方法或属性。
    - IndexOutOfBoundException 表示数组越界的异常。在 C 语言中没有这样的特性，往往会造成严重且难以发现的程序漏洞。

注意： Throwable 有两个子类：Error 和 Exception。Error 及其子类是描述 Java 运行系统中的内部错误(如 VirtualMachineError)以及是否资源耗尽(如 OutOfMemoryError)等情况的。应用程序对于 Error 这种情况的出现是无能为力的，所以，我们在开发应用程序时只关注 Exeception 及其子类。

在 catch 块后，还可以跟随 finally 块：

```
...
try{
  ...
}catch(...){
  ...
}finally{
  ...
}
...
```

无论 try 块中是否出现异常，finally 块中的语句总是得到执行。具体分为以下 3 种情形。

(1) try 块中的代码不抛出异常。try 块中所有的代码将被执行，随后执行 finally 块中的代码，最后执行 finally 块之后的代码。

(2) try 块中的代码抛出异常，但有相应的 catch 语句捕获。此种情形下，try 块中抛出异常前的代码均被执行，剩下的代码被跳过，然后进入相应的 catch 块，catch 块中的代码执行完毕后，执行 finally 块中的代码。

需要注意的是，如果在执行 catch 块中的语句时没有出现异常，在执行完 finally 块中的代码后，将继续执行 finally 块之后的代码；如果在执行 catch 块中的语句时也出现异常，这个异常会直接返回到该方法的调用者(当然，是在 finally 块中的语句执行完毕之后)，finally 块之后的代码将被跳过。

(3) try 块中的代码抛出异常，但没有相应的 catch 语句捕获。此种情形下，try 块中抛出异常前的代码均被执行，剩下的代码被跳过；然后执行 finally 块中的代码；最后，将异常返回给方法的调用者，finally 块之后的代码将被跳过。

6.2.3 声明方法抛出异常

对于程序中可能出现的异常，可以使用 6.2.2 小节所述的第一种方法来加以处理：捕获之，然后加以处理。然而，在有些情况下，仅根据当前的条件还无法处理出现的异常，这时候，就应该使用第二种方法：声明该方法会抛出异常；该方法的调用者来负责捕获异常或是继续抛出异常。

例如在例 6.1 中，如果在 printFile 方法中不捕获 FileNotFoundException 及 IOException 异常，那么必须声明 printFile 方法会抛出这两种异常：

```
public static void printFile(String fileName)
  throws FileNotFoundException,IOException
```

声明一个方法抛出异常，使用关键字 throws，throws 紧跟在方法签名之后。可以同时声明方法抛出多个异常，多个异常之间使用逗号隔开。

例 6.2 ReadFile2.java

```
import java.io.*;
import java.util.*;
public class ReadFile2 {
    public static void printFile(String fileName)
         throws FileNotFoundException,IOException
         {
           Vector v=new Vector();
           BufferedReader in;
           String line;
           in = new BufferedReader(new FileReader(fileName));
           line=in.readLine();
           while(line!=null){
              v.addElement(line);
              line=in.readLine();
         }
         in.close();
         for(int i=0;i<v.size();i++)
            System.out.println(v.elementAt(i));
    }
    public static void main(String []args){
```

```
        try{
            ReadFile2.printFile("ReadFile2.java");
        }catch(FileNotFoundException e){
            System.out.println("File Not Found"+e.getMessage());
        }catch(IOException e){
             System.out.println("IO Exception"+e.getMessage());}
         finally{
            System.out.println("finally");
        }
    }
}
```

throws 关键字用来声明方法抛出异常。在方法体中，如果需要显式抛出一个异常，使用关键字 throw：

```
throw aThrowableObject;
```

aThrowableObject 必须是一个“可抛出”的对象，也就是必须是由 Throwable 或是其子类所生成的对象。例如：

```
public static  int divide(int a,int b) throws ArithmeticException{
    int result;
    if(b==0) throw new ArithmeticException("divide by zero");
    else  result=a/b;
    return result;
}
```

方法 divide 是对两个整数进行除法操作，当除数为 0 时，认为出现异常。为此，需要在代码中抛出合适的异常。我们选择了 Java 提供的一个算术异常来描述除数为 0 的情形。如果在开发过程中遇到任何 Java 提供的异常类都不能描述的异常情况，还可以创建自己的异常类：继承 Exception 或是其子类，并添加需要的内容。例如：

```
class MyArithmeticException extends ArithmeticException{
   public MyArithmeticException(){}
   public MyArithmeticException(String errorDescription){
      super(errorDescription);
   }
}
```

这样，就可以使用自定义的异常类了：

```
public static  int divide(int a,int b) throws MyArithmeticException{
    int result;
    if(b==0) throw new MyArithmeticException("divide by zero");
    else  result=a/b;
    return result;
}
```

6.3 异常的抛出策略

本节讨论异常抛出的策略。首先看下面的一段示例代码。

例 6.3 CustomMath.java

```
class MyArithmeticException extends ArithmeticException{
    public MyArithmeticException(){}
    public MyArithmeticException(String errorDescription){
        super(errorDescription);
    }
}
public class CustomMath{
    public static  int divide(int a,int b) throws MyArithmeticException{
        int result;
        if(b==0) throw new MyArithmeticException("divide by zero");
        else  result=a/b;
        return result;
    }
    public static void main(String []args){
        try{
            int c=CustomMath.divide(10,0);
        }catch(MyArithmeticException e){
            e.printStackTrace();
        }
    }
}
```

当方法 divide 抛出 MyArithmeticException 异常时，它同时抛出了 3 方面的信息。

(1) 异常的类型：这里是 MyArithmeticException。

(2) 发生异常的位置：可以通过异常的 printStackTrace()方法得到。

(3) 异常的信息：在这里是通过指定 errorDescription 字符串"divide by zero"来表达的。

这 3 方面的信息分别对应着 3 种消息的“接收者”。

(1) 异常的类型：对于 divide 方法的调用者有特别重要的意义。调用 divide 方法的程序可以通过捕获特定类型的异常(如 MyArithmeticException)而忽略其他类型的异常。

(2) 发生异常的位置：对于程序员或客户技术支持来说有着特别重要的意义。他们需要通过 stacktrace 信息来分析错误或调试程序。

(3) 异常的信息：对于那些解释错误信息的用户来讲有着特别重要的意义。

所以，当程序抛出一个异常的时候，必须确保所有的异常“接收者”都收到有意义的信息。也就是说，必须选择合适的异常类型，以便方法的调用者程序可以根据异常的类型来做出正确的处理；必须设置有意义的异常信息，以便看到异常或日志记录的用户能明白发生了什么事；必须让 stacktrace 反映出异常发生的最原始的位置信息。

一个方法所声明抛出的异常，是设计该方法时必须考虑的重要因素。程序员应该站在方法调用者的立场去考虑这个问题，而不是站在书写这个方法的开发者的立场上。

- 哪些异常是对调用者有意义的：调用者可以方便地捕获并处理这些异常。
- 哪些异常是调用者应当忽略的：调用者可以把这些异常传递给他们的调用者或用户。

6.3.1　不要声明抛出所有异常

声明所有可能产生的异常，是极不明智的做法。以下面的 getResource 方法为例，假设该方法可以从 JDBC 数据库、文件或是服务器装入资源——取决于 resourceLoaderType，示例代码如下：

```
public Resource getResource(String arg)
    throws SQLException, IOException, RemoteException {
    Resource resource = null;
    switch (resourceLoaderType) {
    case  LOAD_FROM_DB :
        Resource = getResourceFromDB(arg);      //throws SQLException
        break;
    case  LOAD_FROM_FILE :
        Resource = getResourceFromFile(arg);    //throws IOException
        break;
    case  LOAD_FROM_SERVER :
        Resource = getResourceFromServer(arg);  //throws RemoteException
        break;
    }
    return resource;
}
```

问题在于：这种实现破坏了方法的封装性，将方法的内部实现暴露在 getResource()方法的接口中，从而限制了将来可能发生的改变。另一方面，此方法声明的 3 个异常：SQLException、IOException 以及 RemoteException，对调用者是否都有意义呢？从调用者的立场看，所有的异常，都代表一个情形，那就是“资源不能被装入”。因此，只抛出一个 ResourceLoaderException 也许更合适。更改后的代码如下：

```
public Resource getResource(String arg) throws ResourceLoaderException{
    Resource resource = null;
    switch (resourceLoaderType) {
    case  LOAD_FROM_DB:
        try {
            resource = getResourceFromDB(arg);
        } catch (SQLException e) {
            throw new ResourceLoaderException(e.toString());
        }
        break;
    case  LOAD_FROM_FILE:
```

```
            try {
                resource = getResourceFromFile(arg);
            } catch (IOException e) {
                throw new ResourceLoaderException(e.toString());
            }
            break;
        case  LOAD_FROM_SERVER:
            try {
                resource = getResourceFromServer(arg);
            } catch (RemoteException e) {
                throw new ResourceLoaderException(e.toString());
            }
            break;
    }
    return resource;
}
```

有的编程人员或许会使用另一种极端的情形：方法声明抛出 Exception 或 Throwable。这无异于上例中声明抛出所有异常的情形，甚至更糟。声明 Exception 或 Throwable 对于方法的调用者来说毫无指导意义。因此，调用这个方法的程序只能有两种选择的情形：

(1) 被迫捕获 Exception 或 Throwable。这样会带来很大的弊端(详细阐述参看 6.4 节的异常捕获策略部分)。

(2) 声明抛出 Exception 或 Throwable。那么该代码的调用者又会顺次受到牵连，形成恶性循环。

6.3.2 异常声明的数量

在 Java 语言规范中，对于一个方法声明异常的数量没有一个硬性的指标，但通常声明较少的异常为好。因为每个方法的调用者必须对它所调用的方法所声明的每个异常进行处理：声明之或者捕获之。所以声明的异常数量越多，意味着该方法越难使用。如果声明了非常多的异常，方法的调用者可能会偷懒，直接捕获 Exception 异常，或者出现更糟的情形——调用者会声明抛出 Exception 异常。这样做会有很大的危险性(参见异常捕获策略部分的阐述)——调用者应该区别对待不同类型的异常。一般来说，声明 3 个以上的异常通常代表着程序设计的问题：或是该方法做了太多的事情，应该被拆分成多个小方法；或是如前面的 getResource 方法所描述的情况，此方法声明了太多的“低级异常”(例如 SQLException、IOException、RemoteException)，应该将这些“低级异常”映射到一个“高级的异常”类型中(例如 ResourceLoaderException)，也可以在方法的内部自行消化这些异常(即自行捕获处理)。

当程序员在一个方法中抛出一个异常，即书写一个 throws 子句时，对于每一个想抛出的异常，首先要考虑：

- 方法的调用者接收到这个异常后，能够做些什么？
- 方法的调用者是否能够区分异常的不同类型，从而做出不同的处理？

如果考虑后的回答是否定的，那么书写该 throws 子句的程序员应在该方法中自行处理该异常，或者将它改为对调用者更为有意义的异常。

6.3.3　保持 throws 子句的稳定性

将多个“低级异常”映射到少量“高级异常”的处理方法，还有一个显著的好处：它可以避免 throws 子句随着方法实现的改变而改变。

一个方法的定义改变后，常常会产生一个级联反应——调用者的代码也要相应改变。这种改变带来的影响程度取决于有多少类或多少调用者依赖于这个被改变的方法。throws 子句是方法定义中的重要部分，所以保持 throws 子句的稳定性是非常重要的。向一个方法中增加一个异常的声明，将导致所有的调用者或捕获新的异常，或修改自身的定义，声明这个新异常。很显然，这样做的代价非常大。最好的解决办法就是：在设计方法的初期，就声明这个方法抛出调用者所预期的异常，而不是在方法的实现阶段根据当前的实现方法来决定抛出何种异常。

另外，在设计方法的定义时，将相关的异常组织成对象树，只在方法中声明父类异常，这是保持 throws 子句稳定性的好方法。

java.io.IOException 提供了一个很好的例子。大部分 java.io 包中的方法只声明抛出 IOException，实际上抛出的可能是 java.io.EOFException 或是 java.io.FileNotFoundException。这样一来，调用者就可以有选择性地捕获父类或子类异常，取决于是否需要更准确地处理这些异常。

当需要增加一种异常时，只需从适当的父类中派生一个异常类即可。不需要修改方法的定义，因而也避免了修改所有该方法调用者的定义代码。

6.3.4　异常抛出策略小结

关于异常抛出处理的策略，结合本节内容总结为以下 6 条经验策略。

(1) 从方法使用者的角度，而不是书写该方法的开发者的角度来考虑，声明对使用者有意义的异常。

(2) 何时抛出异常——在所设计的方法遇到不能处理的非正常情形下，应当声明抛出异常。

(3) 不声明所有可能发生的异常，要尽可能将“低级异常”映射成对方法使用者有意义的“高级异常”。

(4) 不要声明抛出 Exception 或 Throwable，因为声明抛出“超级异常”对方法使用者来说是毫无用处的，而且会导致极差的代码风格。

(5) 一般不声明抛出超过 3 个的异常。如果发生这种情况，也要通过代码重构或将多个异常映射到一个通用的异常中来解决该问题，或者在方法内部自行消化部分内部异常。

(6) 将异常组织成一个对象树结构，有利于保持方法定义的稳定性，同时也给方法的使用者提供了以不同粒度处理异常的自由。

6.4 异常的捕获策略

接着我们将从捕获异常代码的角度来讨论有关的异常捕获策略。

有些程序员喜欢直接捕获所有的异常：

```
try{
  ...
}catch(Exception e){//捕获异常
  ... //异常处理代码
}
```

尽管编译器允许程序员直接捕获这些“超级异常”：Exception 和 Throwable，但如此简单的异常处理方法会给程序员带来很多潜在的麻烦，如异常的混淆不清、代码重构的困难等，下面分别说明。

6.4.1 混淆的异常

观察下面的代码示例：

```
class ConnectionUtil{
    public static void close(Connection connection) {
        try {
            connection.close();
        }catch (Exception e) {
            log(e);
        }
    }
}
```

或许关闭一个数据库连接时产生的异常，对应用程序来说是无所谓的——无论关闭成功还是失败，这个数据库连接总会被丢弃。所以该代码只是简单地捕获所有异常，并把它记录在日志中而已。但是，有一点需要注意的是，RuntimeException 是 Exception 的子类，捕获 Exception 同样会捕获所有的 RuntimeException 及其子类。假设我们以 null 作为参数调用 ConnectionUtil.close()方法，这很可能意味着一个严重的情形——可能是程序的 bug，而不仅仅是关闭一个合法的数据库连接的失败。对于这种情况，方法 close()岂能只是将 NullPointerException 简单地捕获住，然后轻描淡写地记录在日志里面呢？

类似的问题不仅仅出现在简单使用这些“超级异常”的情形中，因为 catch 子句可以捕获指定异常及其所有子类。假如你想分别处理 java.io.FileNotFoundException 和 java.io.EOFException 这两种异常，由于这两种异常都是 java.io.IOException 的子类，因而仅仅捕获 IOException，就会出现混淆。

6.4.2 代码重构的困难

捕获“超级异常”所带来的另外一个麻烦就是导致重构代码变得异常困难。程序员都有这样的体会：你的程序需要使用到一个由第三方提供的陌生的工具包(toolkit)，但你已经没有时间去搞清楚这个工具包中有多少异常条件了，因为项目的截止日期迫在眉睫了。为了让项目能尽快完成，你将整个方法用一个巨大的 try-catch 块包裹起来，在方法的末尾捕获所有的异常，如下面的代码所示：

```
public void aMethod() {
    try {
        // 这是一个很长的方法，在将来进行代码重构时
        // 我们可能把它分成两个方法
        ...
        // 该方法的调用可能会抛出异常 SomeException
        SomeToolkit.someMethod();
        // 以下的代码不会抛出异常
        ...
    } catch (Exception e) {
        // 捕获所有异常，并记录在日志文件中
        log(e);
    }
}
```

如此，就给自己和以后查看该代码的人设置了一个陷阱(trap)。过了一段时间，当你对上面的代码进行重构时，你或许想把过长的方法分拆成两个较小的方法。经过拆分，代码成了下面的样子：

```
// 第一部分
void methodPart1() {
    try {
        ...
        // 该方法的调用可能会抛出异常 SomeException
        SomeToolkit.someMethod();
        ...
    }  catch (Exception e)  {
        log(e);
    }
}
// 第二部分
void methodPart2() {
    try {
        // 这里的代码并不会抛出任何异常
        ...
    }catch (Exception e){
        log(e);
    }
}
```

注意，随着对方法的拆分，try-catch 块也被分成了两份。第一份(方法 methodPart1())包含对 SomeToolkit.someMethod()的调用，因而可能抛出 SomeException；第二份(方法

methodPart2())则没有任何异常。但是因为前面所阐述的原因，编译器并不会告诉你方法 methodPart2()中的 try-catch 块是多余的。程序员都很容易忽略此类问题，因为你无法依赖编译时刻的检查来自动发现这样的问题。这个问题将使代码变得臃肿，令人难以理解。如果从一开始就捕获 SomeException，而不是捕获 Exception，情况就完全不同了：

```
// 第二部分
void methodPart2() {
    try {
        // 这里的代码并不会抛出任何异常
        ...
    }catch (SomeException e){
        log(e);
    }
}
```

这时候进行编译，编译器就会很聪明地告诉你：Unreachable catch block。因为 SomeException 是一个指定的 checked exception。编译器知道在上述代码中不可能抛出 SomeException。

6.4.3 捕获超级异常的合理情形

有的时候，捕获 Exception 或 Throwable 也是十分合理的，例如：

- 应用程序中的最后一级错误处理程序。
- 应用程序服务器中，不希望因为一个应用的异常而导致整个应用服务器的运行终止。
- 在调用外部可能带有恶意代码的情形下，如果要保持系统不崩溃和数据结构的超级安全，那么就必须捕获 java.lang.Throwable 而不管被抛出异常的实际类型。

但是，在绝大多数的情况下，捕获 Exception 或 Throwable 都是不需要的。

6.4.4 异常捕获策略小结

通过上面的举例，可以将异常捕获的策略归结为以下几条。

(1) 尽可能只捕获指定的异常，而不是捕获多个异常的公共父类，除非确信这个异常的所有子类对程序来说是没有差别的，可以用同样的方式来处理它们；同样也要考虑该异常将来可能的扩展。只要有可能，就不要捕获 java.lang.Exception 或 java.lang.Throwable。

(2) 如果有多个指定的异常需要处理，可以多写几个 catch 子句，或者捕获多个异常的公共父类，只要不是 Exception 或 Throwable 就行。

(3) 一般情况下不要捕获 RuntimeException 或 Error，也就是不要捕获 unchecked exception，除非这些异常并不代表程序或系统的错误。让这些标志着程序或系统错误的异常沿着调用栈，一直传递到最上层的严重错误处理程序中。

(4) 重构代码时，仔细观察因为代码的改变而变得多余的 catch 子句。因为编译器并不是总能发现这类问题。

6.5　案例实训

1. 案例说明

在处理进制转换时，必须保证所要转换的数值符合相应的转换条件。比如，把二进制数转换成十进制数时，就必须保证二进制数据的合法性，当二进制数不合法时就会抛出异常，然后捕获异常并进行适当处理。

2. 编程思想

首先通过继承 Exception 类自定义一个异常类，然后在进制转换类 Convert2to10 中由转换方法 Convert()抛出这个异常对象。如果所要转换的数值中含有 0 和 1 之外的字符，就会抛出异常，然后捕获异常，并发出警告提示；否则，就把二进制数转换成十进制数。

3. 程序代码

请扫二维码 6-1，查看完整的代码。

二维码 6-1

4. 运行结果

程序运行结果如图 6.2 所示。

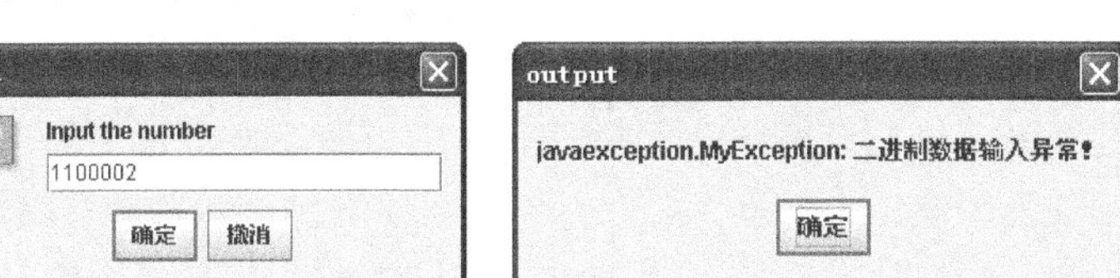

图 6.2　案例的运行结果

习　题

6.1　下面这种捕获异常的方式适当吗？说明理由。

```
try{
    ...
} catch (Exception e){
    ...
} catch (FileNotFoundException a){
    ...
}
```

6.2　简述不要捕获以及声明抛出“超级异常”(如 Exception、Throwable)的理由。

6.3　查阅 Java API 文档关于 java.io.File 的内容。然后编写一个程序 ScanDir.java，该程序打印出指定目录(包括该目录的子目录)中所有的文件名。例如，如果在命令行输入：

```
java ScanDir D:\ABC
```

则将文件夹 D:\ABC(包括子目录)中所有的文件名打印到屏幕。

提示：Java 中 File 类型的对象既可以表示具体文件，也可以表示目录。判断一个 File 类型的对象是否为目录，使用 isDirectory()方法。使用目录对象的 list()方法可以得到该目录中所有的文件和子目录。此外，File 中的很多方法会抛出 IOException 异常，需要加以捕获。

第 7 章　GUI 编 程

前面几章中，介绍的都是控制台应用程序，控制台应用程序和用户之间的交互效率是不能令人满意的。现代的用户倾向于使用可以由鼠标方便操作的图形用户界面(Graphical User Interface，GUI)程序。本章的内容就是介绍如何使用 JFC(Java Foundation Class)中的 Swing 组件(Component)来构建 GUI 应用程序。

7.1　Swing 起步

本节介绍 Swing 的发展历史，并讲解如何创建一个简单的 GUI 应用程序。

7.1.1　Swing 概述

先来回顾一下 Java 在 GUI 编程上的发展历程。在 Java 1.0 中，已经有一个用于 GUI 编程的类库 AWT(Abstract Window Toolkit)，称为抽象窗口工具箱。遗憾的是，AWT 中的组件(例如按钮，类名为 Button)在实现中使用了本地代码(native code)，这些组件的创建和行为是由应用程序所在平台上的本地 GUI 工具来处理的。因此，AWT 组件要在不同的平台上提供给用户一致的行为，就受到了很大的限制。同时，AWT 组件中还存在很多 bug，这就使得使用 AWT 来开发跨平台的 GUI 应用程序困难重重。

1996 年，Sun 公司和 Netsacpe 公司在一个称为 Swing 的项目中合作完善了 Netsacpe 公司原来开发的一套 GUI 库，也就是现在所谓的 Swing 组件。Swing 组件和原来的 AWT 组件完全不同，最大的区别就是 Swing 组件的实现中没有使用本地代码，这样对底层平台的依赖性就大为降低，并且可以给不同平台的用户一致的感觉。此外，与原来的 AWT 相比，Swing 中提供了内容更多、使用更为方便的组件。

注意： 在 GUI 编程中，使用什么样的 GUI 组件固然很重要，但是采用什么事件处理模型同样也很重要。Java 1.0 中，AWT 的事件处理模型是很不完善的。Java 1.1 中使用新的 AWT 事件处理模型，在此之后，未做变动。在编写本书时，使用的仍旧是 1.1 版的事件处理模型。

Swing 并不是完全取代了 AWT，Swing 只是使用更好的 GUI 组件(如 JButton)代替 AWT 中相应的 GUI 组件(如 Button)，增加了一些 AWT 中原来所没有的 GUI 组件。并且，Swing 仍使用 AWT 1.1 的事件处理模型。

虽然现在 AWT 组件仍得到支持，但是建议在应用程序中尽量使用 Swing 组件和 1.1 版的事件模型。

读者在阅读一些书籍时，常会遇到名词 JFC(Java Foundation Class)。JFC 的概念是在 1997 年的 JavaOne 开发者大会上首次提出的，是指用于构建 GUI 的一组 API。实际上，Swing 只是 JFC 的一部分，其他的还有二维图形(Java 2D)API 以及拖放(Drag and Drop)API 等。

7.1.2 一个 GUI 实例

本小节介绍我们的第一个 GUI 应用程序 FirstGUI.java。这个应用程序很简单，只是在屏幕上显示一个框架组件(JFrame)，源代码见例 7.1。这种框架组件是一种顶层(Top-Level)容器，在 Swing 组件中还有其他 3 种顶层容器：JWindow、JDialog 和 JApplet。

注意： Swing 中的组件是“轻量级”(lightweight)组件，并且每个组件都可以是一个容器。可以向任何一个组件中添加其他的组件，但是顶层容器类型的组件不能添加到任何其他组件中。此外，任何一个 Swing 组件要想在屏幕上显示出来，最终都必须由一个顶层容器来容纳。

Swing 中组件的类名通常以 J 开头(如 JFrame)，以区别于 AWT 中相应的组件(如 Frame)。Swing 位于包 javax.swing 中，javax 是 java extension 的缩写形式，表示 Swing 包是 Java 的一个扩展包。

例 7.1 FirstGUI.java

```
import javax.swing.*;
public class FirstGUI{
  public static void main(String []args){
    JFrame f=new JFrame();          //创建一个框架对象 f
    f.setTitle("FirstFrame");       //设定框架的标题
    f.setSize(250,100);             //设定框架的大小
    f.show();                       //显示框架
  }
}
```

运行程序 FirstGUI.java，可以发现在屏幕的左上角会显示如图 7.1 所示的一个框架。下面来分析这个程序的执行过程：在命令行输入 java FirstGUI 并按 Enter 键后，应用程序从类 FirstGUI 的 main 方法开始执行。首先创建一个 JFrame 类型的对象 f，随后使用 setTitle()和 setSize()方法来分别设定框架的标题及大小。框架对象 f 创建完毕后，是处于不可见状态的，因此使用了 show()方法来使得框架显示在屏幕上。随后 main 方法执行完毕退出。

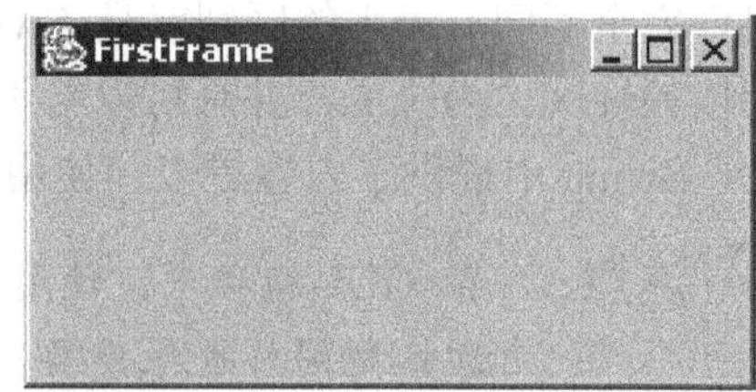

图 7.1 在屏幕上显示的一个框架

与这之前的控制台程序不同的是，该应用程序在 main 方法退出后并没有终止。原因是 show()方法启动了另外一个 GUI 线程，使得应用程序仍然处于活动状态。

单击框架的“关闭”按钮☒，框架虽然不见了，但是程序仍然没有退出。这是因为，在默认情况下，关闭框架只是将框架置为不可见，即框架仍旧是“活”的。使用 setDefaultCloseOperation()方法可以改变框架关闭时的默认动作。例如，如果希望上面的程序在单击框架的“关闭”按钮后，应用程序退出，可以添加如下语句：

```
f.setDefaultCloseOperation(JFrame.EXIT_ON_CLOSE);
```

JFrame 类中提供了大量的方法供用户使用，例如 setIconImage()用于设定框架的图标，setLocation()用于设定框架在屏幕上的位置等。

注意： Swing 中的每个组件都提供了大量的方法供用户使用。本书作为一本入门教材(而非 API 手册)，所介绍的均是最基本、最常用的方法。我们不想在本书中罗列每个组件的所有方法。如果用户需要的方法没有在本书中出现，最好的方式是查阅 Java API 文档。

7.1.3　面板

上一小节中，我们已经知道组件 JFrame 是一个顶层容器，本小节介绍另一个常用的 Swing 组件 JPanel。JPanel 本身也是一个容器，可以向其中添加其他 GUI 组件(如按钮 JButton)；但是 JPanel 不是顶层容器，因此，要在屏幕上显示 JPanel，必须将它添加到一个顶层容器(如 JFrame)中。JPanel 还具备在自身表面绘制图形的功能，可以通过定制的方式在面板表面绘制各种图形。

注意： Swing 中允许组件嵌套添加，例如可以将一个 JButton 添加到一个 JPanel 中，再将 JPanel 添加到 JFrame 中。在构建复杂的用户界面时，常常需要使用这种嵌套添加的方式。

Swing 中还允许将一个组件添加到同类型的组件中，例如可以将一个 JPanel 添加到另一个 JPanel 中去。

1. 作为容器

面板作为容纳其他 Swing 组件的容器是 JPanel 最常使用的功能之一。在制作复杂的用户界面时，常常需要使用多个 JPanel 将复杂的界面分解为相对较简单的子界面，然后再对每个 JPanel 进行布局。

下面来看一个将面板作为容器使用的例子。这个例子中分为两步。

(1)　将一个标签和一个文本框添加到面板中。

(2)　再将面板添加到框架中，然后显示框架。

步骤(1)比较简单，先创建一个标签对象、一个文本框对象和一个面板对象，然后调用面板对象中的 add()方法将标签和文本框添加到面板中，如：

```
JLabel labOne=new JLabel("这是标签");
JTextField txtOne=new JTextField("这是文本框");
JPanel p=new JPanel(); //生成面板对象
//将标签和文本框添加到面板容器中
p.add(labOne);
p.add(txtOne);
```

步骤(2)将面板添加到框架中有点复杂。实际上，框架作为一种特殊的顶层容器，其内部结构是很复杂的，如图 7.2 所示。框架内部按层排列了 4 种窗格(Pane)并预留了一个存放菜单的位置，其中根窗格(JRootPane)、层叠窗格(JLayeredPane)以及透明窗格(Glass Pane)我们可以不必关注，这些窗格是系统用来实现观感时用到的。内容窗格(Content Pane)和菜单才是我们需要直接用到的。内容窗格也是一个容器，当需要把组件添加到框架中时，通常是将组件添加到框架的内容窗格中。因此，当将一个面板添加到框架中时，首先取得框架的内容窗格，然后将面板添加到该内容窗格即可：

```
//取得框架的内容窗格
Container contentPane=f.getContentPane();
//将面板添加到框架的内容窗格中
contentPane.add(p);
```

完整的程序见例 7.2，该程序的运行结果如图 7.3 所示。

例 7.2 FirstPanel.java

```
import javax.swing.*;
import java.awt.*;
public class FirstPanel{
  public static void main(String []args){
    JLabel labOne=new JLabel("这是标签");
    JTextField txtOne=new JTextField("这是文本框");
    JPanel p=new JPanel();  //生成面板对象
    //将标签和文本框添加到面板容器中
    p.add(labOne);
    p.add(txtOne);
    //给面板增加一个边框
    //Border border=BorderFactory.createEtchedBorder();
    //p.setBorder(border);
    JFrame f=new JFrame();  //创建一个框架对象 f
    f.setSize(300,300);      //设定框架的大小
    //取得框架的内容窗格
    Container contentPane=f.getContentPane();
    //将面板添加到框架的内容窗格中
    contentPane.add(p);
    f.setDefaultCloseOperation(JFrame.EXIT_ON_CLOSE);
    f.show(); //显示框架
  }
}
```

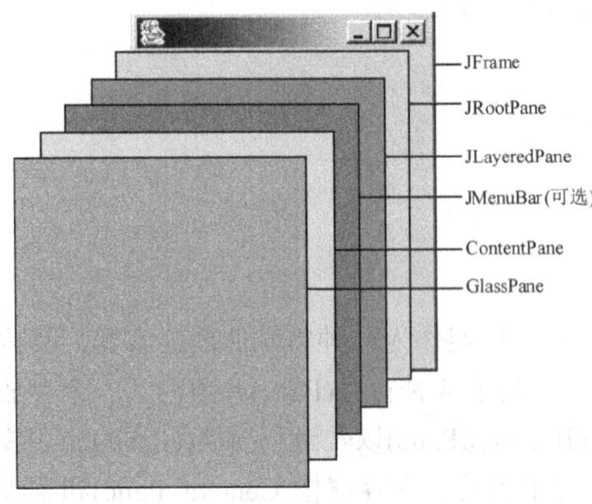

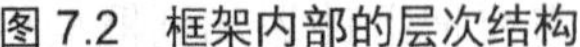
图 7.2 框架内部的层次结构

图 7.3 FirstPanel 的运行结果

观察 FirstPanel.java 的运行结果，我们甚至不能觉察到面板的存在。可以通过给面板增加一个边框(Border)来观察面板的存在。请读者取消 FirstPanel.java 中被注释掉的给面板增加边框的语句，重新编译后，观察运行结果。

2. 表面重绘

在很多情况下(例如组件的首次显示、窗口缩放等)，Swing 中的组件需要对其自身的表面进行重绘(repainting)，以保证组件的正确显示。当一个组件需要进行重绘时，事件处理器会通知该组件，从而引起组件 paintComponent(Graphics g)方法的自动调用。用户永远不需要直接调用该方法。如果用户要求主动发起组件的重绘，可以调用 repaint()方法通知组件需要重绘，从而实现 paintComponent(Graphics g)方法的自动调用。paintComponent(Graphics g)方法需要的一个图形参数 Graphics 也是由系统自动传递进来的。Graphics 类型的对象中存储了用于绘制图形和文本的设置集合(如字体、颜色)以及绘制图形和文本的工具。

由此可知，可以通过覆盖(Override)组件的 paintComponent(Graphics g)方法，在组件表面绘制出我们所希望的内容。在例 7.3 中，我们自定义了一个类 CustomPanel，该类继承了 JPanel，并且重新定义了 paintComponent(Graphics g)方法。需要注意的是，在该方法中第一个语句为：

```
super.paintComponent(g);
```

该语句表示调用超类的重绘方法。调用超类的重绘方法是为了确保超类完成属于自己的那部分重绘工作。随后，追加我们定制的绘制内容，包括在面板表面绘制一个字符串以及一幅图片。

注意： 在覆盖组件的 paintComponent(Graphics g)方法时，记得首先调用 super.paintComponent(g)。

例 7.3 PaintingPanel.java

```
import javax.swing.*;
import java.awt.*;
import javax.imageio.*;
import java.io.*;
class CustomPanel extends JPanel{
  public void paintComponent(Graphics g){
    super.paintComponent(g); //调用超类的重绘方法
    //追加的绘制内容如下
    g.drawString("画一幅图片",20,20);
    try{
      Image image=ImageIO.read(new File("image/splash.jpg"));
      g.drawImage(image,50,50,null);
    }catch(Exception e){
      e.printStackTrace();
    }
  }
}
```

```
public class PaintingPanel{
  public static void main(String []args){
    JFrame f=new JFrame();
    f.getContentPane().add(new CustomPanel());
    f.setSize(700,400);
    f.setDefaultCloseOperation(JFrame.EXIT_ON_CLOSE);
    f.show();
  }
}
```

程序 PaintingPanel.java 的运行结果如图 7.4 所示。

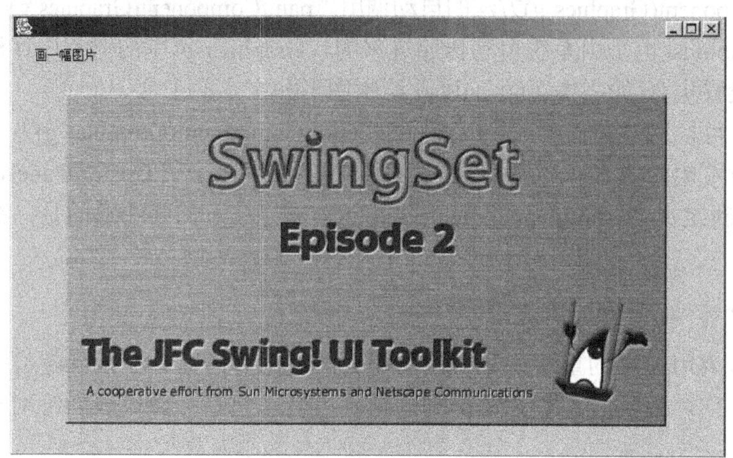

图 7.4　PaintingPanel 的运行结果

Graphics 对象中提供了在组件表面进行绘制的工具：例 7.3 中使用 drawString()方法在指定的位置绘制一个字符串，使用 drawImage()方法在指定的位置绘制一幅图像。更多绘制方法可以参考 Java 帮助文档。

在例 7.3 中用到了类 ImageIO，使用其中的静态方法 read()可以从指定的文件输入流读入图像。

7.1.4　改变应用程序的观感

Java 中允许为应用程序指定观感(look and feel)。在上面的几个例子中，应用程序使用的是一种称为 Metal 的观感(名字为 javax.swing.plaf.metal.MetalLookAndFeel)。也许有的读者更喜欢 Windows 观感，可以用下面的程序片段将应用程序设定为 Windows 观感：

```
try{
    String lnfName="com.sun.java.swing.plaf.windows.WindowsLookAndFeel";
    UIManager.setLookAndFeel(lnfName);
}catch(Exception e){
    e.printStackTrace();
}
```

其中，com.sun.java.swing.plaf.windows.WindowsLookAndFeel 是 Windows 观感的名

字。UIManager 是一个用户界面管理器，其中的静态方法 setLookAndFeel()将应用程序设定为指定名称的观感。上述代码中使用了 Windows 观感，程序运行后界面上的组件将会以 Windows 的风格显示。

读者可以在前面几个例子的 main 方法中加入上述代码片段，然后观察运行结果。

通常，我们会在程序一开始运行时(Swing 组件还未显示出来)就设定好观感。但是有的时候，可能会在程序的运行过程中(Swing 组件已经显示出来)要求动态改变观感。这时候，在使用 UIManager.setLookAndFeel(lnfName)语句设定完观感后，还必须使用 SwingUtilities.updateComponentTreeUI()语句来更新所有的已显示组件的观感。注意，SwingUtilities.updateComponentTreeUI()语句中的方法参数是一个容器，例如：

```
SwingUtilities.updateComponentTreeUI(frame);//frame 为一个 JFrame 对象
```

那么容器 frame 内所有 Swing 组件的观感将被更新为当前设定的观感。因此动态改变应用程序观感的一般代码框架可以是：

```
UIManager.setLookAndFeel(lnfName); //设定观感
//更新容器 frame 内的所有组件的观感
SwingUtilities.updateComponentTreeUI(frame);
```

7.2　AWT 事件处理

7.2.1　事件处理简介

用户对应用程序进行操作时会产生事件(Event)，例如：单击按钮会产生一个动作(Action)事件；缩放或是关闭框架会产生一个窗口(Window)事件；移动鼠标会产生鼠标移动(MouseMotion)事件。在 Java 中，事件被封装成一个对象，该对象中包含了与事件相关的信息，如事件源、事件类型等。同样，以单击按钮来说，按钮就是动作(Action)事件的事件源。

事件源的事件发生后，可以被传递给任何对象，前提是该对象实现(implements)了适当的接口并且注册到该事件源。例如，可以给按钮的动作事件(ActionEvent)注册(register)一个动作事件侦听器(ActionListener)；任何一个实现了 ActionListener 接口的类所生成的对象都可以注册成为按钮的动作事件侦听器。这样，当按钮的动作事件发生时，动作事件就会传递给已注册的所有侦听器。

注意： 一个事件源可以注册多个侦听器，一个侦听器也可以被注册到多个事件源。

给事件源注册事件侦听器，可使用该事件源中的 addXXXListener(aXXXListener)方法。依据事件类型的不同，注册的方法名也不同。例如给按钮注册一个动作事件侦听器：

```
aButton.addActionListener(aActionListener);
```

而给框架注册一个窗口事件侦听器的代码为：

```
aFrame.addWindowListener(aWindowListener);
```

7.2.2 事件处理实例

本小节通过一个按钮动作事件实例来进一步理解事件处理的机制。该程序提供了一个按钮，单击该按钮，可以使得应用程序在 Windows 和 Metal 观感之间进行切换，源代码见例 7.4，图 7.5 显示了运行过程中两种不同的观感。

例 7.4　ActionEventExample_1.java

```
import javax.swing.*;
import java.awt.event.*;
public class ActionEventExample_1{
  public static void main(String []args){
    new ActionFrame().show();
  }
}
class ActionFrame extends JFrame{
  private JButton btnLookAndFeel=new JButton("Windows");
  public ActionFrame(){
    ActionListener al=new LookAndFeelListener();
    btnLookAndFeel.addActionListener(al);
    JPanel p=new JPanel();
    p.add(btnLookAndFeel);
    getContentPane().add(p);
    this.setSize(300,200);
  }
  class LookAndFeelListener implements ActionListener{
    public void actionPerformed(ActionEvent e){
      String text=btnLookAndFeel.getText().trim();
      String lnfName="javax.swing.plaf.metal.MetalLookAndFeel";
      if(text.equals("Windows")){
             lnfName="com.sun.java.swing.plaf.windows.WindowsLookAndFeel";
                btnLookAndFeel.setText("Metal");
      }else if(text.equals("Metal")){
            lnfName="javax.swing.plaf.metal.MetalLookAndFeel";
            btnLookAndFeel.setText("Windows");
      }
      try{
            UIManager.setLookAndFeel(lnfName); //设定观感
            //更新容器内的所有组件的观感
            SwingUtilities.updateComponentTreeUI(ActionFrame.this);
      }catch(Exception excp){
             excp.printStackTrace();
      }
    }
  }
}
```

图 7.5　两种不同的观感

在例 7.4 中，内部类 LookAndFeelListener 实现了动作事件侦听接口 ActionListener。接口 ActionListener 只有一个需要实现的方法 public void actionPerformed(ActionEvent e)。

在类 ActionFrame 中，使用如下语句：

```
ActionListener al=new LookAndFeelListener();
```

这里创建了对象 al，由于内部类 LookAndFeelListener 实现了接口 ActionListener，因此对象 al 可以被注册到动作事件源 btnLookAndFeel：

```
btnLookAndFeel.addActionListener(al);
```

这样，当事件源 btnLookAndFeel 发生动作事件时，就会调用事件侦听器 al 对象中的 actionPerformed(ActionEvent e)方法，并且所发生的动作事件以一个 ActionEvent 类型的对象传递进来。

注意： 不仅是 JButton 类型的事件源能产生动作事件(ActionEvent)，还有其他类型的事件源也可以产生动作事件。例如单击菜单(JMenuItem)选项、双击列表框中(JList)的选项以及在文本框(JTextField、JPasswordField)中按 Enter 键等，也会产生动作事件。

前面我们已经提到，任何实现了 ActionListener 接口的类所生成的对象，均可作为动作事件的侦听器。因此，在例 7.4 中，也可以让类 ActionFrame 实现 ActionListener 接口，然后使用 ActionFrame 类型的对象来作为侦听器，这样就可以不使用内部类。因此，可以将例 7.4 改写为例 7.5 的形式。

例 7.5　ActionEventExample_2.java

```
import javax.swing.*;
import java.awt.event.*;
public class ActionEventExample_2{
  public static void main(String []args){
    new ActionFrame_2().show();
  }
}
class ActionFrame_2 extends JFrame implements ActionListener{
  private JButton btnLookAndFeel=new JButton("Windows");
  public ActionFrame_2(){
    btnLookAndFeel.addActionListener(this);
    JPanel p=new JPanel();
```

```
      p.add(btnLookAndFeel);
      getContentPane().add(p);
      this.setSize(300,200);
    }
    public void actionPerformed(ActionEvent e){
      Object source=e.getSource();//取得事件源
      if(source==btnLookAndFeel){
        String text=btnLookAndFeel.getText().trim();
        String lnfName="javax.swing.plaf.metal.MetalLookAndFeel";
        if(text.equals("Windows")){
              lnfName="com.sun.java.swing.plaf.windows.WindowsLookAndFeel";
              btnLookAndFeel.setText("Metal");
        }else if(text.equals("Metal")) {
              lnfName="javax.swing.plaf.metal.MetalLookAndFeel";
              btnLookAndFeel.setText("Windows");
        }
        try{
             UIManager.setLookAndFeel(lnfName); //设定观感
             //更新容器内的所有组件的观感
             SwingUtilities.updateComponentTreeUI(ActionFrame_2.this);
        }catch(Exception excp){
             excp.printStackTrace();
        }
      }
    }
  }
```

例 7.5 和例 7.4 完成相同的工作，只是例 7.5 中 ActionFrame_2 本身注册为按钮的动作事件侦听器。来看一下如下情形：如果 ActionFrame_2 中除了 btnLookAndFeel 按钮外，还有另外一个按钮，不妨称为 btnOther，并且按钮 btnOther 也将 ActionFrame_2 本身注册为事件侦听器。那么当 btnLookAndFeel 或是 btnOther 发生动作事件时，调用的都是 ActionFrame_2 中的 actionPerformed(ActionEvent e)方法。这时候就需要区分究竟是哪个事件源发生的事件，从而进行相应处理。ActionEvent 对象中提供了一个 getSource()的方法用来取得事件源，所以 actionPerformed(ActionEvent e)方法就需要写成如下形式：

```
public void actionPerformed(ActionEvent e){
    Object source=e.getSource();
    if(s==btnLookAndFeel){
      ...
    }else if(s==btnOther){
      ...
    }
}
```

可以想象，如果 ActionFrame_2 存在大量事件源，并且这些事件源均将 ActionFrame_2 本身作为事件侦听器的话，那么事件处理代码中的 if-else 语句就会写得很长，反而不如例 7.4 中使用内部类来得清晰。实际上，我们并不推荐使用例 7.5 的方式，而是建议使用内部类(例 7.4)的方式。

还可以使用匿名内部类(例 7.6)的方式来注册事件侦听器，程序中的粗体部分就是一个匿名内部类。

例 7.6　ActionEventExample_3.java

```
import javax.swing.*;
import java.awt.event.*;
public class ActionEventExample_3{
  public static void main(String []args){
    new ActionFrame_3().show();
  }
}
class ActionFrame_3 extends JFrame{
  private JButton btnLookAndFeel=new JButton("Windows");
    public ActionFrame_3(){
      btnLookAndFeel.addActionListener(new ActionListener(){
        public void actionPerformed(ActionEvent e){
            String text=btnLookAndFeel.getText().trim();
            String lnfName="javax.swing.plaf.metal.MetalLookAndFeel";
            if(text.equals("Windows")){
              lnfName="com.sun.java.swing.plaf.windows.WindowsLookAndFeel";
              btnLookAndFeel.setText("Metal");
            }else if(text.equals("Metal")){
              lnfName="javax.swing.plaf.metal.MetalLookAndFeel";
              btnLookAndFeel.setText("Windows");
            }
            try{
              UIManager.setLookAndFeel(lnfName); //设定观感
              //更新容器内所有组件的观感
              SwingUtilities.updateComponentTreeUI(ActionFrame_3.this);
            }catch(Exception excp){
              excp.printStackTrace();
            }
        }
        });
     JPanel p=new JPanel();
     p.add(btnLookAndFeel);
     getContentPane().add(p);
     this.setSize(300,200);
  }
}
```

刚开始接触匿名内部类时，读者往往会感到很难看懂，这也是许多程序员对使用匿名内部类有抵触心理的主要原因。下面我们试着以一种简单的方式来理解，首先使用下面的简略形式表示例 7.6 中的匿名类使用：

```
btnLookAndFeel.addActionListener(new ActionListener(){
        public void actionPerformed(ActionEvent e){
        ...
        }
    });
```

可以发现，将一个匿名类生成的匿名对象注册为一个事件侦听器是在一条语句中完成的。就是说，这条语句完成了如下功能。

(1) 定义了一个匿名类，并且该匿名类实现了 ActionListener 接口，对应的代码为：

```
ActionListener()    {
    public void actionPerformed(ActionEvent e){
    ...
    }
}
```

(2) 然后使用所定义的匿名类生成了一个匿名对象，对应的代码为：

```
new ActionListener(){
   ...
}
```

(3) 最后将生成的匿名对象注册为按钮的动作事件侦听器，对应的代码为：

```
btnLookAndFeel.addActionListener(...);
```

注意： 本小节介绍了 3 种(独立的类、内部类以及匿名内部类)方式来注册事件侦听器，希望读者都能够掌握。因为这 3 种方式都可能在别的程序员编写的程序中出现，而读者很可能需要阅读这样的程序。

7.2.3 使用事件适配器

前面我们已经知道，在默认情形下，关闭框架(JFrame)只是使之隐藏。可以通过如下代码：

```
f.setDefaultCloseOperation(JFrame.EXIT_ON_CLOSE);
```

使得在关闭框架时让应用程序退出。由于在关闭框架时，会发生一个窗口事件(WindowEvent)，因此也可以通过捕获该事件，然后让应用程序退出。任何实现了 WindowListener 接口的类所生成的对象均可以注册到窗口事件源。由于 WindowListener 接口中包含了如下 7 个方法：

```
public interface WindowListener{
    void windowActivated(WindowEvent e);
    void windowClosed(WindowEvent e);
    void windowClosing(WindowEvent e);
    void windowDeactivated(WindowEvent e);
    void windowDeiconified(WindowEvent e);
    void windowIconified(WindowEvent e);
```

```
    void windowOpened(WindowEvent e);
}
```

因此，一个类要实现 WindowListener 接口，就必须实现该接口中的所有 7 个方法。例如，可以按如下方式定义一个 WindowExit 类，并且实现 WindowListener 接口：

```
class WindowExit implements WindowListener{
    public void windowActivated(WindowEvent e){}
    public void windowClosed(WindowEvent e){}
    public void windowClosing(WindowEvent e){
       System.exit(0);//强制应用程序退出
    }
    public void windowDeactivated(WindowEvent e){}
    public void windowDeiconified(WindowEvent e){}
    public void windowIconified(WindowEvent e){};
    public void windowOpened(WindowEvent e)
}
```

然后就可以将 WindowExit 生成的对象注册为窗口事件侦听器：

```
JFrame f=new JFrame();
WindowListener wl= new WindowExit();
f.addWindowListener(wl);
```

这样，当框架 f 发生窗口事件时，该事件就会被传递给窗口事件侦听器 wl，从而引起 wl 中适当方法的调用。然而，在很多时候我们只对其中某个或是某几个方法感兴趣，例如在本例中，就只对其中的 windowClosing(WindowEvent e)方法感兴趣。如果像上面一样直接定义一个类去实现 WindowListener 接口，那么对那些不感兴趣的方法也必须实现。尽管只是用空方法去实现那些不感兴趣的方法，这也是一件麻烦的事情。AWT 事件模型中使用适配器(Adapter)类来帮助程序员做这件事情：对于那些具有不止一个方法的事件侦听接口(例如 WindowListener)，都提供了一个用空方法实现接口中全部方法的适配器类(例如 WindowAdapter)。这样程序员只需要继承适配器类，然后覆盖自己感兴趣的方法即可，而不用再去实现接口中所有的方法。例如，上面的 WindowExit 类可以按如下方式来定义：

```
class WindowExit extends WindowAdapter{
    public void windowClosing(WindowEvent e){
    System.exit(0);//强制应用程序退出
    }
}
```

然后使用与前面类似的方式，将 WindowExit 生成的对象注册为窗口事件侦听器：

```
JFrame f=new JFrame();
WindowListener wl= new WindowExit();
f.addWindowListener(wl);
```

这样，就大大减少了程序员的编码工作量。

实际上，在这里使用匿名内部类更加简单：

```
JFrame f=new JFrame();
f.addWindowListener(new WindowAdapter(){
    public void windowClosing(WindowEvent e){
    System.exit(0);//强制应用程序退出
    }
});
```

7.2.4　AWT 事件继承关系

通过前面的介绍，我们对事件处理有了一个直观的印象。本小节对 AWT 事件模型中的事件类之间的继承关系进行简要介绍。

AWT 事件模型中的每个事件类都是 java.util.EventObject 类的扩展(如图 7.6 所示)。AWTEvent 直接继承了 EventObject，同时 AWTEvent 又是所有 AWT 事件类的父类。

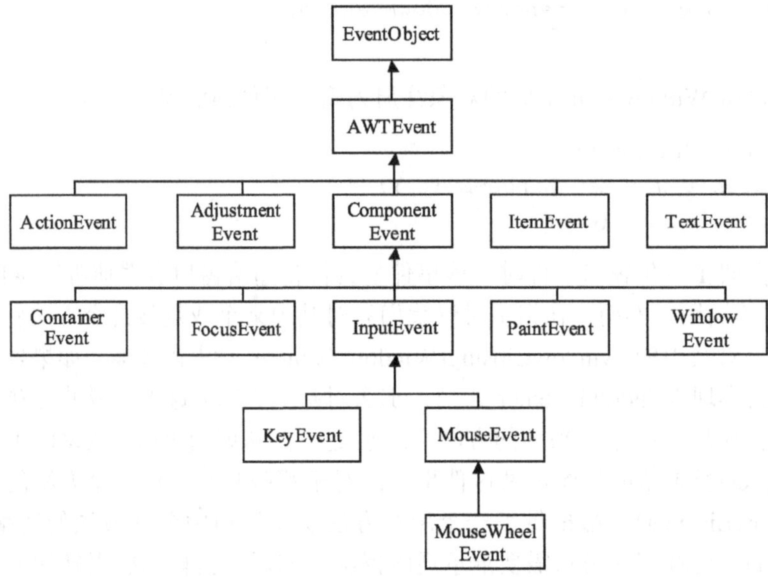

图 7.6　AWT 事件模型中事件类的继承关系

每当一个 AWT 事件发生时，就有一个相应事件类的对象产生，该事件对象首先被追加到系统的事件队列中，事件队列是按照 FIFO(First In First Out)的算法进行调度的。当一个事件对象被调度时，会被传递给已经注册到该事件的事件源的所有侦听器，然后侦听器再对事件进行处理。

AWT 事件模型中，共提供了 14 个事件侦听器接口，如表 7.1 所示，其中有 7 个侦听器接口的方法不止一个，因而提供了 7 个相应的适配器类。

表 7.1　AWT 事件模型中提供的侦听器接口及对应的适配器类

侦听器接口	适配器类
ActionListener	无
AdjustmentListener	无

续表

侦听器接口	适配器类
ComponentListener	ComponentAdapter
ContainerListener	ContainerAdapter
FocusListener	FocusAdapter
ItemListener	无
KeyListener	KeyAdapter
MouseListener	MouseAdapter
MouseMotionListener	MouseMotionAdapter
MouseWheelListener	无
TextListener	无
WindowListener	WindowAdapter
WindowFocusListener	无
WindowStateListener	无

由图 7.6 和表 7.1 可以看出，AWT 事件模型中提供了大量的事件类、侦听器接口以及适配器类。但是，它们的使用原理都是类似的。

在本书的后续章节中，将结合具体的 Swing 组件来讲解所需使用到的各种事件类、侦听器接口和适配器类。

注意： 有些 Swing 组件能够生成 AWT 事件之外的事件，处理这些事件的类包含在 javax.swing.event 包中。

7.3　布 局 管 理

在 Java 中，GUI 组件在容器中的布局是由容器的布局管理器(layout manager)来决定的。每个容器都具有一个默认的布局管理器。程序设计人员可以方便地改变容器的布局管理器。

前面已经提到，构建复杂的用户界面时，常常使用多个面板(JPanel)来组织各种 GUI 组件，然后将这些面板添加到内容窗格(ContentPane)中。因此，程序设计人员通常只要考虑两种类型容器(面板和内容窗格)的布局管理器。面板的默认布局管理器是流布局管理器(FlowLayout)，内容窗格的默认布局管理器是边框布局管理器(BorderLayout)。如果面板或者内容窗格的默认布局管理器不能满足要求，可以调用这两种容器的 setLayout (aNewLayout)方法来改变其布局管理器，方法 setLayout()的参数是一个布局管理器对象。

7.3.1　流式布局

面板的默认布局管理器是 FlowLayout。在 7.1.3 小节中，我们向面板容器中添加了组件。例 7.7 使用类似方法向一个面板中添加 3 个按钮，图 7.7 是程序的运行结果。可以发

现，这 3 个按钮是按照被添加到面板中的顺序排列在一行上的。如果将框架的宽度缩小，可以发现 3 个按钮将排列成两行，如图 7.8 所示。由此可知：使用 FlowLayout 布局时，GUI 组件将按照添加入容器的顺序自左而右排列在一行上，如果一行排不下，另起一行，也就是说，组件是按照自左而右、自上而下的顺序进行排列的。

例 7.7　FlowLayoutExample.java

```
import javax.swing.*;
import javax.swing.border.*;
public class FlowLayoutExample{
  public static void main(String []args){
  JFrame f=new JFrame();
    JPanel p=new JPanel();
    JButton btnOne=new JButton("One");
    JButton btnTwo=new JButton("Two");
    JButton btnThree=new JButton("Three");
    p.add(btnOne);
    p.add(btnTwo);
    p.add(btnThree);
    f.getContentPane().add(p);
    f.setSize(300,200);
    f.show();
  }
}
```

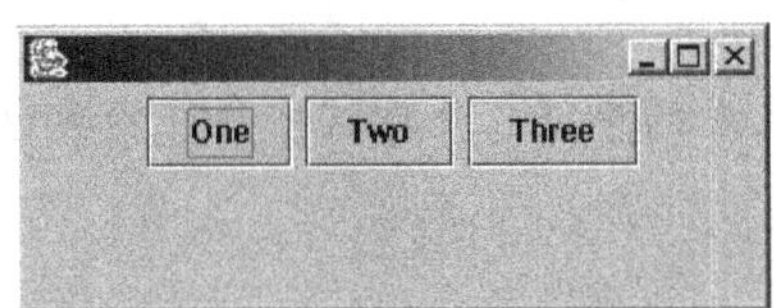

图 7.7　添加了 3 个按钮的面板

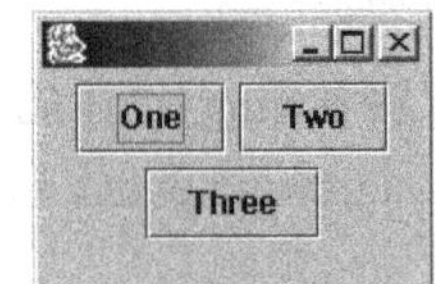

图 7.8　框架缩小后的情形

观察图 7.7 和图 7.8，还可以发现：默认情况下，每一行上的组件是居中排列的。可以通过改变面板的默认布局管理器来改变组件在每一行上的排列位置。例如，在例 7.7 中，如果在创建面板的语句后添加下面两条语句：

```
FlowLayout fl=new FlowLayout(FlowLayout.RIGHT);
p.setLayout(fl);
```

那么，每一行上的组件将靠右排列，如图 7.9 所示。

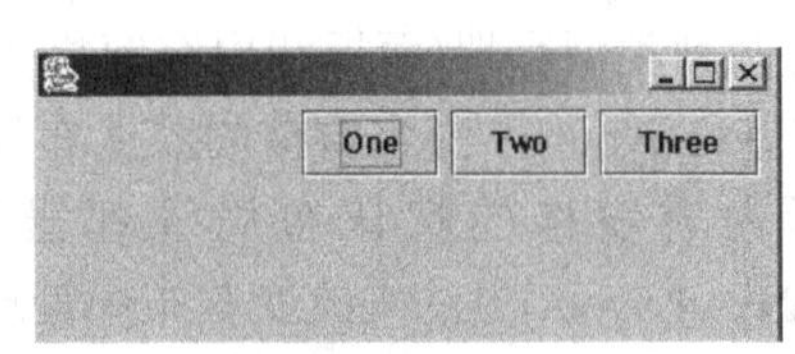

图 7.9　组件靠右排列

注意： FlowLayout 类提供了 3 种构建器，即 public FlowLayout()、public FlowLayout (int alignment) 和 public FlowLayout(int alignment 、 int horizontalGap 、 int verticalGap)。alignment 参数可以取值 FlowLayout.LEFT、FlowLayout.CENTER 或是 FlowLayout.RIGHT，用于指定组件在一行上的对齐方式。horizontalGap 和 verticalGap 分别表示组件在水平

和垂直方向上的间距(以像素为单位)。默认情况下，alignment 取值为 FlowLayout.CENTER，horizontalGap 和 verticalGap 均取值为 5。

7.3.2　边框布局

GUI 组件要在屏幕上显示，最终必须被添加到一个顶层容器中(通常是顶层容器的内容窗格中)。内容窗格的默认布局管理器是边框布局(BorderLayout)。不仅是内容窗格，任何使用了 BorderLayout 布局的容器均提供 5 个位置用于存放组件，分别是 North、South、East、West 以及 Center，如图 7.10 所示。

例 7.8 演示了向一个框架的内容窗格中添加 5 个按钮，运行结果如图 7.11 所示。下面的语句将一个按钮添加到内容窗格中：

```
contentPane.add(new JButton("North"),BorderLayout.NORTH);
```

该方法中，第一个参数是欲添加的组件，第二个参数指定组件被添加到的位置(使用 BorderLayout 中定义的 5 个常量：NORTH、SOUTH、EAST、WEST 及 CENTER)。如果不指定第二个参数，则组件被添加到容器的中间(Center)。

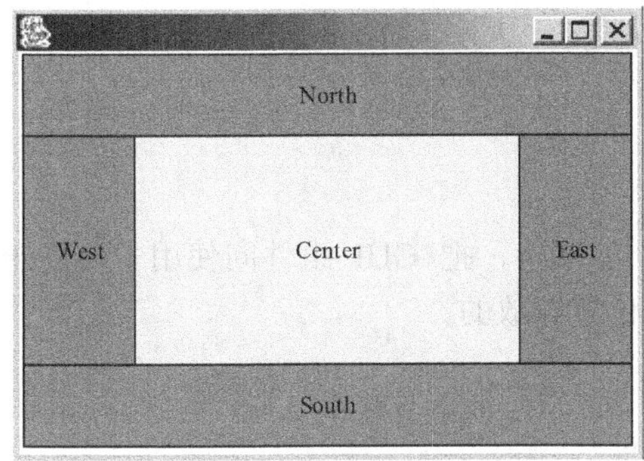

图 7.10　边框布局

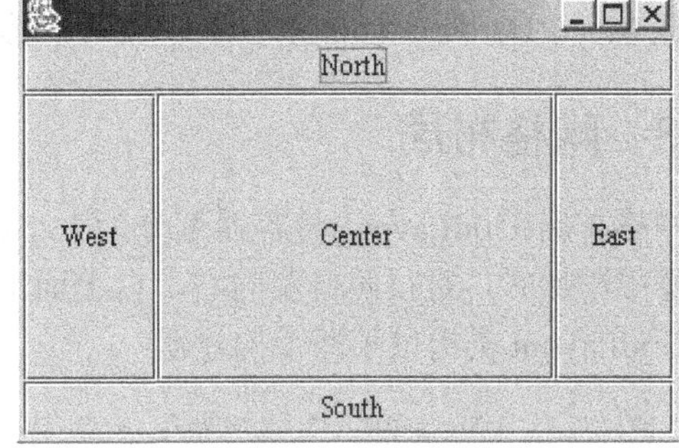

图 7.11　使用边框布局的 5 个按钮显示

例 7.8　BorderLayoutExample.java

```
import javax.swing.*;
import java.awt.*;
public class BorderLayoutExample{
  public static void main(String []args){
    JFrame f=new JFrame();
    Container contentPane=f.getContentPane();
    contentPane.add(new JButton("North"),BorderLayout.NORTH);
    contentPane.add(new JButton("South"),BorderLayout.SOUTH);
    contentPane.add(new JButton("West"),BorderLayout.WEST);
    contentPane.add(new JButton("East"),BorderLayout.EAST);
    contentPane.add(new JButton("Center"),BorderLayout.CENTER);
    f.setSize(300,200);
    f.show();
  }
}
```

观察例 7.8 的运行结果，如果对框架进行缩放，可以发现 BorderLayout 的特点是：North 和 South 位置的组件在水平方向上会扩张，以填满水平方向的空间，垂直方向不变；West 和 East 位置的组件在垂直方向上会扩张，以填满垂直方向的空间，水平方向不变；而 Center 位置的组件在水平和垂直方向均会尽量扩张，以填满中部的空间。

此外，如果向同一个位置(比如 West)添加多个组件，那么只有最后一个被添加的才是有效的，也就是说 BorderLayout 布局中的每个位置只能放一个组件。那么，假如希望在内容窗格的 South 位置同时显示多个组件(例如两个按钮)该怎么办呢？可以先构建一个面板，再向面板中添加两个按钮，然后将面板添加到内容窗格的 South 位置：

```
JPanel p=new JPanel();
p.add(new JButton("OK"));
p.add(new JButton("CANCEL"));
contentPane.add(p,BorderLayout.SOUTH);
```

添加完毕以后，当框架缩放时，虽然面板在水平方向上也会缩放，但是由于面板是 FlowLayout 布局，其中的两个按钮的大小是不会随着面板的缩放而改变大小的。这样，就不会出现例 7.8 中按钮大小也缩放的结果。

注意： BorderLayout 很少单独使用，总是和其他布局方式结合使用。

7.3.3 网格布局

网格布局(GridLayout)将容器划分为大小相同的网格，把 GUI 组件向使用了网格布局的容器中添加时，是按照自左向右，自上而下的位置存放的。

GridLayout 类提供了两个构建器：

```
public GridLayout(int rows, int columns)
public GridLayout(int rows, int columns,
   int horizontalGap, int verticalGap)
```

rows 和 columns 分别指定划分网格的行数及列数。horizontalGap 和 verticalGap 用于指定组件在水平和垂直方向上的间隔，默认情况下均为 0。例 7.9 中演示了向网格布局的面板中添加 5 个按钮，程序运行结果如图 7.12 所示。

例 7.9　GridWindow.java

```
import javax.swing.*;
import java.awt.*;
import java.awt.event.*;
public class GridWindow extends JFrame implements ActionListener {
  private JLabel labDesp=new JLabel("Click a button");
  private JButton []btn=new JButton[5];
    public GridWindow(){
      Container contentPane = getContentPane();
      contentPane.add(labDesp,BorderLayout.NORTH);
      btn[0]=new JButton("Button A");
      btn[1]=new JButton("B");
```

```
        btn[2]=new JButton("Button C");
        btn[3]=new JButton("Button D");
        btn[4]=new JButton("image button E");
        btn[4].setIcon(new ImageIcon("image/greenflag20.gif"));
        JPanel p=new JPanel();
        p.setLayout(new GridLayout(3,2));
        for(int i=0;i<btn.length;i++){
          btn[i].addActionListener(this);
          p.add(btn[i]);
        }
        contentPane.add(p,BorderLayout.CENTER);
        setDefaultCloseOperation(JFrame.EXIT_ON_CLOSE);
      }
      public void actionPerformed(ActionEvent e){
        Object s=e.getSource();
        if(s instanceof JButton){
          JButton b=(JButton)s;
          labDesp.setText(b.getText()+"  clicked!");
        }
      }
      public static void main(String args[]){
        GridWindow win = new GridWindow();
        win.setSize(350,150);
        win.show();
    }
  }
```

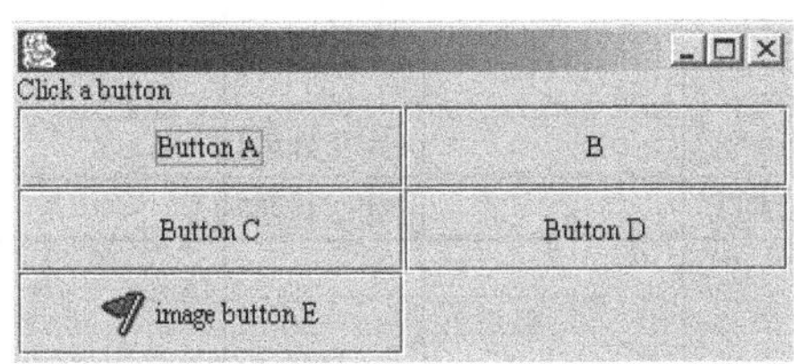

图 7.12　使用网格布局的 5 个按钮显示

可以发现，添加到使用网格布局容器中的 GUI 组件，均具有相同大小。对容器进行缩放后，其中的 GUI 组件也进行同步缩放。也就是说，网格布局适合于规则的布局。

7.3.4　网格袋布局

在构建复杂的用户界面时，仅仅使用前面所讲的 3 种布局往往不能达到理想的效果。网格袋布局(GridBagLayout)是最灵活的(也是最复杂的)一种布局管理器，该布局管理器具有强大的功能，非常适合复杂界面的布局。与网格布局类似，网格袋布局也是将用户界面划分为若干个网格(Grid)，不同之处在于：

- 网格袋布局中的每个网格的宽度和高度都可以不一样。
- 每个组件可以占据一个或是多个网格。

- 可以指定组件在网格中的停靠位置。

当将一个 GUI 组件添加到使用了网格袋布局的容器中时，需要指定该组件的位置、大小以及缩放等一系列约束条件。可以使用一个 GridBagConstraints 类型的对象来存储这些约束条件。这样，向使用网格袋布局的容器中添加组件的代码框架如下：

```
JPanel p=new JPanel();
JTextField txtField=new JTextField();
p.setLayout(new GridBagLayout());//容器 p 设置为网格袋布局
//创建约束条件对象
GridBagConstraints constraints=new GridBagConstraints();
//设置具体的约束条件
...
//按照约束条件 constraints 将 txtField 添加到 p 中
p.add(txtField, constraints);
```

如何设置约束条件是使用网格袋布局中最重要也是最困难的步骤。下面，我们通过一个实例来仔细说明约束条件中有哪些参数需要设置以及如何设置。

例如，我们想在一个面板上按照图 7.13 所示排列组件；此外，我们还希望面板上的标签在面板缩放时，大小不改变；文本框在面板缩放时，在水平方向上能够相应地缩放，而在垂直方向上大小不改变。

注意： 为了便于演示网格袋的性质，这里用到了标签和文本框组件。相关知识读者可以参考 7.4 节。

首先，在面板上按照组件排列的需要划分网格，以图 7.13 所示为例。然后对行和列从 0 开始编号。

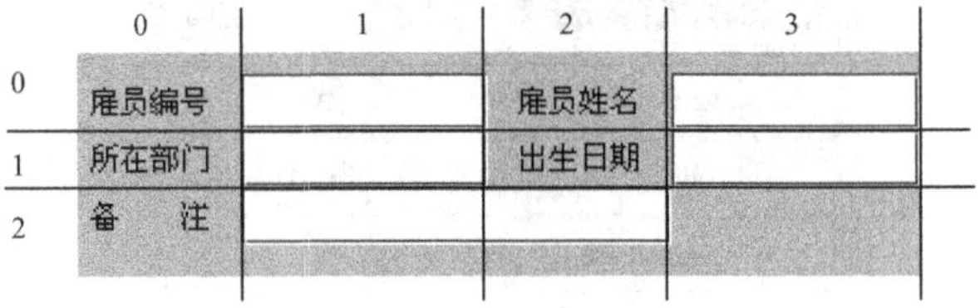

	0	1	2	3
0	雇员编号		雇员姓名	
1	所在部门		出生日期	
2	备　注			

图 7.13　网格划分

对于要添加到该面板中的组件，需要有一个 GridBagConstraints 类型的约束条件对象 constraints。那么，constraints 中有如下字段需要设置。

1. constraints.gridx 和 constraints.gridy

这两个字段用于指定组件的起始网格坐标。例如，对于出生日期标签：

```
constraints.gridx=2;
constraints.gridy=1;
```

对于备注文本框：

```
constraints.gridx=1;
constraints.gridy=2;
```

2. constraints.gridwidth 和 constraints.gridheight

这两个字段用于指定组件所占网格的列数和行数。对于备注文本框：

```
constraints.gridwidth=2;
constraints.gridheight=1;
```

对于出生日期标签：

```
constraints.gridwidth=1;
constraints.gridheight=1;
```

3. constraints.fill

即组件在网格中的填充方式。GridBagConstraints 中定义了一些常量，用于确定组件在网格中的填充方式：

```
GridBagConstraints.HORIZONTAL        //水平方向尽量扩张
GridBagConstraints.VERTICAL          //垂直方向尽量扩张
GridBagConstraints.BOTH              //水平、垂直方向均扩张
GridBagConstraints.NONE              //水平、垂直方向均不扩张
```

4. constraints.insets

该字段是一个 insets 类型的对象。该对象用作所添加组件的外部填塞，其大小由该对象中的 left、top、right 及 buttom 字段决定。例如：

```
constraints.insets=new Insets(2,2,2,2);
```

5. constraints.ipadx 和 constraints.ipady

与 constraints.insets 字段相对应，这两个字段称为组件的内部填塞。这两个值被加到组件的最小宽度和最小高度上，从而保证组件不会收缩到它的最小尺寸之下。

6. constraints.anchor

当组件比所在网格小的时候，可以使用该字段来确定组件在网格中的停靠位置。GridBagConstraints 中定义了如下的常量来表示组件的停靠位置：

```
GridBagConstraints.CENTER
GridBagConstraints.NORTH
GridBagConstraints.NORTHEAST
GridBagConstraints.EAST
GridBagConstraints.SOUTHEAST
GridBagConstraints.SOUTH
GridBagConstraints.SOUTHWEST
GridBagConstraints.WEST
GridBagConstraints.NORTHWEST
```

7. constraints.weightx 和 constraints.weighty

这两个字段是组件在水平方向和垂直方向的扩张权重。如果在某个方向上不希望组件

扩张，则将该方向上的权重置为 0。例如对于出生日期标签，水平方向和垂直方向均不希望扩张：

```
constraints.weightx=0;
constraints.weighty=0;
```

对于备注文本框，水平方向扩张，而垂直方向不扩张：

```
constraints.weightx=1;
constraints.weighty=0;
```

理论上权重可以取任意非负值，用以表示扩张的程度。但是实践中我们发现，通过调整权重值来设定各个组件扩张意义并不大。一个简单、适用的规律就是：将需要扩张方向上的权重设定为 1；不需要扩张方向上的权重设定为 0。

需要注意的是，权重字段的取值需要和 fill 字段相适应。例如，如果已经将一个 constraints 对象的 fill 字段设置为：

```
constraints.fill=GridBagConstraints.HORIZONTAL;
```

也就是希望组件只在水平方向上扩张，那么对应的权重设置为：

```
constraints.weightx=1;
constraints.weighty=0;
```

如果不小心设置为：

```
constraints.weightx=1;
constraints.weighty=1;
```

虽然 fill 字段指定组件只在水平方向扩张，最后的结果却是水平、垂直方向上均扩张。

有了上面的知识，构建如图 7.14 所示的面板时，可以使用如下代码：

```
//面板 p 中显示雇员信息
JPanel p=new JPanel();
p.setLayout(new GridBagLayout());
JLabel labGYID=new JLabel(" 雇员编号 ");
GridBagConstraints constraints=new GridBagConstraints();
constraints.fill=GridBagConstraints.NONE;
constraints.anchor=GridBagConstraints.CENTER;
constraints.weightx=0;
constraints.weighty=0;
constraints.gridx=0;
constraints.gridy=0;
constraints.gridwidth=1;
constraints.gridheight=1;
constraints.insets=new Insets(2,2,2,2);
panel.add(labGYID,constraints); //添加雇员编号标签
...    //类似地，添加其他 GUI 组件
```

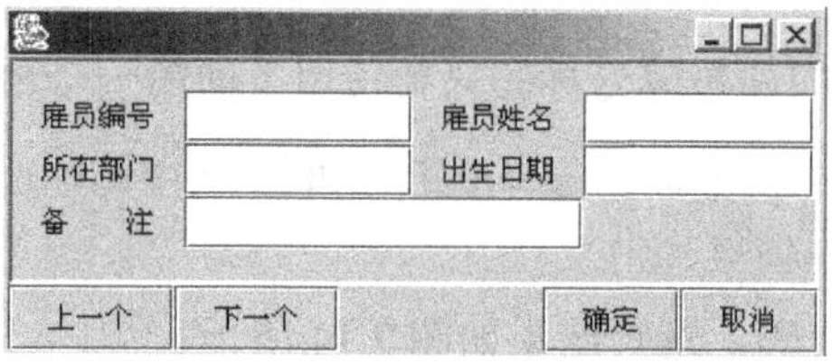

图 7.14 网格袋布局的面板

可以发现，如果像上面的代码一样，先构建 GridBagConstraints 对象，然后逐一指定各个字段的值，程序就会写得很长。为此，可以自定义一个类 LayoutUtil，该类中包含两个静态方法 add，如例 7.10 所示。

例 7.10 LayoutUtil.java

```
package edu.njust.cs;
import javax.swing.*;
import java.awt.*;
public class LayoutUtil{
    public static void add(Container container,int fill,
    int anchor,int weightx,int weighty,
    int x,int y,int width,int height,Component comp){
        GridBagConstraints constraints=new GridBagConstraints();
        constraints.fill=fill;
        constraints.anchor=anchor;
        constraints.weightx=weightx;
        constraints.weighty=weighty;
        constraints.gridx=x;
        constraints.gridy=y;
        constraints.gridwidth=width;
        constraints.gridheight=height;
        container.add(comp,constraints);
    }
    public static void add(Container container,int fill,
    int anchor,int weightx,int weighty,int x,
    int y,int width,int height,Component comp,Insets insets){
        GridBagConstraints constraints=new GridBagConstraints();
        constraints.insets=insets;
        constraints.fill=fill;
        constraints.anchor=anchor;
        constraints.weightx=weightx;
        constraints.weighty=weighty;
        constraints.gridx=x;
        constraints.gridy=y;
        constraints.gridwidth=width;
        constraints.gridheight=height;
        container.add(comp,constraints);
    }
}
```

使用类 LayoutUtil，添加雇员编号标签只要使用下面的一个语句即可完成：

```
LayoutUtil.add(p,GridBagConstraints.NONE,GridBagConstraints.CENTER,
    0,0,0,0,1,1,labGYID);
```

例 7.11 给出了完整的代码，运行结果如图 7.14 所示。

例 7.11　GridBagLayoutExample.java

```
import javax.swing.*;
import java.awt.*;
import java.awt.event.*;
import edu.njust.cs.*;
public class GridBagLayoutExample extends JFrame{
     private JLabel labGYID=new JLabel("  雇员编号  ");
     private JTextField txtGYID=new JTextField();
     private JLabel labGYName=new JLabel("  雇员姓名  ");
     private JTextField txtGYName=new JTextField();
     private JLabel labDept=new JLabel("  所在部门  ");
     private JTextField txtDept=new JTextField();
     private JLabel labBirth=new JLabel("    出生日期    ");
     private JTextField txtBirth=new JTextField();
     private JLabel labMemo=new JLabel("    备    注    ");
     private JTextField txtMemo=new JTextField();
     JButton btnPre=new JButton("上一个");
     JButton btnNext=new JButton("下一个");
     JButton btnOk=new JButton("确定");
     JButton btnCancel=new JButton("取消");
     public GridBagLayoutExample(){
        //面板 p 中显示雇员信息
        JPanel p=new JPanel();
        p.setBorder(BorderFactory.createLoweredBevelBorder());
        p.setLayout(new GridBagLayout());
        LayoutUtil.add(p,GridBagConstraints.NONE,
            GridBagConstraints.CENTER,0,0,0,0,1,1,labGYID);
        LayoutUtil.add(p,GridBagConstraints.HORIZONTAL,
            GridBagConstraints.CENTER,1,0,1,0,1,1,txtGYID);
        LayoutUtil.add(p,GridBagConstraints.NONE,
            GridBagConstraints.CENTER,0,0,2,0,1,1,labGYName);
        LayoutUtil.add(p,GridBagConstraints.HORIZONTAL,
            GridBagConstraints.CENTER,1,0,3,0,1,1,txtGYName);
        LayoutUtil.add(p,GridBagConstraints.NONE,
            GridBagConstraints.CENTER,0,0,0,1,1,1,labDept);
        LayoutUtil.add(p,GridBagConstraints.HORIZONTAL,
            GridBagConstraints.CENTER,1,0,1,1,1,1,txtDept);
        LayoutUtil.add(p,GridBagConstraints.NONE,
            GridBagConstraints.CENTER,0,0,2,1,1,1,labBirth);
        LayoutUtil.add(p,GridBagConstraints.HORIZONTAL,
```

```
        GridBagConstraints.CENTER,1,0,3,1,1,1,txtBirth);
    LayoutUtil.add(p,GridBagConstraints.NONE,
        GridBagConstraints.CENTER,0,0,0,2,1,1,labMemo);
    LayoutUtil.add(p,GridBagConstraints.HORIZONTAL,
        GridBagConstraints.CENTER,1,0,1,2,2,1,txtMemo);
    getContentPane().add(p,BorderLayout.CENTER);
    //面板 ap 中显示 4 个按钮
    JPanel ap=new JPanel();
    ap.setLayout(new GridBagLayout());
    LayoutUtil.add(ap,GridBagConstraints.NONE,
        GridBagConstraints.CENTER,0,0,0,0,1,1,btnPre);
    LayoutUtil.add(ap,GridBagConstraints.NONE,
        GridBagConstraints.CENTER,0,0,1,0,1,1,btnNext);
    LayoutUtil.add(ap,GridBagConstraints.HORIZONTAL,
        GridBagConstraints.CENTER,1,0,2,0,1,1,new JLabel());
    LayoutUtil.add(ap,GridBagConstraints.NONE,
        GridBagConstraints.CENTER,0,0,3,0,1,1,btnOk);
    LayoutUtil.add(ap,GridBagConstraints.NONE,
        GridBagConstraints.CENTER,0,0,4,0,1,1,btnCancel);
        getContentPane().add(ap,BorderLayout.SOUTH);
  }
  public static void main(String args[]) {
  GridBagLayoutExample window = new GridBagLayoutExample();
    window.setSize(350,150);
    window.show();
  }
}
```

7.4　常用 GUI 组件

7.4.1　标签

标签(JLabel)通常是用来标识另外一个组件的含义。如图 7.15 所示的一个登录对话框中，标签用来标识对应的文本输入窗口的含义。

可以在标签上显示文字、图像或是文字图像的组合。

创建一个只显示文字的标签对象，可以使用：

```
JLabel labText=new JLabel("文本标签");
```

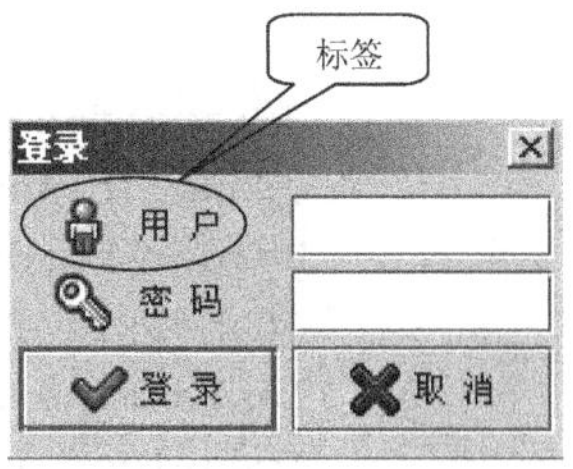

图 7.15　一个登录对话框

参数中的文本将在标签上显示。也可以在标签对象生成后，调用标签对象中的 setText()方法来设置标签上显示的内容：

```
labText.setText("文本标签");
```

如果希望在标签上显示图像，可以先创建一个图像对象，然后将该对象作为标签的构建器参数：

```
ImageIcon icon = new ImageIcon("image/greenflag20.gif");
JLabel labImage=new JLabel(icon);
```

也可以在标签对象生成后，调用其中的 setIcon 方法来设置标签上显示的图像：

```
labImage.setIcon(aIcon);  //aIcon 是一个 ImageIcon 类型的对象
```

如果要在标签上同时显示文本和图像，可以使用 JLabel 提供的一个构建器 Jlabel (String text, Icon icon, int horizontalAlignment)。该构建器中，第一个参数是欲显示的文本，第二个参数是欲显示的图像，第三个参数为水平方向上的对齐方式，取值为 SwingConstants.LEFT、SwingConstants.RIGHT 或 SwingConstants. CENTER。例如：

```
JLabel labTextImage=new JLabel("文本图像标签",icon,SwingConstants.LEFT);
```

标签上同时显示文本和图像时，在默认情况下，文字将显示在图像的右侧。如果希望文字显示在图像的左侧，可以使用如下方法：

```
labTextImage.setHorizontalTextPosition(SwingConstants.LEFT);
```

类似地，可以设置文本与图像在垂直方向上的相对位置。

标签还支持使用 HTML 类型的文本参数，使用 HTML 可以方便地在标签上显示丰富多彩的文本，例如：

```
String htmlText="<html> a <font color=red> Red</font> Label</html>";
JLabel labHTML=new JLabel(htmlText);
```

例 7.12 演示了几种标签的使用方法，图 7.16 是该程序的运行结果。

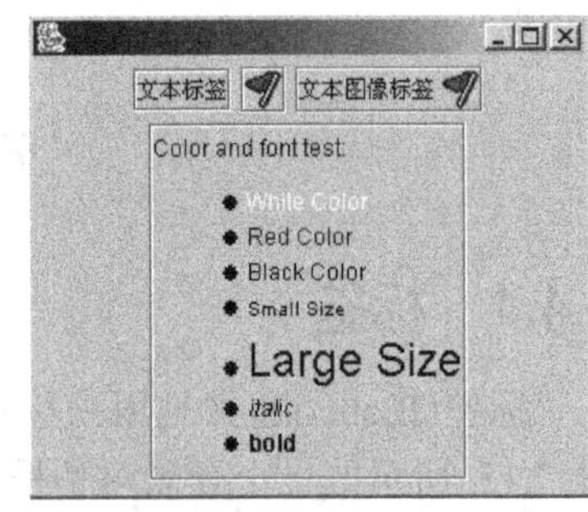

图 7.16　使用标签

例 7.12　LabelExample.java

```
import javax.swing.*;
import javax.swing.border.*;
public class LabelExample{
    public static void main(String []args)
    {
        JFrame f=new JFrame();
        JPanel p=new JPanel();
        Border border=BorderFactory.createEtchedBorder();
        JLabel labText=new JLabel("文本标签");
        labText.setBorder(border);
        ImageIcon icon = new ImageIcon("image/greenflag20.gif");
        JLabel labImage=new JLabel(icon);
        labImage.setBorder(border);
        JLabel labTextImage=new JLabel("文本图像标签",
            icon,SwingConstants.LEFT);
        labTextImage.setHorizontalTextPosition(SwingConstants.LEFT);
        labTextImage.setBorder(border);
```

```
        String htmlText="<html>\n" +
              "Color and font test:\n" +
              "<ul>\n" +
              "<li><font color=white>White Color</font>\n" +
              "<li><font color=red>Red Color</font>\n" +
              "<li><font color=black>Black Color</font>\n" +
              "<li><font size=-2>Small Size</font>\n" +
              "<li><font size=+2>Large Size</font>\n" +
              "<li><i>italic</i>\n" +
              "<li><b>bold</b>\n" +
              "</ul>\n";
        JLabel labHTML=new JLabel(htmlText);
        labHTML.setBorder(border);
        p.add(labText);
        p.add(labImage);
        p.add(labTextImage);
        p.add(labHTML);
        f.getContentPane().add(p);
        f.setSize(300,250);
        f.show();
    }
}
```

注意： 不同版本的虚拟机对 HTML 支持的程度是不一样的。请确保在特定版本上使用的 HTML 是合法的；如果使用了不合法的 HTML，将抛出异常。

7.4.2　文本输入类组件

一个实用的应用程序必须通过适当的方式与用户进行交互，包括接收用户的输入以及向用户展示程序输出。Java 提供了一系列的组件用于接收用户的文本输入，并且用户可以对输入的文本进行编辑，例如：文本框(JTextField)、密码框(JPasswordField)、文本域(JTextArea)以及可编辑的组合框(JComboBox)等。

用户只能在文本框中输入单行的文本，而在文本域中可以输入多行的文本。因此，当输入的文本量比较少时，可以使用文本框；而需要输入大量的文本时，使用文本域比较方便。当向密码框中输入文本时，实际的输入文本并不在密码框中显示，而是使用特殊的回显字符(通常是*)加以显示。组合框中通常预先设置了一些候选的文本串，用户可以方便地选择合适的文本。当候选的文本串均不合适时，在可编辑状态下，用户可以向组合框中输入文本，这也是把可编辑的组合框分类到文本输入类组件的原因。对于不可编辑的组合框，可以归类为选择类组件。

1. 文本框

用户可以在文本框中输入单行文本并进行编辑。下面的代码生成了一个文本框对象：

```
JTextField txtA=new JTextField();
```

在生成一个文本框对象时初始化文本框中的文本内容：

```
JTextField txtA=new JTextField("abc");
```

指定文本框的列宽度：

```
JTextField txtA=new JTextField(20);
```

同时指定初始文本内容与列宽度：

```
JTextField txtA=new JTextField("abc",20);
```

注意： 不要依赖列宽度参数来设定文本框的宽度大小。列宽度参数只是影响到文本框初始大小的设定，最终还是由文本框所在容器的布局管理器来决定的。

使用文本框对象的 getText()方法，可以取得文本框中的文本内容。有的时候，我们希望在文本框中输入的是一个数值(例如，商品的单价)，假如为 11.85，使用 getText()方法取得的实际上是该数值的字符串类型"11.85"。这时候就需要使用合适的方法将该字符串转化为对应的数值：

```
String priceStr=txtPrice.getText();
double price=Double.parseDouble(priceStr);
```

注意： 对于 int、float 以及 double，在其封装类中都有对应的 parseInt()、parseFloat()以及 parseDouble()方法用于将参数字符串转化为相应的数值类型。当字符串不能被转化为数值类型时，则抛出异常。

下面通过一个例子来进一步说明文本框的使用。例 7.13 中使用了 3 个文本框，如图 7.17 所示：第一个文本框给用户输入商品单价，第二个则是给用户输入商品数量，第三个用于显示商品总额。

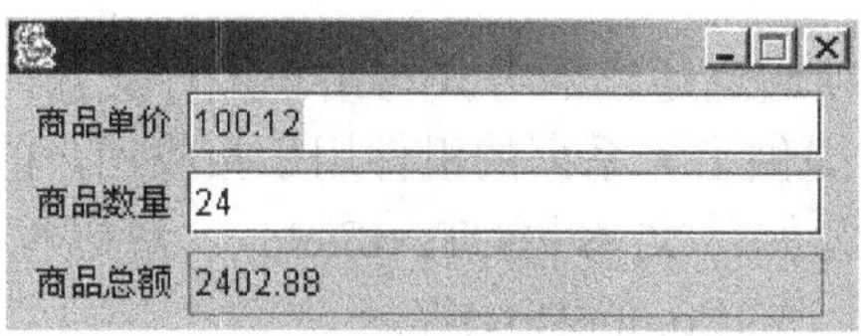

图 7.17　文本框的使用

例 7.13　TextFieldExample.java

```
import javax.swing.*;
import java.awt.event.*;
public class TextFieldExample{
    public static void main(String []args) {
        JFrame f=new JFrame();
        f.setResizable(false);
        JPanel p=new JPanel();
        JLabel labPrice=new JLabel("商品单价");
        p.add(labPrice);
        final JTextField txtPrice=new JTextField(20);
        p.add(txtPrice);
```

```
        JLabel labAmount=new JLabel("商品数量");
        p.add(labAmount);
        final JTextField txtAmount=new JTextField(20);
        p.add(txtAmount);
        JLabel labTotal=new JLabel("商品总额");
        p.add(labTotal);
        final JTextField txtTotal=new JTextField(20);
        txtTotal.setEditable(false);
        p.add(txtTotal);
        txtPrice.addActionListener(new ActionListener(){
                public void actionPerformed(ActionEvent e){
                    txtAmount.requestFocus(); //获取焦点
                    txtAmount.selectAll();    //选中全部内容
                }
            });
        txtAmount.addActionListener(new ActionListener(){
                public void actionPerformed(ActionEvent e){
                    try{
                    double price=Double.parseDouble(txtPrice.getText());
                    int amount=Integer.parseInt(txtAmount.getText());
                    txtTotal.setText(""+price*amount);
                    txtPrice.requestFocus();
                    txtPrice.selectAll();
                    }catch(Exception ex){
                        ex.printStackTrace();
                        txtTotal.setText("不能计算");
                        txtPrice.requestFocus();
                        txtPrice.selectAll();
                    }
                }
            });
        f.getContentPane().add(p);
        f.setSize(300,110);
        f.show();
    }
}
```

我们希望该程序具有以下功能。

- 显示“商品总额”文本框不能编辑，只用于显示结果。可以使用 setEditable(boolean aValue)方法来设置文本框是否可编辑。要使得文本框不可编辑，使用方法 setEditable(false)。
- 当在“商品单价”文本框中按下 Enter 键后，输入焦点自动切换到“商品数量”文本框。
- 当在“商品数量”文本框中按下 Enter 键后，将商品数量×商品单价，并将结果显示在“商品总额”文本框中。

默认情况下，在文本框中按下 Enter 键，程序没有任何响应。实际上，当用户在文本框中按下 Enter 键后，该文本框会产生一个动作事件(ActionEvent)，可以给文本框注册事件侦听器来响应该事件。例如，可以给“商品单价”文本框注册一个动作事件侦听器，当动作事件发生时，就将输入焦点转移到“商品数量”文本框；给“商品数量”文本框注册一个事件侦听器，当动作事件发生时，就进行计算并将结果放到“商品总额”文本框中。

例 7.13 中还存在着一个缺陷，例如：当在“商品单价”文本框中输入 100.10，在“商品数量”文本框中输入 23 时，可以发现在“商品总额”文本框中显示的是 2302.2999999999997，如图 7.18 所示。这种现象是由于浮点数在系统中存储时的舍入误差引起的。

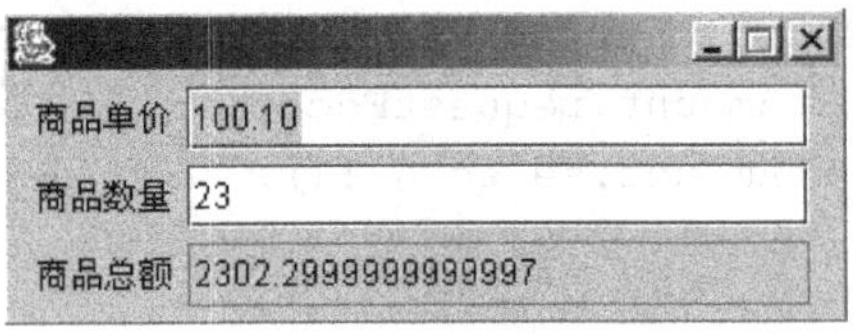

图 7.18　文本框的使用

为了避免上述现象的出现，并且希望商品总额总是保留小数点后面两位，可以使用 NumberFormat 的对象来对计算结果的小数部分进行格式化，例如可以使用下面的语句设定计算结果的小数部分总是显示两位：

```
NumberFormat nf = NumberFormat.getNumberInstance();
nf.setMaximumFractionDigits(2); //设定小数部分最多显示两位
nf.setMinimumFractionDigits(2);//设定小数部分至少显示两位
txtTotal.setText(nf.format(price*amount));
```

这样，当在“商品单价”文本框中输入 100.10，在“商品数量”文本框中输入 23 时，可以发现在“商品总额”文本框中显示的是 2302.30。

注意： 类 NumberFormat 位于 java.text 包中。类 NumberFormat 中提供了一系列的方法用于对数值、货币以及百分数进行格式化。java.text 包中还有另一个类 DecimalFormat，可以对数值进行自定义格式化。更多内容参见 API 文档。

2. 密码框

密码框实际上是一种特殊类型的文本框，用户可以向其中输入文本并加以编辑。与文本框不同的是，向密码框中输入文本时，显示的不是实际输入的文本，而是特殊的回显字符(通常是*)。可以使用 setEchoChar(char c)方法来改变默认的回显字符。

需要注意的是，取得文本框中的文本时，使用方法 getText()，该方法返回的是一个 String 类型的对象；而要取得密码框中的文本，使用方法 getPassword()，该方法返回的是一个 char 数组。

例如，创建一个密码框：

```
JPasswordField txtPwd=new JPasswrodField(20);
```

设定该密码框的回显字符为#：

```
txtPwd.setEchoChar('#');
```

取得密码框中的内容：

```
char []pwd=txtPwd.getPassword();
```

也可以方便地将 char 数组转化为 String 类型的对象：

```
String pwdStr=new String(txtP.getPassword());
```

3. 文本域

文本域允许用户在其中输入多行文本并进行编辑。创建一个文本域对象：

```
JTextArea txtArea=new JTextArea();
```

还可以在创建时指定文本域的行数和列数：

```
JTextArea txtArea=new JTextArea(10,30);
```

需要注意的是，与文本框一样，不要依赖行、列这两个参数来设定文本域的大小。

下面的一段代码创建了一个文本域，并将其添加到框架的内容窗格中：

```
JFrame f=new JFrame();
f.getContentPane().add(new JTextArea());
f.setSize(300,110);
f.show();
```

程序运行后，尝试在文本域中连续输入 This is JTextArea example，如图 7.19 所示。可以发现：当输入的文本到达列边界后，不会自动换行；虽然可以继续输入文本，但是超出显示范围的部分将变得不可见。可以有两种方法解决换行问题：一种是可以使用文本域对象的 setLineWrap(true)方法来将文本域设置为自动换行；另一种是在快要到达显示边界时，按下 Enter 键进行硬换行。但需要注意的是，使用这种方法，每行的末尾都会以一个换行字符\n 结尾。

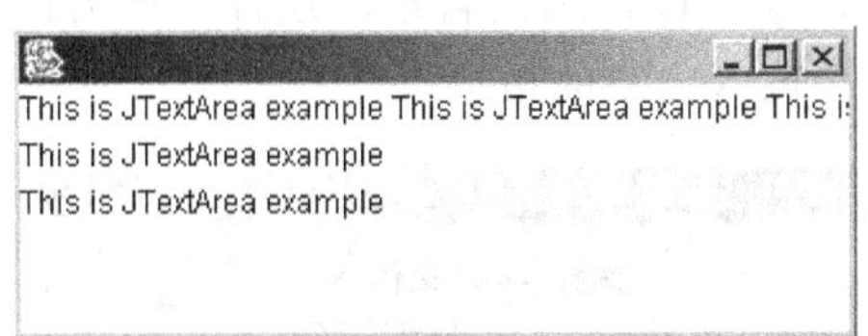

图 7.19 文本域

到了这里，问题仍旧存在：当行数超过显示范围后，超出的文本部分仍旧不可见。实际上，最好的办法是给文本域加上滚动条：当文本超出文本域的显示范围后，可以滚动显示原来不可见的部分。

给文本域加上滚动条非常简单，只需要将文本域作为参数创建一个滚动窗格(JScrollPane)即可：

```
JFrame f=new JFrame();
JTextArea t=new JTextArea();
JScrollPane scroll=new JScrollPane(t);
f.getContentPane().add(scroll);
```

注意： 不仅仅是文本域，很多其他组件需要增加滚动条时，也是将组件添加到滚动窗格中。

使用上述方式为文本域增加滚动条，滚动条会根据需要出现或是消失，如图 7.20 所示。例如行超出显示范围，水平滚动条出现；列超出范围，则垂直滚动条出现。滚动窗格提供了方法，用来设定水平或是垂直滚动条的显示策略：

```
setHorizontalScrollBarPolicy(int policy)
setVerticalScrollBarPolicy(int policy)
```

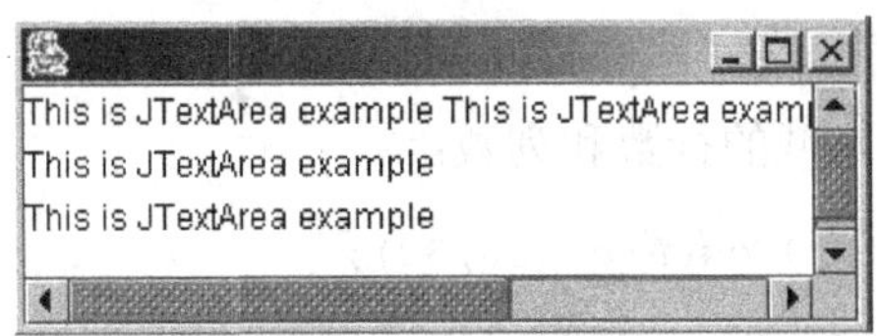

图 7.20　带滚动条的文本域

参数 policy 可以取值为(3 种策略)：

```
JScrollPane.VERTICAL_SCROLLBAR_AS_NEEDED      //根据需要显示
JScrollPane.VERTICAL_SCROLLBAR_NEVER          //从不显示
JScrollPane.VERTICAL_SCROLLBAR_ALWAYS         //一直显示
```

例如，如果希望垂直滚动条始终显示，则可以使用语句：

```
scroll.setVerticalScrollBarPolicy(JScrollPane.VERTICAL_SCROLLBAR_ALWAYS);
```

4. 组合框

很多时候，应用程序会为某个输入(例如字体)提供备选选项(见图 7.21)，用户可以从中选择一项作为输入，这时候，就可以使用组合框。这样，一方面可以减少用户的输入工作量；另一方面还可以减少用户输入出错的机会。

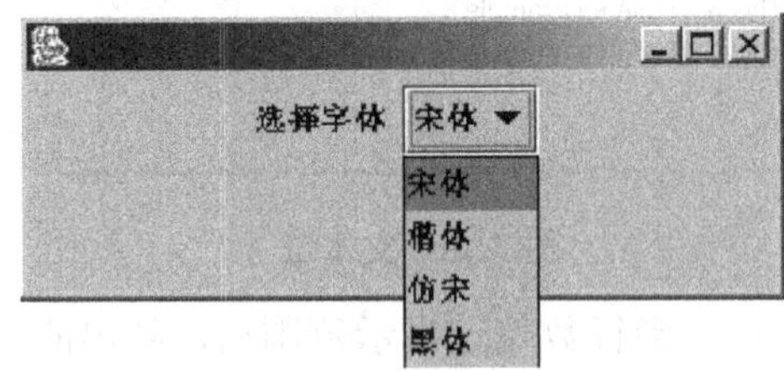

图 7.21　组合框

组合框可以以两种模式工作：可编辑模式与不可编辑模式。在默认情形下，组合框处于不可编辑的模式。

在不可编辑模式下，用户单击组合框后，组合框会提供一个选项列表供用户选择(见图 7.21)，并且用户只能从该选项列表中选择一项作为组合框的输入。

在可编辑模式下，一方面用户可以从选项列表中选择，另一方面还可以直接在组合框中输入并进行编辑。

注意： 在可编辑模式下，用户在组合框中的输入不会影响选项列表中的内容。如果备选选项是确定的，那么可以使用不可编辑的组合框；如果备选选项是部分确定的，可以使用可编辑的组合框。

使用 addItem(Object anObject)方法向组合框中添加选项，例如：

```
JComboBox comFont=new JComboBox();
comFont.addItem("宋体");
comFont.addItem("楷体");
comFont.addItem("仿宋");
comFont.addItem("黑体");
```

addItem(Object anObject)方法以追加方式向组合框中添加选项，最后添加的选项出现在选项列表的末尾。如果想在选项列表中插入选项，使用 insertItemAt(Object anObject, int index)方法，第一个参数是待插入的选项，第二个参数是插入的位置索引，例如：

```
comFont.insertItemAt("隶书",2);
```

组合框还提供了两种方法用以删除选项列表中的选项：removeItem(Object anObject)和 removeItemAt(int anIndex)。例如：

```
comFont.removeItem("宋体");
comFont.removeItemAt(0);
```

当用户选中了组合框选项列表中的一项，组合框会生成一个动作事件(ActionEvent)。监听该事件，就可以取得当前被选中的选项。在事件侦听器中使用 getSelectedItem()方法：

```
Object selectedItem=comFont.getSelectedItem();
```

也可以先使用 getSelectedIndex()得到所选中选项的位置索引，然后使用 getItemAt(int index)方法来取得选项值：

```
int index=comFont.getSelectedIndex();
Object selectedItem=comFont.getItemAt(index);
```

在可编辑的组合框中，按 Enter 键后，组合框同样发生动作事件。这里需要注意的是：如果用户在组合框中输入的值不是选项列表中的任何一项(以图 7.22 为例)，在侦听器中使用 getSelectedItem()方法，得到的结果是“方正姚体”：

```
Object selectedItem=comFont.getSelectedItem();
//selectedItem 为 "方正姚体"
```

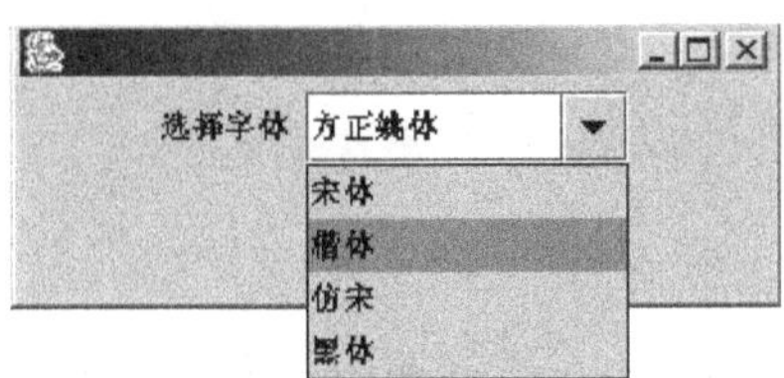

图 7.22　可编辑的组合框

而如果使用如下方式，则不能正确得到用户的实际输入：

```
int index=comFont.getSelectedIndex();  //index 的值为-1
Object selectedItem=comFont.getItemAt(index);
//selectedItem 为 null
```

例 7.14 演示了组合框的使用。运行该程序，用户选择一种字体后，将在一个标签上显示该种字体的演示文本。

例 7.14　ComboBoxExample.java

```
import javax.swing.*;
import java.awt.event.*;
import java.awt.*;
public class ComboBoxExample{
public static void main(String []args){
        JFrame f=new JFrame();
        JPanel p=new JPanel();
        p.add(new JLabel("选择字体"));
        final JComboBox comFont=new JComboBox();
        final JLabel labDescript=new JLabel();
        comFont.setEditable(true);
        comFont.addItem("宋体");
        comFont.addItem("楷体");
        comFont.addItem("仿宋");
        comFont.addItem("黑体");
        comFont.setSelectedIndex(-1);  //不选中任何选项
        comFont.addActionListener(new ActionListener(){
                public void actionPerformed(ActionEvent e){
                String font=(String)comFont.getSelectedItem();
                labDescript.setText("这是"+font+"字体");
                labDescript.setFont(new Font(font,Font.BOLD,14));
                }
            });
        p.add(comFont);
        f.getContentPane().add(p,BorderLayout.NORTH);
        f.getContentPane().add(labDescript,BorderLayout.SOUTH);
        f.setSize(300,110);
        f.show();
    }
}
```

7.4.3　选择类组件

1. 单选按钮

单选按钮(JRadioButton)通常成组(Group)使用，即若干个单选按钮构成一组，并且每次只能有一个按钮被选中，适用于从多个备选选项中选择一项的场合(见图 7.23)。从完成的功能来看，类似于不可编辑的组合框。

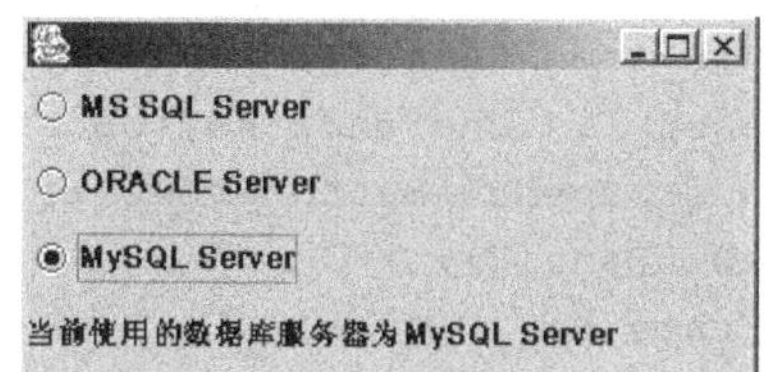

图 7.23　单选按钮

注意：当备选选项内容较少时，既可以使用单选按钮，也可以使用组合框。但是当备选选项内容较多时，使用单选按钮就不合适了，因为要占据太多的画面显示空间。

在实际使用时，先要生成一组单选按钮，例如：

```
JRadioButton radMSSQL=new JRadioButton("MS SQL Server");
JRadioButton radOracle=new JRadioButton("ORACLE Server");
JRadioButton radMysql=new JRadioButton("MySQL Server");
```

然后生成一个按钮组(ButtonGroup)对象，并将这些单选按钮添加到其中：

```
ButtonGroup group=new ButtonGroup();
group.add(radMSSQL);
group.add(radOracle);
group.add(radMysql);
```

添加到同一个按钮组中的单选按钮每次只能有一个被选中，并且当一个新按钮被选中时，原来被选中的按钮将被置为未选中状态。

注意：当对一组单选按钮进行布局时，是对该组中的每个按钮进行布局，而不是对按钮组对象布局。按钮组对象只是用来控制这一组按钮的行为的，即每次仅有一个按钮能够被选中。

与其他类型的按钮一样，单击一个单选按钮时，同样生成动作事件(ActionEvent)。在例 7.15 中，使用了由 3 个单选按钮构成的一个按钮组。这 3 个单选按钮分别指示不同的数据库服务器类型。当用户单击单选按钮时，会在一个标签上显示出当前所选定的数据库服务器类型。

例 7.15　RadioButtonExample.java

```
import javax.swing.*;
import java.awt.event.*;
import java.awt.*;
public class RadioButtonExample{
    public static void main(String []args){
        RadioButtonFrame f=new RadioButtonFrame();
        f.setSize(300,200);
        f.show();
    }
}
class RadioButtonFrame extends JFrame{
```

```
    private JLabel labPic=new JLabel();
    private ActionListener listener=new RadioButtonListener();
    private ButtonGroup group=new ButtonGroup();
    private JPanel p=new JPanel();
    public RadioButtonFrame(){
        p.setLayout(new GridLayout(4,0));
        JRadioButton radMSSQL=createRadioButton("MS SQL Server");
        JRadioButton radOracle=createRadioButton("ORACLE Server");
        JRadioButton radMysql=createRadioButton("MySQL Server");
        radMSSQL.setSelected(true); //选中 radMSSQL 单选按钮
        labPic.setText("当前使用的数据库服务器为"+radMSSQL.getText());
        p.add(labPic);
        this.getContentPane().add(p,BorderLayout.WEST);
        this.setDefaultCloseOperation(JFrame.EXIT_ON_CLOSE);
    }
    public JRadioButton createRadioButton(String text){
        JRadioButton rb=new JRadioButton(text);
        rb.addActionListener(listener);
        group.add(rb);
        p.add(rb);
        return rb;
    }
    class RadioButtonListener implements ActionListener{
        public void actionPerformed(ActionEvent e){
            labPic.setText("当前使用的数据库服务器为"
                          +((JRadioButton)e.getSource()).getText());
        }
    }
}
```

2. 复选框

前面所讲的组合框和单选按钮均只能从备选选项中选择一项，即各个选项之间是互斥的。当需要从备选选项中选择不止一项时，可以使用复选框(JCheckBox)。复选框是一种二状态的 GUI 组件：重复单击同一个复选框，会在选中和未选中这两种状态之间进行切换。一组复选框中可以同时有多个复选框被选中，如图 7.24 所示。

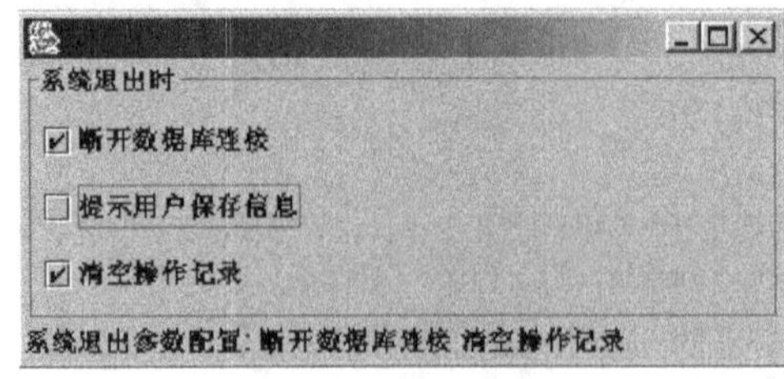

图 7.24 复选框

下面的这条语句生成一个复选框对象，其中的字符串参数用以表示该复选框的含义：

```
JCheckBox chkOperation=new JCheckBox("清空操作记录");
```

要判断一个复选框是否被选中，可使用方法 isSelected()。如果返回值是 true，表示选中；若返回值为 false，表示未选中。还可以使用 setSelected(boolean aValue)方法设定复选框是否被选中，参数 aValue 为 true(false)时设定为选中(未选中)。

同样，单击一个复选框，会生成一个动作事件。在例 7.16 中，演示了使用复选框进行系统参数配置的例子，运行结果见图 7.24。当然，在实际的应用程序中，还需要将选中的配置信息保存到文件中以记录配置信息。

例 7.16　CheckBoxExample.java

```
import javax.swing.*;
import java.awt.event.*;
import java.awt.*;
public class CheckBoxExample{
    public static void main(String []args){
        CheckBoxFrame f=new CheckBoxFrame();
        f.setSize(300,200);
        f.show();
    }
}

class CheckBoxFrame extends JFrame{
    private JLabel labText=new JLabel(" ");
    private ActionListener listener=new CheckBoxListener();
    private JPanel p=new JPanel();
    private JCheckBox chkDB;
    private JCheckBox chkSave;
    private JCheckBox chkOperation;
    public CheckBoxFrame(){
        p.setLayout(new GridLayout(3,0));
        p.setBorder(BorderFactory.createTitledBorder("系统退出时"));
        chkDB=createCheckBox("断开数据库连接");
        chkSave=createCheckBox("提示用户保存信息");
        chkOperation=createCheckBox("清空操作记录");
        this.getContentPane().add(p,BorderLayout.CENTER);
        this.getContentPane().add(labText,BorderLayout.SOUTH);
        this.setDefaultCloseOperation(JFrame.EXIT_ON_CLOSE);
    }
    public JCheckBox createCheckBox(String text){
        JCheckBox  cb=new JCheckBox(text);
        cb.addActionListener(listener);
        p.add(cb);
        return cb;
    }
    class CheckBoxListener implements ActionListener{
        public void actionPerformed(ActionEvent e){
            StringBuffer configStr=new StringBuffer("系统退出参数配置:");
            if(chkDB.isSelected())
```

```
                configStr.append(" "+chkDB.getText());
            if(chkSave.isSelected())
                configStr.append(" "+chkSave.getText());
            if(chkOperation.isSelected())
                configStr.append(" "+chkOperation.getText());
            labText.setText(configStr.toString());
        }
    }
}
```

单击复选框也会生成一个 ItemEvent 事件，任何实现了 ItemListener 接口的类所生成的对象均可以作为 ItemEvent 事件的侦听器，ItemListener 接口中唯一的方法是 public void itemStateChanged(ItemEvent e)。例 7.17 完成与例 7.16 相同的功能，不同之处在于侦听了复选框的不同事件。

例 7.17　CheckBoxExample2.java

```
import javax.swing.*;
import java.awt.event.*;
import java.awt.*;
public class CheckBoxExample2{
    public static void main(String []args){
        CheckBoxFrame2 f=new CheckBoxFrame2();
        f.setSize(300,200);
        f.show();
    }
}
class CheckBoxFrame2 extends JFrame{
    private JLabel labText=new JLabel(" ");
    private ItemListener listener=new CheckBoxListener();
    private JPanel p=new JPanel();
    private JCheckBox chkDB;
    private JCheckBox chkSave;
    private JCheckBox chkOperation;
    public CheckBoxFrame2(){
        p.setLayout(new GridLayout(3,0));
        p.setBorder(BorderFactory.createTitledBorder("系统退出时"));
        chkDB=createCheckBox("断开数据库连接");
        chkSave=createCheckBox("提示用户保存信息");
        chkOperation=createCheckBox("清空操作记录");
        this.getContentPane().add(p,BorderLayout.CENTER);
        this.getContentPane().add(labText,BorderLayout.SOUTH);
        this.setDefaultCloseOperation(JFrame.EXIT_ON_CLOSE);
    }
    public JCheckBox createCheckBox(String text){
        JCheckBox  cb=new JCheckBox(text);
        cb.addItemListener(listener);
        p.add(cb);
```

```
            return cb;
        }
        class CheckBoxListener implements ItemListener {
            public void itemStateChanged(ItemEvent e)
            {
                StringBuffer configStr=new StringBuffer("系统退出参数配置:");
                if(chkDB.isSelected())
                    configStr.append(" "+chkDB.getText());
                if(chkSave.isSelected())
                    configStr.append(" "+chkSave.getText());
                if(chkOperation.isSelected())
                    configStr.append(" "+chkOperation.getText());
                labText.setText(configStr.toString());
                System.out.println("d");
            }
        }
    }
```

3. 列表框

列表框(JList)将一组选项以列表的方式提供给用户选择。根据列表框所设定的性质不同，用户可以同时选择一个或是多个选项。下面的两行代码生成了一个列表框对象：

```
Object []employee= {"Tom Hanks","Bob","Jack London","Sindy",
    "Mike","Lizz","Jerrey"};
JList lstEmployee=new JList(employee);
```

数组 employee 中的元素将作为列表框 lstEmployee 的选项供用户选择。需要注意的是，使用这种方法创建的列表框，不能再向其中添加、插入或是删除选项。例如，要向其中添加一个名叫 Jerry 的雇员是不行的，即这种列表框中的选项不可改变(immutable)。

注意： Swing 中的 GUI 组件使用了模型－视图－控制器的设计模式。模型用来存储数据，视图用来显示模型中存储的数据，而控制器用来处理用户的输入。当向一个 GUI 组件中添加数据时，实际上是向该组件的模型中添加数据。有的 GUI 组件的默认模型是可改变的(mutable)，例如组合框，所以可以直接使用 addItem()方法向其中添加数据；而有的 GUI 组件的默认模型是不可改变的(immutable)，例如列表框，所以不能修改其中已有的数据。更多关于设计模式的知识，可参考由机械工业出版社出版的《设计模式——可复用面向对象软件基础》。

如果希望创建一个可改变选项的列表框，则需要使用一个可改变的数据模型，例如使用一个 DefaultListModel 类型的模型：

```
DefaultListModel lstModel=new DefaultListModel();
JList lstEmployee=new JList(lstModel);
```

DefaultListModel 类型的模型中存储的数据是可变的。使用 addElement(Object anObject)向模型中添加数据：

```
lstModel.addElement("Tom Hanks");
```

使用 addElement(Object anObject)方法是以追加的方式向列表框中添加选项。如果需要在指定位置插入一个选项，可使用 insertElementAt(Object anObject, int index)，第一个参数为欲插入的数据，第二个参数为指定的插入位置索引：

```
lstModel.insertElementAt("Bob",0);//将 Bob 置为列表框的第一个选项值
```

有 3 种方法可以删除模型中的数据：

```
void removeAllElements();                    //删除模型中所有数据
boolean removeElement(Object anObject);      //删除模型中指定的数据
void removeElementAt(int index);             //删除模型中指定位置索引的数据
```

当列表框中的选项较多时，就需要给列表框添加滚动条。与给文本域添加滚动条类似，也是将列表框作为参数创建一个滚动窗格(JScrollPane)对象：

```
JScrollPane scroll=new JScrollPane(lstEmployee);
```

使用 setSelectionMode(int mode)方法可设置列表框的选中模式，列表框共有 3 种选中模式，如表 7.2 所示。

表 7.2　列表框的 3 种选中模式

示　例	模　式	描　述
Tom Hank Bob Jack Lond Sindy Mike	ListSelectionModel.SINGLE_SELECTION	每次只能有一个选项被选中
Tom Hank Bob Jack Lond Sindy Mike	ListSelectionModel.SINGLE_INTERVAL_SELECTION	可以有多个选项被选中，但是这些选项必须是相邻的
Tom Hank Bob Jack Lond Sindy Mike	ListSelectionModel.MULTIPLE_INTERVAL_SELECTION	任意选项的组合都可以被选中

例如，将列表框设置为单选模式：

```
lstEmployee.setSelectionMode(ListSelectionModel.SINGLE_SELECTION);
```

不管列表框使用了何种选中模式，只要改变了选中的内容，列表框就会生成一个列表选择事件(ListSelectionEvent)。实现了 ListSelectionListener 接口的类所生成的对象可以作为列表选择事件的侦听器。

ListSelectionListener 接口中唯一的方法是 public void valueChanged(ListSelectionEvent e)。在例 7.18 中，使用了匿名内部类的方式为列表框注册了一个事件侦听器，每当选中内容改变时，侦听器中的 valueChanged 方法就会被调用：取得当前所选中的内容并显示在标签上。

例 7.18 ListExample.java

```
import javax.swing.*;
import java.awt.*;
import javax.swing.event.*;
public class ListExample{
    public static void main(String []args){
        ListFrame f=new ListFrame();
        f.setSize(300,200);
        f.show();
    }
}
class ListFrame extends JFrame{
    DefaultListModel lstModel=new DefaultListModel();
    JList lstEmployee=new JList(lstModel);
    JLabel labDescript=new JLabel(" ");
    public ListFrame(){
        lstModel.addElement("Tom Hanks");
        lstModel.addElement("Bob");
        lstModel.addElement("Jack London");
        lstModel.addElement("Sindy");
        lstModel.addElement("Mike");
        lstModel.addElement("Lizz");
        lstModel.addElement("Jerrey");
lstEmployee.setSelectionMode(ListSelectionModel.SINGLE_SELECTION);
JScrollPane scroll=new JScrollPane(lstEmployee);
lstEmployee.addListSelectionListener(new ListSelectionListener(){
                public void valueChanged(ListSelectionEvent e){
                    labDescript.setText("You selected "
                        +lstEmployee.getSelectedValue().toString());
                }
            });
        this.getContentPane().add(scroll,BorderLayout.WEST);
        this.getContentPane().add(labDescript,BorderLayout.SOUTH);
        this.setDefaultCloseOperation(JFrame.EXIT_ON_CLOSE);
    }
}
```

7.4.4 菜单类组件

1. 菜单

菜单也是一种常用的 GUI 组件。图 7.25 演示了一个实际应用程序中的菜单结构，可以发现：菜单是一种层次结构，最顶层是菜单栏(JMenuBar)，在菜单栏中可以添加若干个菜单(JMenu)，每个菜单中又可以添加若干个菜单选项(JMenuItem)、分隔线(Separator)或是菜单(称为子菜单)。

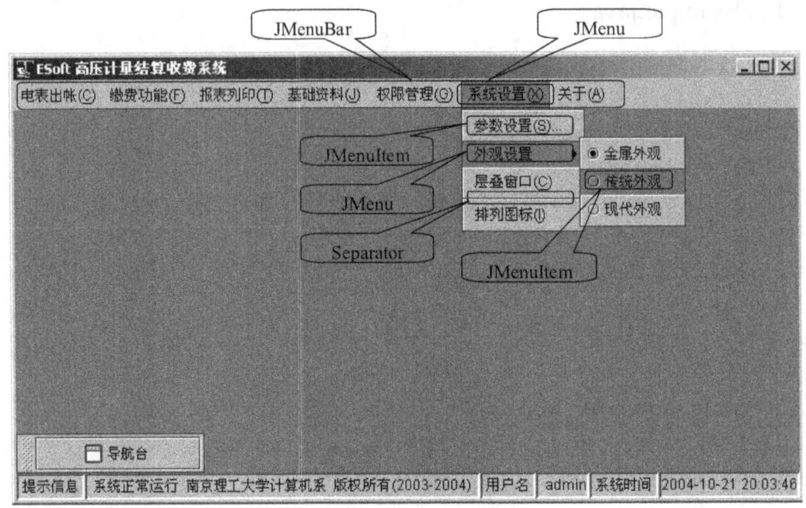

图 7.25　菜单

构建应用程序的菜单时，先创建一个菜单栏：

```
JMenuBar menuBar=new JMenuBar();
```

通常使用框架的 setJMenuBar(JMenuBar aMenuBar)方法将菜单栏置于框架中：

```
frame.setJMenuBar(menuBar);
```

随后，创建所需要的各菜单并逐个添加到菜单栏中，例如：

```
JMenu menuDBAccount=new JMenu("电表出账(C)");
...
JMenu menuSysConfig=new JMenu("系统设置(X)");
menuBar.add(menuDBAccount);
...
menuBar.add(menuSysConfig);
```

最后，向各个菜单中添加菜单选项、分隔线或是子菜单，这里以图 7.25 中所示的系统设置菜单为例：

```
//创建菜单选项或是子菜单
JMenuItem sysConfigItem=new JMenuItem("参数设置(S)...");
JMenu viewMenu=new JMenu("外观设置");
JRadioButtonMenuItem metalItem=new JRadioButtonMenuItem("金属外观");
JRadioButtonMenuItem classicItem=new JRadioButtonMenuItem("传统外观");
JRadioButtonMenuItem modernItem=new JRadioButtonMenuItem("现代外观");
JMenuItem cascadeItem=new JMenuItem("层叠窗口(C)");
JMenuItem iconifyItem=new JMenuItem("排列图标(I)");
//将 3 个单选按钮添加到一个按钮组
```

```
ButtonGroup group=new ButtonGroup();
group.add(metalItem);
group.add(classicItem);
group.add(modernItem);
//构建子菜单
viewMenu.add(metalItem);
viewMenu.add(classicItem);
viewMenu.add(modernItem);
//添加到系统设置菜单
menuSysConfig.add(sysConfigItem);   //添加菜单选项
menuSysConfig.add(viewMenu);        //添加子菜单
menuSysConfig.add(cascadeItem);     //添加菜单选项
menuSysConfig.addSeaparator();      //添加分隔线
menuSysConfig.add(iconifyItem);     //添加菜单选项
```

注意： 通常的菜单选项是 JMenuItem，也可以使用复选框或是单选按钮类型的菜单选项，分别是 JCheckBoxMenuItem 和 JRadioButtonMenuItem。与 JRadioButton 一样，使用 JRadioButtonMenuItem 时，需要将它们添加到同一个按钮组中。

当单击一个菜单选项时，会生成一个动作事件(ActionEvent)。其实，在使用菜单时，我们最关注的是菜单中各个菜单选项的动作事件(菜单、子菜单以及分隔线都是合理组织菜单选项所需要的，方便用户快速定位各菜单选项)。为菜单选项添加事件侦听器就可以侦听其动作事件，例如：

```
sysConfigItem.addActionListener(aListener);
```

观察图 7.25，可以发现，有些菜单或是菜单选项的标签字符串中包含有带下画线的字符，例如“系统设置(X)”，表示 X 是其快捷键，可以使用 Alt+X 组合键打开该菜单。可以使用如下方法为一个菜单或是菜单选项设置快捷键：

```
menuSysConfig.setMnemonic('X');
sysConfigItem.setMnemonic('S');
```

需要注意的是，使用快捷键只能从当前已经打开的菜单中选择菜单选项或是子菜单。此外，如果设置的快捷键字符未出现在菜单或是菜单选项的标签字符串中，那么该快捷键同样也可以工作，只是该快捷键不能在标签字符串中显示。

如果需要快速选择未打开的菜单中的菜单选项或是子菜单，可以使用加速键。例如，若希望按 Ctrl+L 组合键时就立刻选中 lockItem 菜单选项，而不管 lockItem 所在的菜单是否已经打开，就可以使用下面的方法为 lockItem 设置加速键：

```
KeyStroke ks= KeyStroke.getKeyStroke(
    KeyEvent.VK_L,InputEvent.CTRL_MASK);
lockItem.setAccelerator(ks);
```

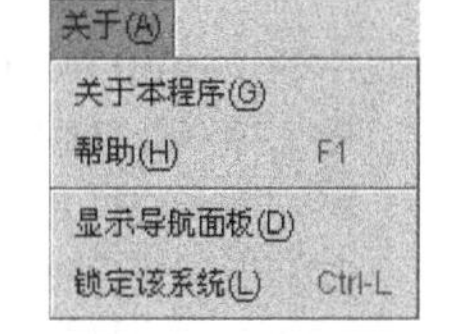

图 7.26　加速键

加速键会在标签字符串的末尾显示，如图 7.26 所示。在本书的项目实践中有菜单的完整应用。

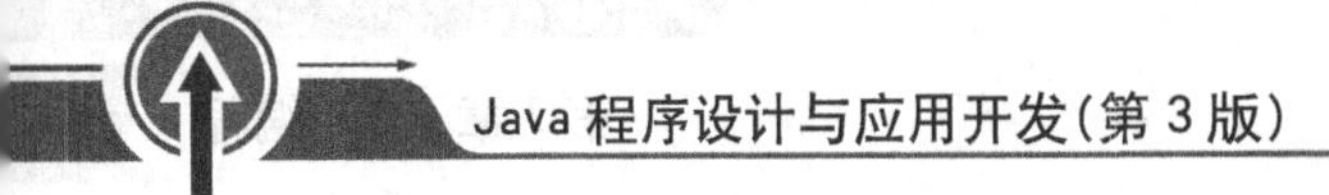

注意： 按下快捷键或是加速键同样会生成动作事件。

2. 弹出式菜单

弹出式菜单(JPopupMenu)是一种特殊的菜单，与普通菜单的区别在于，它不固定在菜单栏中，而是可以四处浮动的，如图 7.27 所示。

图 7.27 弹出式菜单

下面的语句创建了一个弹出式菜单：

```
JPopupMenu popup=new JPopupMenu();
```

与向菜单中添加菜单选项、分隔线或是子菜单一样，使用同样的方法向弹出式菜单中添加内容，以图 7.27 所示为例：

```
//创建弹出式菜单内容
JMenuItem newItem=new JMenuItem("显示选定图片(N)");
JMenuItem defaultItem=new JMenuItem("显示缺省图片(D)");
JMenuItem noItem=new  JMenuItem("不显示图片(O)");
JCheckBoxMenuItem pingpuItem=new JCheckBoxMenuItem("图片平铺(P)");
JCheckBoxMenuItem juzhongItem=new JCheckBoxMenuItem("图片居中(Z)");
JMenuItem lockItem=new  JMenuItem("锁定该系统(L)");
//添加到弹出式菜单中
popup.add(newItem);
popup.add(defaultItem);
popup.add(noItem);
popup.addSeparator();
popup.add(pingpuItem);
popup.add(juzhongItem);
popup.addSeparator();
popup.add(lockItem);
```

弹出式菜单通常是在用户希望它出现的时候才在某个 GUI 组件(称为弹出式菜单的父

组件)上出现，用户可以通过单击某个特殊的鼠标键(称为触发器)来触发弹出式菜单。例如，在 Windows 操作系统中，一般是鼠标右键。为此，应用程序中应该监听弹出式菜单的父组件的鼠标事件：当有鼠标事件发生时，使用 isPopupTrigger()方法来判断是否为弹出式菜单的触发器。如果是，则在该父组件上显示出弹出式菜单。同样以图 7.27 所示的弹出式菜单为例，该菜单的父组件是一个显示公司徽标的标签 labLogo，当用户在该标签上右击时，弹出式菜单出现。下面的代码实现了上述功能：

```
labLogo.addMouseListener(new MouseAdapter(){
    public void mouseReleased(MouseEvent e){
        if (e.isPopupTrigger()){
        popup.show(labLogo,e.getX(), e.getY());
            }
          }
        });
```

方法 show(Component c,int x,int y)中的第一个参数为弹出式菜单的父组件，其他两个参数是弹出式菜单左上角的坐标。

3. 工具条

有些菜单选项的使用频率较高，每次使用都要打开菜单，效率较低。为此，可以在工具条(JToolBar)中提供与这些菜单选项相对应的快捷按钮，以提高用户的使用效率。工具条中通常是一些带有图标的按钮(见图 7.28)，当然也可以是其他类型的 GUI 组件，例如组合框等。

注意： 通常，工具条所提供的操作是菜单所能提供操作的一个子集，目的是能够快速访问那些使用频率高的操作。

工具条通常被置于布局为 BorderLayout 的容器中。在例 7.19 中，工具条被置于布局为 BorderLayout 的一个面板中。工具条还有一个特点：它可以被拖动到所在容器的其他边界(见图 7.29)，甚至脱离它所在的容器(见图 7.30)。

图 7.28　工具条

图 7.29　移动工具条

例 7.19 给出了一个工具条的实现代码。

例 7.19　ToolBarExample.java

```
import javax.swing.*;
import java.awt.*;
import java.awt.event.*;
```

```
public class ToolBarExample extends JFrame{
    Color color=Color.BLUE;
    ColorPanel cp=new ColorPanel();
    public ToolBarExample(){
        JButton btnBlue=new JButton(new ImageIcon("image/blue.gif"));
        btnBlue.setToolTipText("面板置为蓝色");
        btnBlue.addActionListener(new ActionListener(){
                public void actionPerformed(ActionEvent e){
                    color=Color.BLUE;
                    cp.repaint();
                }
            });
        JButton btnYellow=new JButton(new ImageIcon("image/yellow.gif"));
        btnYellow.setToolTipText("面板置为黄色");
        btnYellow.addActionListener(new ActionListener(){
                public void actionPerformed(ActionEvent e){
                    color=Color.YELLOW;
                    cp.repaint();
                }
            });
        JToolBar toolbar=new JToolBar("颜色工具条");
        //toolbar.setFloatable(false);
        toolbar.add(btnBlue);
        toolbar.add(btnYellow);
        Container container=this.getContentPane();
        container.add(toolbar,BorderLayout.NORTH);
        container.add(cp);
        this.setDefaultCloseOperation(JFrame.EXIT_ON_CLOSE);
    }
    class ColorPanel extends JPanel{
        public void paintComponent(Graphics g){
            super.paintComponent(g);
            this.setBackground(color);
        }
    }
    public static void main(String[] args) {
        ToolBarExample f=new ToolBarExample();
        f.setSize(300,200);
        f.setVisible(true);
    }
}
```

生成一个工具条对象，可以使用语句：

```
JToolBar toolbar=new JToolBar();
```

还可以在生成工具条时，指明工具条的标题。这样，当工具条脱离所在容器时，可以在自己的标题栏显示标题(见图 7.30)：

```
JToolBar toolbar=new JToolBar("颜色工具条");
```

向工具条中添加组件，使用 add 方法：

```
toolbar.add(btnBlue);
toolbar.add(btnYellow);
```

默认情况下，组件是按照水平方式逐个添加到工具条的，也可以在生成工具条时指明以垂直方式来添加组件：

```
JToolBar toolbar=new JToolBar(SwingConstants.VERTICAL);
```

如果希望工具条不能移动，可以使用 setFloatable 方法来设置：

```
toolbar.setFloatable(false);
```

当工具条中的按钮上只显示图标时，用户可能不能确切知道各个按钮的具体含义。可以使用工具提示解决这个问题：

```
btnYellow.setToolTipText("面板置为黄色");
```

这样，当将鼠标指针移动至 btnYellow 按钮时，将出现如图 7.31 所示的工具条提示，使得用户清楚地知道该按钮的含义。

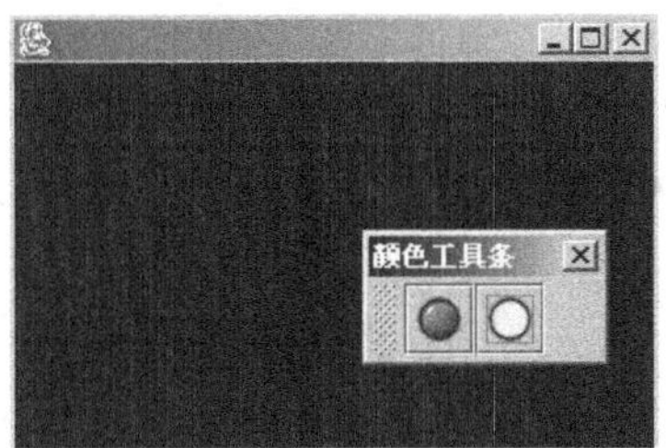

图 7.30　脱离容器的工具条

图 7.31　工具条提示

注意： 实际上，工具条提示可以用在任何继承了 JComponent 的 GUI 组件上。

7.4.5　对话框

对话框是用户与应用程序进行交互(对话)的一个桥梁：对话框可以用于收集用户的输入数据，传递给应用程序，或是显示应用程序的运行信息给用户。

对话框分为模式(modal)和非模式两种。模式对话框处于可见状态时，用户将不能与应用程序的其他窗口进行交互，而非模式对话框则没有此限制。

Java 中提供了一个类 JOptionPane，用于创建简单的模式对话框，如果希望创建非模式对话框或是自定义对话框，可以使用 JDialog。

下面先来学习如何使用 JOptionPane 创建简单的选项对话框。

1. 选项对话框

JOptionPane 类中提供了 4 种静态方法，用以显示 4 种常用的对话框。

- showMessageDialog：消息对话框。
- showInputDialog：输入对话框。

- showConfirmDialog：确认对话框。
- showOptionDialog：选项对话框。

先来看一个简单的 Confirm(确认)对话框，如图 7.32 所示。

通过观察可以发现，该对话框主要由如下几个部分构成：图标、消息以及按钮。

先来看一下图标，系统本身提供了 4 个图标，如图 7.33 所示。

图 7.32　Confirm 对话框

图 7.33　系统提供的对话框图标

JOptionPane 类中定义了如下 5 个常量：

```
JOptionPane.QUESTION_MESSAGE
JOptionPane.INFORMATION_MESSAGE
JOptionPane.WARNING_MESSAGE
JOptionPane.ERROR_MESSAGE
JOptionPane.PLAIN_MESSAGE   //不使用图标
```

前 4 个常量对应着图 7.33 中的 4 个图标，第 5 个常量表示不使用图标。开发人员可以使用这些常量来指定对话框中显示的图标。当然，对话框也提供了方法，使得开发人员可以使用自己的图标。

注意： 系统提供的 4 个图标是与观感相关的。在不同的观感下，同一图标显示的内容是不相同的。

图 7.32 所示的确认对话框中只包含了一条字符串类型的消息(Really Quit?)。对话框不仅仅可以显示字符串类型的消息，还可以显示其他类型的消息。例如，可以是一幅图片，还可以是一个 GUI 组件。更广泛地说，这里的消息可以是任何类型的对象或是对象数组。在后面的例子中，读者可以看到不同类型消息的应用。

对话框底部的按钮取决于对话框类型和选项类型。例如，对于确认对话框，可以使用如下 4 种选项类型之一：

```
DEFAULT_ OPTION
YES_NO_OPTION
YES_NO_CANCEL_OPTION
OK_CANCEL_OPTION
```

选项对话框和确认对话框是最常用的对话框，下面通过构建这两种对话框的几个实例来体会如何综合应用上面所讲述的知识。

现在，我们希望创建一个如图 7.34 所示的选项对话框。在该对话框中，需要定制对话框标题、消息(两个标签和两个密码输入框)、图标以及默认按钮。

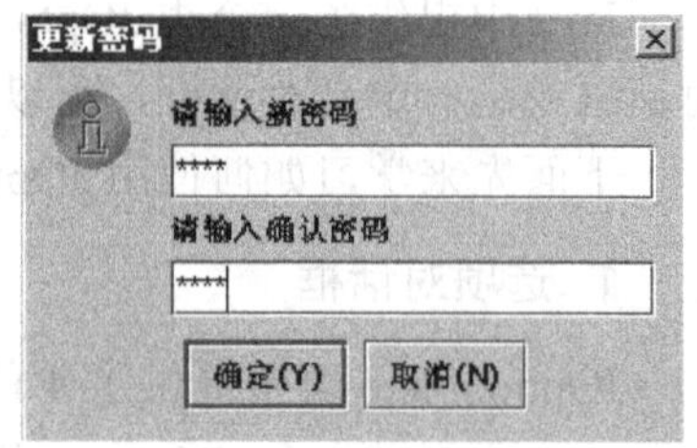

图 7.34　一个定制的选项对话框

代码如下：

```
Object[] message = new Object[4];
message[0] = "请输入新密码";
message[1] =new JPasswordField();
message[2] = "请输入确认密码";
message[3] =new JPasswordField();
String selection="N";
//选项
String[] options = { "确定(Y)", "取消(N)"};
int result = JOptionPane.showOptionDialog(
    null,           // 父窗口
    message,        // 消息数组
    "更新密码",      // 对话框标题
    JOptionPane.DEFAULT_OPTION,          // 选项类型
    JOptionPane.INFORMATION_MESSAGE,    // 图标
    null,           // 可选图标，null 则使用默认图标
    options,        // 选项
    options[0]      // 默认选项
);
if(result==JOptionPane.OK_OPTION){//单击“确定”按钮
    ...
}
```

调用 JOptionPane 类中不同的 showConfirmDialog 方法，可以方便地定制确认对话框的标题、图标以及消息。下面给出了 3 个例子。

(1) 定制标题、消息和图标：

```
JOptionPane.showMessageDialog(null,
                "计算出现异常",
                "警告",
                JOptionPane.WARNING_MESSAGE
                );
```

如图 7.35 所示。

(2) 定制标题、消息，不显示图标：

```
JOptionPane.showMessageDialog(null,
            "计算出现异常",
                "警告",
                JOptionPane.PLAIN_MESSAGE
                );
```

如图 7.36 所示。

(3) 定制标题、消息，显示自己的图标：

```
Icon icon=new ImageIcon("image/yellow.gif");
  JOptionPane.showMessageDialog(null,
            "计算出现异常",
```

```
            "警告",
            JOptionPane.INFORMATION_MESSAGE,
            icon
            );
```

如图 7.37 所示。

图 7.35　显示图标的确认对话框

图 7.36　不显示图标的确认对话框

图 7.37　显示自己图标的确认对话框

2. 自定义对话框

使用 JOptionPane 创建的对话框均为模式对话框，而且 JOptionPane 只适用于创建相对简单的对话框。当需要创建非模式对话框或是复杂对话框的时候，就需要使用 JDialog。

例如，现在要设计一个如图 7.38 所示的“登录”对话框。该对话框中包括两个标签、一个文本输入框、一个密码输入框和两个按钮，这些 GUI 组件被添加到一个使用了网格袋布局的面板 panel 中，面板 panel 又被添加到 LoginDialog 的内容窗格。类 LoginDialog 继承了 JDialog，先来看一下 LoginDialog 的构建器：

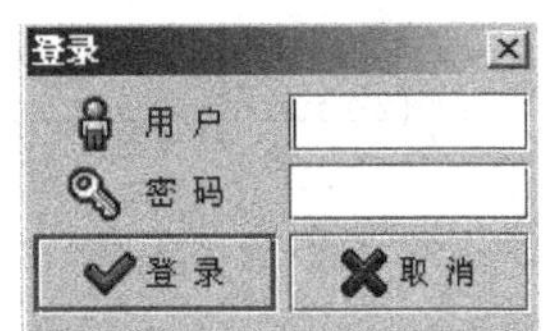

图 7.38　“登录”对话框

```
public LoginDialog(Frame f,String s,boolean b)
```

该构建器中包含了 3 个参数，f 和 s 分别是对话框的父窗口和标题，布尔类型的参数 b 用来确定对话框的类型，当取值为 true 时，表示是模式对话框；当取值为 false 时，表示是非模式对话框。

例 7.20 是该“登录”对话框的全部代码。可以发现，继承 JDialog 可以方便地构建出复杂的模式或是非模式对话框。

例 7.20　LoginDialog.java

```
import javax.swing.*;
import java.awt.*;
import java.awt.event.*;
import edu.njust.cs.*;
public class LoginDialog extends JDialog implements ActionListener{
    JLabel labUser=new JLabel("  用  户  ");
    JTextField  txtUser=new JTextField();
    JLabel labPwd=new JLabel("  密  码  ");
    JPasswordField  txtPwd=new JPasswordField();
    JButton btnLogin=new JButton("登  录");
    JButton btnCancel=new JButton("取  消");
    static int OK=1;
```

```
    static int CANCEL=0;
    int actionCode=0;
    public LoginDialog(Frame f,String s,boolean b){
        super(f,s,b);//调用 JDialog 中相应的构建器
        this.setDefaultCloseOperation(DO_NOTHING_ON_CLOSE);
        btnLogin.setIcon(new ImageIcon("image/ok20.gif"));
        btnCancel.setIcon(new ImageIcon("image/cancel20.gif"));
        btnLogin.addActionListener(this);
        btnCancel.addActionListener(this);
        txtUser.addActionListener(this);
        txtPwd.addActionListener(this);
        this.labUser.setIcon(new ImageIcon("image/user20.gif"));
        this.labPwd.setIcon(new ImageIcon("image/key20.gif"));
        JPanel panel=new JPanel();
        panel.setLayout(new GridBagLayout());
        Insets insets=new Insets(2,2,2,2);
        LayoutUtil.add(panel,GridBagConstraints.NONE,
           GridBagConstraints.CENTER,0,0,0,0,1,1,labUser,insets);
        LayoutUtil.add(panel,GridBagConstraints.HORIZONTAL,
            GridBagConstraints.CENTER,100,0,1,0,1,1,txtUser,insets);
        LayoutUtil.add(panel,GridBagConstraints.NONE,
            GridBagConstraints.CENTER,0,0,0,1,1,1,labPwd,insets);
        LayoutUtil.add(panel,GridBagConstraints.HORIZONTAL,
           GridBagConstraints.CENTER,100,0,1,1,1,1,txtPwd,insets);
        LayoutUtil.add(panel,GridBagConstraints.HORIZONTAL,
           GridBagConstraints.CENTER,100,0,0,2,1,1,btnLogin,insets);
        LayoutUtil.add(panel,GridBagConstraints.HORIZONTAL,
           GridBagConstraints.CENTER,100,0,1,2,1,1,btnCancel,insets);
        this.getContentPane().add(panel,"Center");
        this.setSize(200,120);
        Dimension d=Toolkit.getDefaultToolkit().getScreenSize();
        this.setLocation((d.width-200)/2,(d.height-120)/2);
        this.setResizable(false);
        this.getRootPane().setDefaultButton(this.btnLogin);
    }
    public void actionPerformed(ActionEvent e){
        Object source=e.getSource();
        if(source==btnLogin){
            actionCode=OK;
            this.setVisible(false);
        }
        else if(source==btnCancel){
            actionCode=CANCEL;
            this.setVisible(false);
        }
```

```
        else if(source==this.txtUser)   txtUser.transferFocus();
        else if(source==this.txtPwd)    txtPwd.transferFocus();
    }
    public int getActionCode(){
        return this.actionCode;
    }
    public String getUser(){
        return this.txtUser.getText().trim();
    }
    public String getPwd(){
        return new String(this.txtPwd.getPassword());
    }
    public static void main(String []args){
        LoginDialog ld=new LoginDialog(null,"登录",true);
        ld.show();
        if(ld.getActionCode()==LoginDialog.OK){
            System.out.println("Ok Clicked");
            System.out.println("User Name="+ld.getUser());
            System.out.println("User Password="+ld.getPwd());
        }
        else
            System.out.println("Cancelled");
    }
}
```

3. 文件对话框

很多时候，应用程序需要对文件进行操作。Java 中提供了文件对话框类 JFileChooser 用于定位文件。

创建一个文件对话框，可以使用语句：

```
JFileChooser chooser=new JFileChooser();
```

使用上述语句所创建的文件对话框的当前目录为用户 home 目录。还可以在创建时指定文件对话框的当前目录：

```
//用户当前目录作为对话框当前目录
JFileChooser chooser=new JFileChooser(".");
//c:根目录作为对话框当前目录
JFileChooser chooser=new JFileChooser("c:/");
```

或是使用 setCurrentDirectory 方法来设定对话框的当前目录：

```
chooser.setCurrentDirectory(new File("c:/"));
```

依据调用 chooser 中的不同方法，chooser 可以显示为“打开”或是“保存”对话框，如图 7.39 所示。

```
int showOpenDialog(Component parent)   //显示为“打开”对话框
int showSaveDialog(Component parent)   //显示为“保存”对话框
```

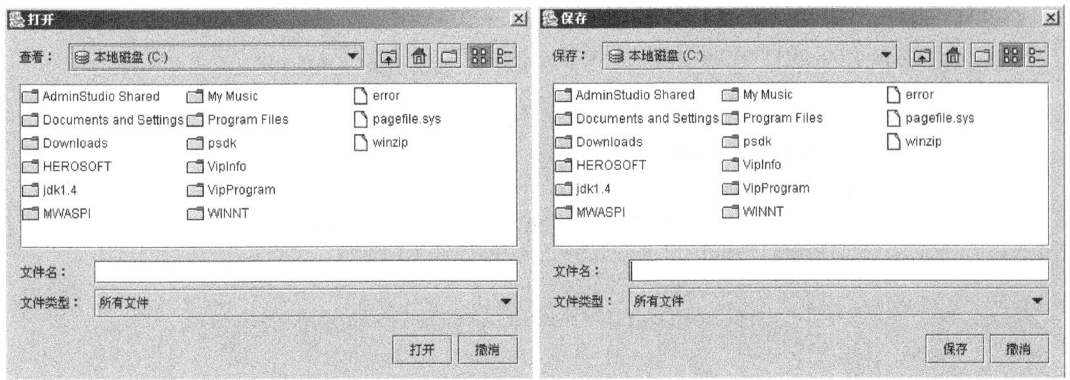

图 7.39　“打开”和“保存”对话框

注意： 对话框右下角两个按钮上显示的文字是与应用程序的观感相关的。

上面两个方法中，参数 parent 是对话框的父组件，可以为 null。两个方法返回一个整型值，用以确定用户是否通过对话框选定了文件，例如：

```
int result=chooser.showOpenDialog(this);//显示“打开”对话框
if(result==JFileChooser.APPROVE_OPTION){//用户选定
  ...
}else{ //用户取消
  ...
}
```

例 7.21 给出了使用对话框的一个例子，运行结果如图 7.40 所示。

例 7.21　JFileChooserExample.java

```
import javax.swing.*;
import java.awt.*;
import java.awt.event.*;
import java.io.File;
public class JFileChooserExample extends JFrame implements
ActionListener
{
    JButton btnOpen=new JButton(new ImageIcon("image/open.gif"));
    JButton btnSave=new JButton(new ImageIcon("image/save.gif"));
    JFileChooser chooser=new JFileChooser();
    JTextArea txtLog=new JTextArea();
    public JFileChooserExample(){
    JToolBar toolbar=new JToolBar();
        toolbar.add(btnOpen);
        toolbar.add(btnSave);
        btnOpen.addActionListener(this);
        btnSave.addActionListener(this);
        Container c=this.getContentPane();
        c.add(toolbar,BorderLayout.NORTH);
```

```
            c.add(new JScrollPane(txtLog),BorderLayout.CENTER);
            setSize(300,200);
            chooser.setCurrentDirectory(new File("c:/"));
        }
        public void actionPerformed(ActionEvent e){
            Object source=e.getSource();
            if(source==btnOpen){
                int result=chooser.showOpenDialog(this);
                if(result==JFileChooser.APPROVE_OPTION)
                    txtLog.append("File:"+
                        chooser.getSelectedFile()+" is opened!\n");
            }
            else if(source==btnSave){
                int result=chooser.showSaveDialog(this);
                if(result==JFileChooser.APPROVE_OPTION)
                    txtLog.append("File:
                        "+chooser.getSelectedFile()+" is saved!\n");
            }
        }
        public static void main(String []args) {
            new JFileChooserExample().show();
        }
    }
```

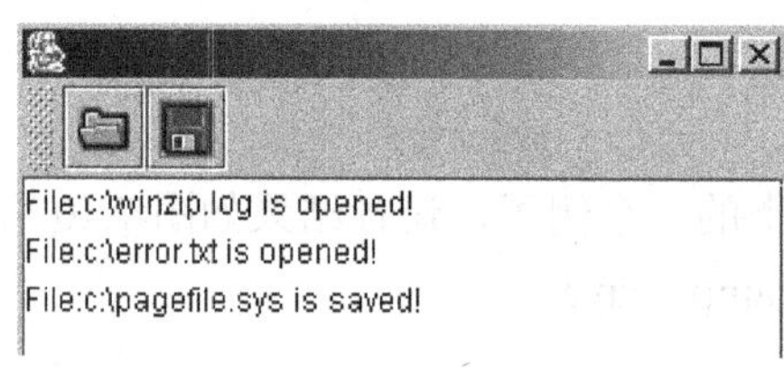

图 7.40　使用文件对话框

7.4.6　表格

表格(JTable)也是一种常用的 GUI 组件，常用来显示大量的数据，如图 7.41 所示。

雇员编号	雇员姓名	所在部门	出生日期	薪水
0001	张三	财务处	1965-10-10	1700.00
0002	李四	计算机中心	1987-9-9	1500.00
0003	王二	收费大队	1978-12-23	2000.00
0004	无一	维修部	1982-10-23	2900.78
0005	小小		1976-10-1	100.00

图 7.41　表格

表格是模型－视图－控制器设计模式的一个典型应用。表格本身并不存储所显示的数据，数据实际上是存储在表模型中的，表格只是表模型的一种视图，如图 7.42 所示。

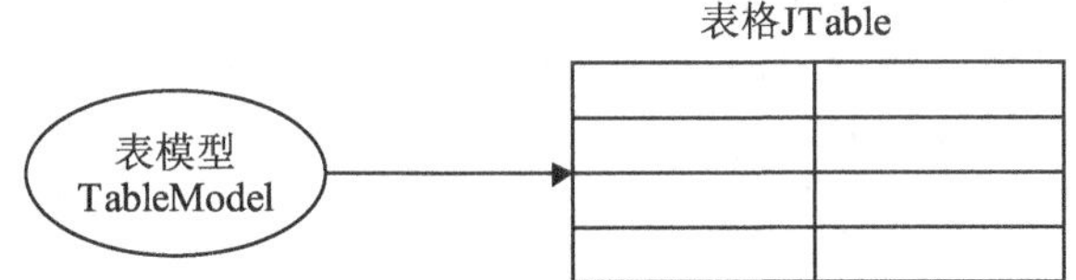

图 7.42　表格的模型、视图

1. 简单表格

JTable 提供了如下两种构建器，可以方便地创建简单表格：

```
JTable(Object[][] data, Object[] columnNames)
JTable(Vector data, Vector columnNames)
```

例 7.22 使用第一个构建器创建一个简单表格，运行结果如图 7.43 所示。

例 7.22　SimpleTableExample.java

```
import javax.swing.*;
import java.awt.*;
import java.awt.event.*;
import java.util.*;
public class SimpleTableExample extends JFrame {
    public SimpleTableExample(){
        Object[][] data = {
         {"0001", "张三", "财务处",new GregorianCalendar(1965,10,10),
              new Double(1700.00)},
            {"0002", "李四", "计算中心",new GregorianCalendar(1987,9,9),
              new Double(1500.00)},
            {"0003", "王二", "收费大队",new GregorianCalendar(1978,12,23),
              new Double(2000.00)},
            {"0004", "无一", "维修部",new GregorianCalendar(1982,10,23),
              new Double(2900.78)},
            {"0005", "小小", "",new GregorianCalendar(1976,10,1),
              new Double(100.00)},
       };
       String[] columnNames = {"雇员编号", "雇员姓名",
                         "所在部门","出生日期","薪水"};
       //创建表格
       JTable table = new JTable(data, columnNames);
       //给表格添加滚动条
       JScrollPane scrollPane = new JScrollPane(table);
       getContentPane().add(scrollPane, BorderLayout.CENTER);
       addWindowListener(new WindowAdapter() {
          public void windowClosing(WindowEvent e) {
             System.exit(0);
          }
       });
    }
```

```
    public static void main(String[] args) {
        SimpleTableExample f = new SimpleTableExample();
        f.setSize(300,200);
        f.setVisible(true);
    }
}
```

雇员编号	雇员姓名	所在部门	出生日期	薪水
0001	张三	财务处	java.util.Gr...	1700.0
0002	李四	计算中心	java.util.Gr...	1500.0
0003	王二	收费大队	java.util.Gr...	2000.0
0004	无一	维修部	java.util.Gr...	2900.78
0005	小小		java.util.Gr...	100.0

图 7.43　一个简单表格

比较图 7.43 和图 7.41 可以发现，直接使用这种方法创建的表格存在不少缺点：例如，每一列的宽度都是一样的；未能正确显示日期；数值未能按照我们的希望保留到小数点后面两位并靠右显示；表格中的数据必须预先存放在一个数组中或是向量(vector)中等。在一个真正的应用程序中，使用这样的表格是不能满足要求的。

首先来看一下如何根据需要设定表格中各列的宽度。

在默认情况下，表格中每列是等宽的，并且调整某列的宽度时，其他列的宽度也会相应自动调整。可以使用下面的语句关闭列宽自动调整特性：

```
table.setAutoResizeMode(JTable.AUTO_RESIZE_OFF);
```

之后，要设定某列的宽度，首先依据该列的列名取得列对象，以设定第一列宽度为例：

```
TableColumn col=table.getColumn(columnNames[0]);
```

然后调用 setPreferredWidth 方法设定该列宽度：

```
col.setPreferredWidth(200);
```

2. 定制表模型

前面已经提到，表格有一个对应的表模型，数据存储在表模型中，表格是表模型的视图。表格在建立视图时总需要自动调用表模型中的一些方法，这些方法的返回值决定了最终的视图。部分常需要用到的方法的名称和含义如下：

```
public int getRowCount();         //取得行数
public int getColumnCount();      //取得列数
public Object getValueAt(int row, int column); //取得指定单元格的数据
//指定单元格是否允许编辑
public boolean isCellEditable(int row, int column);
public String getColumnName(int column);          //取得指定列的列名
/*  取得指定列的数据类型
视图依据不同的数据类型选择不同的渲染方式(显示方式)
在默认情况下，视图将按照如下方式进行渲染：
如果 getColumnClass 方法返回
```

```
1) Boolean.class 类型，使用 JCheckBox 显示
2) Number.class，靠右显示该数值
3) ImageIcon.class，居中显示图像
4) 其他 Oject.class，转换为字符串，靠左显示
*/
public Class getColumnClass(int column);
```

默认表模型 DefaultTableModel 提供了上述方法的默认实现。例如，DefaultTableModel 中的 isCellEditable 方法总是返回 true，表示所有的单元格都允许编辑；getColumnClass 方法总是返回 Object.class，因此所有单元格的数据总是作为一个字符串来显示。

可以使用 DefaultTableModel 创建一个表模型对象，然后再使用表模型来创建表格，例如：

```
DefaultTableModel model=new DefaultTableModel(0,5);//0 行 5 列的表模型
JTable table=new JTable(model);
```

然后，可以使用 model 的 addRow、removeRow 方法向表模型中添加或是删除数据，对表模型增删数据的结果会自动反映到表格视图上来。

但是，通常情况下，我们并不直接使用 DefaultTableModel。更多的情形是继承 DefaultTableModel 类，并覆盖其中部分方法以达到特殊的要求，如例 7.23 所示。

例 7.23　CustomTableModel

```
package edu.njust.cs;
import javax.swing.table.*;
public class CustomTableModel extends DefaultTableModel{
    String [] columnNames;
    Class []dataType;
    public CustomTableModel(int r,int c,String []cn,Class []dataType){
        super(r,c);
        columnNames=cn;
        this.dataType=dataType;
    }
    public boolean isCellEditable(int row, int col){
        return false;
    }
    public String getColumnName(int c){
        return columnNames[c];
    }
    public Class getColumnClass(int c){
        return dataType[c];
    }
}
```

类 CustomTableModel 的构建器接收如下 4 个参数。

- int r：表模型的行数。
- int c：表模型。
- String []cn：列名数组。

- Class []dataType：每列的数据类型。

首先调用父类的构建器 super(r,c)设定表模型的行数和列数。

类 CustomTableModel 中覆盖了 isCellEditable 方法，该方法始终返回 false，使得所有的单元格不可编辑。读者还可以根据需要设定哪些单元格允许编辑，例如：

```
//偶数列的单元格允许编辑，奇数列的单元格不允许编辑
public boolean isCellEditable(int row, int col){
     if(col%2==0) return true;
     else return false;
}
```

类 CustomTableModel 中还覆盖了 getColumnClass 方法，这样，在使用 CustomTableModel 创建表模型时，可以方便地指定每列的数据类型，从而使得表格视图能够合理地渲染数据。

例 7.24 演示了如何使用 CustomTableModel，程序运行结果如图 7.44 所示。

例 7.24　CustomTableModelExample.java

```
import javax.swing.*;
import java.awt.*;
import java.awt.event.*;
import java.sql.*;
import javax.swing.table.*;
import edu.njust.cs.*;
import java.util.*;
public class CustomTableModelExample extends JFrame {
    Object[][] data = {
     {"0001", "张三", "财务处",
new Timestamp(new GregorianCalendar(1965,10,10).getTimeInMillis()),
new Double(1700.00)},
    {"0002", "李四", "计算中心",
new Timestamp(new GregorianCalendar(1987,9,9).getTimeInMillis()),
new Double(1500.00)},
    {"0003", "王二", "收费大队",
new Timestamp(new GregorianCalendar(1978,12,23).getTimeInMillis()),
new Double(2000.00)},
    {"0004", "无一", "维修部",
new Timestamp(new GregorianCalendar(1982,10,23).getTimeInMillis()),
new Double(2900.78)},
    {"0005", "小小", "",
new Timestamp(new GregorianCalendar(1976,10,1).getTimeInMillis()),
new Double(100.00)}
    };
    String[] columnNames = {"雇员编号", "雇员姓名",
                           "所在部门","出生日期","薪水"};
    Class[] dataType=new Class[] {String.class,String.class,
        String.class,Timestamp.class,Double.class};
    public CustomTableModelExample(){
```

```
        CustomTableModel model=new CustomTableModel(0,
                columnNames.length,columnNames,dataType);
        //生成表格对象
        JTable table = new JTable(model);
        for(int i=0;i<data.length;i++) //向表模型中添加数据
            model.addRow(data[i]);
        JScrollPane scrollPane = new JScrollPane(table);
        getContentPane().add(scrollPane, BorderLayout.CENTER);
        addWindowListener(new WindowAdapter() {
            public void windowClosing(WindowEvent e) {
                System.exit(0);
            }
        });
    }
    public static void main(String[] args) {
        CustomTableModelExample f = new CustomTableModelExample();
        f.setSize(300,200);
        f.setVisible(true);
    }
}
```

雇员编号	雇员姓名	所在部门	出生日期	薪水
0001	张三	财务处	1965-10-10	1,700
0002	李四	计算中心	1987-9-9	1,500
0003	王二	收费大队	1978-12-23	2,000
0004	无一	维修部	1982-10-23	2,900.78
0005	小小		1976-10-1	100

图 7.44　使用 CustomTableModel 的表格

观察图 7.44 可以发现，使用 CustomTableModel 后，数值类型确实已经靠单元格右边显示，日期也已经能正确显示。

我们再提出一个要求：希望数据总是保留小数点后面两位。这时候，使用表格视图对数值类型的默认渲染器就不行了，可以对数值类型定制一个渲染器。

所谓渲染，就是指以特定的方式来显示数据。例如，我们可以在单元格中使用一个标签来显示数值，并要求数值在标签的右端显示，同时保留小数点后面两位。这里的标签我们称为渲染器。

例 7.25 定义了类 DoubleRender，该类继承了 JLabel 并实现接口 TableCellRenderer。DoubleRender 类型的对象可以作为数值类型数据的渲染器。之所以要实现 TableCellRenderer 接口，是因为表格视图要调用 TableCellRenderer 接口中的 getTableCellRendererComponent 方法来确定如何进行渲染：

```
public Component getTableCellRendererComponent(
                JTable table, Object value,
                boolean isSelected, boolean hasFocus,
                int row, int column)
```

其中的变量说明如下。

- table：需要渲染的表格。
- value：需要渲染的值。
- isSelected：该单元格是否选中。
- hasFocus：该单元格是否有焦点。
- row：该单元格行索引。
- column：该单元格列索引。

表格视图调用 getTableCellRendererComponent 会自动传入上面的 6 个参数，因此只要定制该方法，就可以按照要求实现特定的数据渲染方式(显示方式)。

例 7.25 使用一个标签来作为数值类型的渲染器，使得数值靠右显示，并保留小数点后面两位。

例 7.25 DoubleRender.java

```
import java.text.*;
import javax.swing.*;
import java.awt.*;
import javax.swing.table.*;
class DoubleRender extends JLabel  implements TableCellRenderer{
    NumberFormat nf = NumberFormat.getNumberInstance();
    DecimalFormat df= (DecimalFormat)nf;
    public DoubleRender(){
        setOpaque(true); //设置为透明，为了让背景显示出来
        //精确到小数点后 2 位
        df.applyPattern("##########0.00");
        //靠右显示
        setHorizontalAlignment(SwingConstants.RIGHT);
        setHorizontalTextPosition(SwingConstants.RIGHT);
    }
    public Component getTableCellRendererComponent(
                            JTable table, Object value,
                            boolean isSelected, boolean hasFocus,
                            int row, int column)
    {
        if (isSelected){
            //如果单元格被选中，使用表格选中的前景、背景色
            //来设定标签的前景、背景色
            this.setForeground(table.getSelectionForeground());
            this.setBackground(table.getSelectionBackground());
        }
        else{
            //如果单元格未选中，使用表格的前景、背景色
            //来设定标签的前景、背景色
            this.setForeground(table.getForeground());
            this.setBackground(table.getBackground());
        }
        String display="";
```

```
            //格式化至小数点后 2 位
            if(value!=null)
                display=df.format(value);
            this.setText(display);
            return this;
        }
    }
```

在例 7.24 中生成表格对象语句后加入如下语句(粗体显示)，即可完成对薪水列的定制渲染：

```
...
JTable table = new JTable(model);
//使用 DoubleRender 渲染器，使得数值保持两位小数，靠右显示
TableColumn col=table.getColumn(columnNames[4]);
col.setCellRenderer(new DoubleRender());
...
```

运行后，将得到与图 7.41 同样的结果。

7.5　案 例 实 训

1. 案例说明

用 Java 语言编程实现计算器的基本运算功能，包括加、减、乘、除，以及求负、取余等。主要用到的组件有框架、面板、文本框、按钮和菜单栏等。

2. 编程思想

定义计算器类 Calculator，该类继承 JFrame 类并实现 ActionListener 接口。整体窗口采用边界布局，通过另外建立若干面板组织组件。North 位置的面板上放置一个文本框，用于显示运算中的数据及结果；Center 位置放置两个按钮，包括退格和清零等；South 位置面板放置数字按钮以及相关运算按钮，比如加、减、乘、除等按钮。此外，单击任何一个按钮都会触发 ActionEvent 事件，要处理这些事件就必须实现 ActionListener 接口的 actionPerformed 方法。

二维码 7-1

3. 程序代码

程序代码请扫二维码 7-1 查看。

4. 运行结果

程序运行结果如图 7.45 所示。

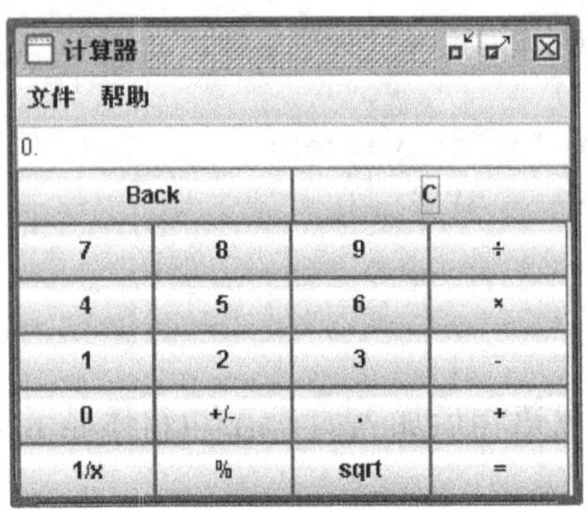

图 7.45 案例的运行结果

习 题

7.1 java.awt.Font 与 java.awt.Color 分别是 Java 中提供的字体类与颜色类，阅读 Java API 文档关于字体和颜色类的内容。编写一个包含标签的应用程序，尝试为标签设置字体与颜色。

7.2 修改例 7.11，在其中添加一个薪水标签及相应的文本输入框，并使用网格袋布局合理安排这两个 GUI 组件的显示位置。

7.3 综合使用网格布局和边框布局编写一个简易的计算器，要求具备加法、减法、乘法以及除法的功能。

7.4 仿照 DoubleRender 自定义一个日期类型的渲染器(DateRender)，使表格能够按照月/日/年的方式显示日期，如 12/28/2005。将定义的 DateRender 用在例 7.24 中。

第 8 章　网 络 编 程

Java 号称 Internet 上的语言，它从语言级上提供了对网络应用程序的支持，程序员能够很容易地开发常见的网络应用程序。Java 提供的网络类库，可以实现无痛苦的网络连接，联网的底层细节被隐藏在 Java 的本机安装系统里，由 JVM 进行控制。并且 Java 实现了一个跨平台的网络库，程序员面对的是一个统一的网络编程环境。

在 Java 网络包(java.net)中，Internet 地址(InetAddress)用来实现 IP 协议；套接字(Socket)和服务器套接字(ServerSocket)用来实现 TCP 协议；数据报(DatagramPacket)和数据报套接字(DatagramSocket)用来实现 UDP 协议；统一资源定位器(URL)用来访问 Internet。

通过套接字的输入/输出流，可轻松实现在网络上传送和接收数据，如同读写本地系统的磁盘文件。

8.1　网络编程的基本概念

8.1.1　网络基础

计算机网络是通过通信设施(通信网络)将地理上分散的具有自治功能的多个计算机系统互联起来，进行信息交换，实现资源共享、互操作和协同工作的系统。它需要有一种机制能支持互联网络环境下的各种计算机系统之间的进程通信、互操作，实现协同工作和应用集成。

网络编程的目的就是直接或间接地通过网络协议与其他计算机进行通信。网络编程中有两个主要的问题，一个是如何准确地定位网络上一台或多台主机，另一个就是找到主机后如何可靠、高效地进行数据传输。目前，主流网络体系结构是以 TCP/IP 协议为核心的。IP 协议为各种不同的通信子网或局域网提供一个统一的互联平台(IP 层主要负责网络主机的定位，数据传输的路由，由 IP 地址可以唯一地确定 Internet 上的一台主机)，TCP 协议为应用程序提供端到端的通信和控制功能(TCP 层提供面向应用的可靠的或非可靠的数据传输机制，这是网络编程的主要对象，一般不需要关心 IP 层是如何处理数据的)。

8.1.2　TCP/IP 协议簇

TCP/IP 以其两个主要协议——传输控制协议(TCP)和网络互联协议(IP)而得名，实际上是一组协议，包括多个具有不同功能且互为关联的协议。TCP/IP 是多个独立定义的协议集合，因此也被称为 TCP/IP 协议簇。TCP/IP 协议模型从更实用的角度出发，形成了高效的四层体系结构，即网络接口层、网络互联层、传输层和应用层。图 8.1 表示了 TCP/IP 的分层结构以及与 OSI 参考模型的对应关系。

OSI模型	TCP/IP模型
应用层	应用层
会聚层	
会话层	
传输层	传输层
网络层	网络互联层
链路层	网络接口层
物理层	

图 8.1　TCP/IP 模型与 OSI 模型比较

注意： TCP/IP 模型中的应用层与 OSI 模型中的应用层有较大的差别，它不仅包括了会话层及上面三层的所有功能，而且还包括了应用进程本身在内。因此，TCP/IP 模型的简洁性和实用性就体现在它不仅把网络层以下的部分留给了实际网络，而且将高层部分和应用进程结合在一起，形成了统一的应用层。图 8.2 给出了 TCP/IP 模型中各层应用的主要协议。

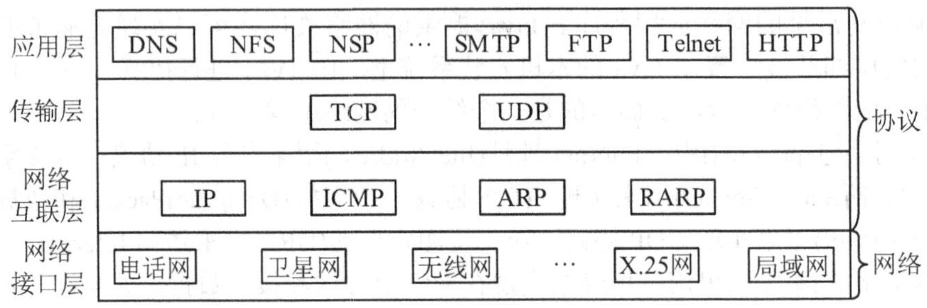

图 8.2　TCP/IP 模型中的协议与网络

8.1.3　TCP 与 UDP

TCP 提供面向连接的服务。TCP 不支持广播或多播服务。由于 TCP 要提供传输服务，因此 TCP 不可避免地增加了许多开销，如应答、流量控制、定时器以及连接管理等。这样既增加了协议头，也占用了更多的 CPU 时间。UDP 在传送数据之前，不需要建立连接，同时，远程主机收到 UDP 数据包后，不需要返回任何响应。

1. 端口

TCP 与 UDP 都采用了应用程序接口处的端口(port)与上层的应用进程进行通信。端口是一个 16 位的地址，并用端口号进行标识。端口号分为两类。一类是专门分配给一些最常用的应用层程序，被称为熟知端口(well-known port)，数值范围为 1～1023。详细内容可参见 RFC2460“IPv6 说明”。另一类是一般的端口号，用来随时分配给请求通信的客户进程。通常一台主机上总是有很多个进程需要网络资源进行网络通信。网络通信的对象准确地讲不是主机，而应该是主机中运行的进程。这时候光有主机名或 IP 地址来标识这么多个进程显然是不够的。端口号就是为了在一台主机上提供更多的网络资源而采取的一种手段，也是 TCP 层提供的一种机制。只有通过主机名或 IP 地址和端口号的组合，才能唯一地确定网络通信中的对象——进程。图 8.3 列举了几个常用的熟知端口。

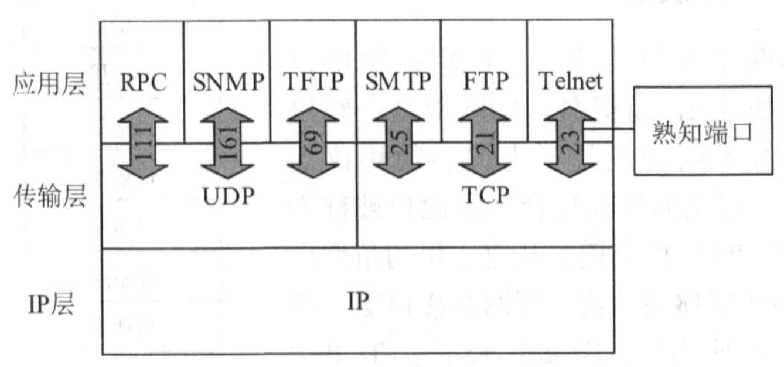

图 8.3　几种常用的端口号

2. UDP

UDP(User Datagram Protocol)即用户数据报协议，是一个无连接服务的协议。它提供多路复用和差错检测功能，但不保证数据的正确传送和重复出现。UDP 协议对于简单的请求－应答式的应用比较有用，因为 UDP 不像 TCP 那样有建立连接的时间。UDP 还用在可靠性不是很严格和不能接受重传延迟时间长的应用中。例如，IP 电话以及视频、音频流应用。

3. TCP

TCP(Transmission Control Protocol)即传输控制协议，是一个面向连接的协议。它提供双向的、可靠的、有流量控制的字节流的服务。字节流服务的意思是：在一个 TCP 连接中，源节点发送一连串的字节给目的节点。

TCP 协议提供的服务有 7 个主要特征。

(1) 面向连接(connection orientation)：TCP 提供的是面向连接的服务，即希望发送数据的一方必须首先请求一个到目的地的连接，然后使用这一连接来传输数据。

(2) 点对点通信(Point-To-Point communication)：即只有连接的源和目的之间可以通信，不支持组播和广播。

(3) 完全可靠性(complete reliability)：TCP 确保通过一个连接发送的数据按发送时一样正确地送到，且不会发生数据丢失或乱序。

(4) 全双工通信(full duplex communication)：一个 TCP 连接允许数据在任何一个方向流动，并允许任何一个应用程序在任何时刻发送数据。TCP 能够在两个方向上缓冲输入和输出的数据，这就使得一个应用在发送数据后，可以在数据传输的时候继续自己的计算工作。

(5) 流接口(stream interface)：TCP 提供了一个流接口，一个应用利用它可以发送一个连续的字节流穿过连接。也就是说，TCP 并不提供记录式的表示法，也不确保数据传递到接收端应用时会与发送端应用有同样尺寸的段。

(6) 可靠的连接建立(reliable connection startup)：TCP 要求当两个应用创建一个连接时，两端必须遵从新的连接。前一次连接所用的重复的包是非法的，也不会影响新的连接。

(7) 友好的连接终止(graceful connection shutdown)：一个应用程序能打开一个连接，发送任意数量的数据，然后请求终止连接。TCP 确保在关闭连接之前传递的所有数据的可靠性。

注意： TCP 和 UDP 协议简单比较如下。

- 使用 UDP 时，每个数据报中都给出了完整的地址信息，因此无须建立发送方和接收方的连接。对于 TCP 协议，由于它是一个面向连接的协议，在 Socket 之间进行数据传输之前，必然要建立连接，所以在 TCP 中多了一个建立连接的时间。
- 使用 UDP 传输数据时是有大小限制的，理论上 UDP 报文的最大长度为 65536 字节。而 TCP 没有这方面的限制，一旦连接建立起来，双方的

Socket 就可以按统一的格式传输大量的数据。UDP 是一个不可靠的协议，发送方所发送的数据报并不一定以相同的次序到达接收方。而 TCP 是一个可靠的协议，它确保接收方完全正确地获取发送方所发送的全部数据。

8.2 InetAddress 类

位于网络中的计算机(或者网络设备)使用 IP 地址来标识自己，每台主机都拥有一个与众不同的 IP 地址。少数计算机(路由器和跨接多个网络的计算机等)会有多个 IP 地址。IP 地址使用 32 位无符号整数来表示，通常我们将其按字节分成 4 个十进制数字来记忆，例如 10.40.48.134。由于直接的数字格式的 IP 地址难于记忆，Internet 的设计者们引入了命名系统，这样我们也可以使用主机名称表示计算机。

采用了命名系统，就要解决主机名和 IP 地址之间的映射。对于小型网络，最简单的方法是使用本地文件(hosts)，其中存储主机名和 IP 地址之间的对应关系；对于复杂庞大的网络，就需要采用域名系统(DNS)，由域名服务器来集中维护主机名和 IP 地址之间的对应关系，实现主机名和 IP 地址之间的相互转换。当应用程序使用域名(例如 www.microsoft.com)来访问计算机时，首先要向域名服务器查询该主机的 IP 地址。

Java 网络包(java.net)中的类 InetAddress 是 Java 封装的 IP 地址，是 Java 对 IP 地址的一种高级表示。InetAddress 由 IP 地址和对应的主机名组成，该类内部实现了主机名和 IP 地址之间的相互转换。在过去的几年，IPv6 得到了很大的发展，也被越来越多的网络所接受。Java 也实现了对 IPv6 的支持，InetAddress 还有 Inet4Address 和 Inet6Address 两个子类，分别用来实现 IPv4 地址和 IPv6 地址，而 InetAddress 既可以表示 IPv4 的地址，也可以表示 IPv6 的地址。

8.2.1 创建 InetAddress 对象

Java 初学者可能会惊奇：InetAddress 类竟然没有一个公有的构建器。在 Java 编程中有两种常见的创建对象实例的方法，一种是用 new 操作符调用类的构建器；另一种是调用类的静态方法，它返回一个对象实例的引用。创建 InetAddress 对象实例，就需要采用后一种方式。

InetAddress 类没有提供公用的构造方法，但我们可以通过下面的方法来创建一个 InetAddress 对象或 InetAddress 数组。

- getLocalHost()方法：获得本机的 InetAddress 对象。
- getByName(String host)方法：获得一个指定计算机的 InetAddress 对象。参数 host 既可以是主机名，也可以是表示 IP 地址的十进制数字字符串。
- getAllByName(String host)方法：返回一个 InetAddress 对象数组，表示指定计算机的所有 IP 地址。参数 host 同上。在 Internet 上存在一些机器具有多个 IP 地址。
- getByAddress(byte [] addr)方法：从 IP 地址创建一个 InetAddress 对象，并返回其引用。参数 addr 可以是 4 字节的 IPv4 地址，也可以是 16 字节的 IPv6 地址，addr

格式要求为网络序。

- getByAddress(String host, byte [] addr)方法：从提供的主机 host 和 IP 地址创建一个 InetAddress 对象，并返回其引用。参数 host 和 addr 同上。

调用上述方法获取 InetAddress 对象时，如果指定的主机名或 IP 地址不能被解析，将抛出 UnknownHostException 异常。例如：

```
try {
  InetAddress address = InetAddress.getByName("www.microsoft.com");
}
catch (UnknownHostException ex) {
  System.out.println("Could not find www.microsoft.com");
}
```

为了创建 InetAddress 对象，Java 需要执行主机名和 IP 地址之间的相互解析工作，这对系统来说可能是一个耗时的开销，为了避免一些重复的解析工作，Java 虚拟机内部采取了缓存机制。

8.2.2　类 InetAddress 的应用

nslookup 是一个实用网络工具，用来实现主机名和 IP 地址的转换。下面的例子，通过 InetAddress 实现一个类似 nslookup 的工具。如果我们有一个主机名，可以构造一个 InetAddress 对象，就可以得到该主机的 IP 地址。很多情况下，我们还可以利用这个类把一个 IP 地址转换为主机名，尽管不能总是实现。

例 8.1　JLookup.java

```
import java.net.*;
import java.io.*;

public class JLookup {
    public static void main(String args[]) {
        if(args.length > 0) {
         //如果存在命令行参数，则解析每个参数
            for(int i=0; i<args.length; i++) {
                lookup(args[i]);
                System.out.println("");
            }
        }
        else {
         //等待命令行输入，Q 用来从程序中退出
            System.out.println("Enter a hostname or IP.(\"Q\" to Quit)");
            BufferedReader input = new BufferedReader(
                    new InputStreamReader(System.in));
            while(true) {
                try {
                    String prompt = "JLookup>";
                    System.out.print(prompt);
```

```
                    //读取一行输入
                    String line = input.readLine().trim();
                    if(line.equalsIgnoreCase("Q")) {
                        input.close();
                        break;
                    }
                    //IP 地址和主机名相互解析

                    lookup(line);
                }catch(IOException ioe) {
                    ioe.printStackTrace();
                }
            }
        }
    }
    private static void lookup(String host) {
        InetAddress hostInetAddr[];
        try {
         //创建 InetAddress 对象
            hostInetAddr = InetAddress.getAllByName(host);
        }catch(UnknownHostException e) {
            System.out.println("Unknown Host:" + host);
            return;
        }

        if(isHostname(host)) {
         //如果是主机名，则输出 IP 地址
            for(int i=0; i<hostInetAddr.length; i++) {
              System.out.println(hostInetAddr[i].getHostAddress());
            }
        }
        else {
         //如果是 IP 地址，则输出主机名
            for(int i=0; i<hostInetAddr.length; i++) {
              System.out.println(hostInetAddr[i].getHostName());
            }
        }
    }
    //如果字符串 host 中包含 1～9 和.以外的字符，则认为是主机名，否则认为是 IP 地址
    private static boolean isHostname(String host) {
        char[] chHost = host.trim().toCharArray();
        for(int i=0; i<chHost.length; i++) {
          if(chHost[i] != '.' && (chHost[i] < '0' || chHost[i] > '9')) {
              return true;
          }
        }
        return false;
```

高等学校应用型特色规划教材

```
    }
}
```

程序运行结果：

```
C:\JExamples>java -cp ./ JLookup
Enter a hostname or IP.("Q" to Quit)
JLookup>www.microsoft.com
207.46.156.252
207.46.244.188
...
JLookup>207.46.156.252
origin2.microsoft.com
JLookup>
```

在这个例子中，我们创建一个 InetAddress 对象，然后可以调用方法 getHostName()获得主机名；调用方法 getHostAddress()获得 IP 地址。

8.3　TCP 程序设计

客户端-服务器模型是最常见的网络应用程序模型。当我们上网冲浪时，所使用的浏览器(例如 IE)就是一个客户端软件，而提供网页的站点必须运行一个 Web 服务器。其他像 Telnet 和 FTP 应用都存在客户端和服务器。一般而言，主动发起通信的应用程序属于客户端。而服务器则是等待通信请求，当服务器收到客户端的请求后，执行需要的运算，然后向客户端返回结果。

在设计客户端-服务器软件时，程序员必须在两种交互模型中做出选择：面向连接的风格和无连接的风格。面向连接的程序选择 TCP/IP 协议簇中的 TCP 协议；无连接的程序选择 UDP 协议。面向连接和无连接的区别需要充分的考虑，通常依赖于应用要实现的可靠性和支撑网络所能提供的可靠性。

本节我们来了解使用 Java 开发面向连接的使用 TCP 协议的网络应用程序，将分客户端和服务器两个部分来讲解。

8.3.1　Java 客户端套接字

利用套接字(Socket，也称为伯克利套接字(Berkeley Socket))接口开发网络应用程序的方式早已被广泛采用，以至于成为事实上的标准。套接字能执行 7 种基本操作：

- 连接到远程机器。
- 绑定到端口。
- 接收从远程机器来的连接请求。
- 监听到达的数据。
- 发送数据。
- 接收数据。
- 关闭连接。

Java 提供的套接字对伯克利套接字进行了封装，大大简化了程序员用套接字开发网络应用程序的步骤。利用 java.net.Socket 类，我们可以轻松开发一个客户端程序，它可以主动创建与目标服务器的连接。Socket 类有两个构建器。

下面这个构建器建立一个到目标主机的连接：

```
public Socket(String host,int port)
    throws UnknownHostException IOException
```

其中 host 为目标主机名或 IP 地址，port 为目标主机上的端口号。需要指出的是，这两个参数都是指向服务器的，而非本地。如果目标主机未知或者有其他错误，会触发异常 UnknownHostException 和 IOException。

注意： Unix 系统中 1～1023 的端口号，只有具有 root 用户权限的服务器进程才能进行绑定。

下面这个构建器与前一个不同的是，它用 InetAddress 对象指定目标主机；如果出错，则抛出 IOException 异常：

```
public Socket(InetAddress host,int port) throws IOException
```

例如：

```
try {
  Socket s = new Socket("www.sun.com" , 80);
}
catch(UnknownHostException e) {
  //未发现目标主机
}
catch(IOException e) {
  //其他错误
}
```

Socket 对象具有下列常用方法。

- public InetAddress getInetAddress()：返回该 Socket 连接的目标主机的地址。
- public int getPort()：返回该 Socket 连接的目标主机的端口。
- public int getLocalPort()：返回该 Socket 绑定的本地端口。
- public InetAddress getLocalAddress()：返回该 Socket 绑定的本地地址，如果尚未绑定则返回 null。常在本地主机有多个 IP 时才使用。
- public InputStream getInputStream() throws IOException：返回该 Socket 输入流。
- public OutputStream getOutputStream() throws IOException：返回该 Socket 输出流。
- public synchronized void close() throws IOException：关闭当前 Socket。

下面我们通过一个实用的例子来展示 Socket 类的使用。

例 8.2 JPortScanner.java

```
import java.net.*;
import java.io.*;
//端口扫描
```

```
public class JPortScanner {
  private String host;  //目标主机
  private int fromPort; //起始端口
  private int toPort;   //结束端口
  public JPortScanner(String host, int fromPort, int toPort) {
    this.host = host;
    this.fromPort = fromPort;
    this.toPort = toPort;
  }

  public JPortScanner(String host) {
    this(host, 1, 1023); //默认端口范围: 1~1023
  }
  public void start() {
    Socket connect = null;
    for(int port=this.fromPort; port<=this.toPort; port++) {
      try {
        connect = new Socket(host, port);
        System.out.println("开放端口: " + port);
      }
      catch(UnknownHostException e) {
        System.err.println("无法识别主机: " + host);
        break;
      }
      catch(IOException e) {
        System.out.println("未响应端口: " + port);
      }
      finally {
        try {
          connect.close();
        }catch(Exception e) {}
      }
    }
  }
  public static void main(String[] args) {
    if(args.length == 1) {//命令行参数指定主机
      (new JPortScanner(args[0])).start();
    }
    else if(args.length == 3) {//命令行参数指定主机、起始端口和结束端口
      (new JPortScanner(args[0],
       Integer.parseInt(args[1]),Integer.parseInt(args[2]))).start();
    }
    else { //命令格式
      System.out.println("Usage:java JPortScanner [FromPort] [ToPort]");
    }
  }
}
```

程序运行结果:

```
C:\>java JPortScanner localhost
...
开放端口: 25
未响应端口: 26
未响应端口: 27
...
```

这个例子实现了一个端口扫描器，端口扫描器用来探测一台主机上开发的服务器端口。在例中我们每次创建一个 Socket 来尝试连接目标主机指定范围内的一个端口。如果 Socket 创建成功，则认为目标主机开放了某端口，也就是说，有一个服务器程序在监听该端口。Socket 创建失败，如果抛出异常 UnknownHostException，则本机无法识别目标主机；如果抛出异常 IOException，则目标主机上没有任何服务器运行在该端口，或者本机和目标主机不存在可连通的网络连接，或者由防火墙等其他诸多原因造成。

利用方法 getInputStream()和 getOutputStream()可以获得 Socket 连接的输入和输出流。通过输入流，可以从 Socket 中读出数据，通过输出流，可以向 Socket 写入数据，这样，Socket 连接的两个客户端和服务器就可以传输数据。实际上，我们对 Socket 进行的读写操作和对磁盘文件进行的读写操作没有任何区别。

下面我们通过一个具体的例子来说明如何从 Socket 中读出数据。时间服务器用于 Internet 众多的网络设备时间同步。时间服务器默认工作端口为 37，当时间服务器收到客户端的连接请求时，立即向客户端返回一个网络时间。网络时间为一个 4 字节的无符号整数，它表示当前时间与公元 1900 年 1 月 1 日 0 点整的秒数差值。

例 8.3　JTimeClient.java

```
import java.net.*;
import java.io.*;
public class JTimeClient {
  private String server;  //时间服务器
  private int port;        //端口号
  public JTimeClient(String server) {
    this(server, 37);     //时间服务器默认端口号 37
  }
  public JTimeClient(String server, int port) {
     this.server = server;
     this.port = port;
  }
  //返回网络时间， -1 表示出错
  public long getNetTime() {
     Socket socket = null;
     InputStream in = null;
     try {
       //连接
       socket = new Socket(server, port);
       //时间服务器
```

高等学校应用型特色规划教材

```
            in = socket.getInputStream( );
            //读取数据，网络时间为 4 字节无符号整数
            //表示基于 1900 年 1 月 1 日 0 点的秒数
            long netTime = 0;
            for(int i=0; i<4; i++) {
               netTime = (netTime << 8) | in.read();
            }
            return netTime;
         }
         catch (UnknownHostException e) {
            e.printStackTrace();
         }
         catch (IOException e) {
            e.printStackTrace();
         }
         finally {//安全释放资源
            try {//关闭输入流
               if(in != null) in.close();
            } catch (Exception e) {}
            try {//关闭连接
               if(socket != null) socket.close();
            } catch (Exception e) {}
         }
         return -1;
      }
      public static void main(String[] args) {
         JTimeClient timeClient = null;
         if(args.length == 1) {//命令行参数指定时间服务器
            timeClient = new JTimeClient(args[0]);
         }
         else if(args.length == 2) {//指定时间服务器及其端口
            timeClient = new JTimeClient(args[0], Integer.parseInt(args[1]));
         }
         else {
            System.out.println("Usage: java JTimeClient TimeServer Port");
            return;
         }
         System.out.println("Time:" + timeClient.getNetTime());
      }
   }
```

程序运行结果：

```
C:\>java JTimeClient localhost
Time:3314348924
```

注意： 在运行这个程序之前，我们首先要找到或启动一个时间服务器。如果读者尚未找到一个时间服务器，参见下一小节，我们将自己动手实现一个时间服务器。

在这个例子中我们调用 socket.getInputStream()方法获得 Socket 的输入流，并从中读取 4 字节的原始数据。由于 Java 没有无符号整数，例中使用一个 long 型变量 netTime 存储 4 字节的无符号整数。这个程序允许我们通过命令行参数指定时间服务器和其工作的端口号。

8.3.2 Java 服务器套接字

在客户端-服务器的网络模型中，利用 Socket 我们可以轻松开发一个客户端程序，利用 ServerSocket 可以开发服务器程序。类 java.net.ServerSocket 包含实现一个服务器要求的所有功能。

利用 ServerSocket 创建一个服务器的典型工作流程如下。

(1) 在指定的监听端口创建一个 ServerSocket 对象。

(2) ServerSocket 对象调用 accept()方法在指定的端口监听到来的连接。accept()方法阻塞当前 Java 线程，直到收到客户端连接请求，accept()方法返回连接客户端与服务器的 Socket 对象。

(3) 调用 getInputStream()方法和 getOutputStream()方法获得 Socket 对象的输入流和输出流。

(4) 服务器与客户端根据一定的协议交互数据，直到一端请求关闭连接。

(5) 服务器和客户端关闭连接。

(6) 服务器回到第(2)步，继续监听下一次的连接。而客户端则运行结束。

ServerSocket 类具有下列 4 个构建器：

```
public ServerSocket(int port) throws IOException
public ServerSocket(int port,int queuelength) throws IOException
public ServerSocket(int port,int queuelength,InetAddress bindaddress)
    throws IOException
public ServerSocket() throws IOException
```

其中参数 port 指定 ServerSocket 对象监听的端口，queuelength 用来设置客户端连接请求队列的长度，bindaddress 指定 ServerSocket 对象绑定的本地网络地址。

如果构建器失败，或者不能绑定到指定的端口将会触发 IOException 异常。

例如，一个 HTTP 服务器通常运行在端口号 80 上：

```
try {
  ServerSocket httpd = new ServerSocket(80);
}
catch (IOException e) {
  System.err.println(e);
}
```

ServerSocket 对象有一个重要的方法 accept()，其声明如下：

```
public Socket accept() throws IOException
```

该方法返回一个 Socket 对象，这个 Socket 对象表示当前服务器和某个客户端的连接，通过这个 Socket 对象，服务器和客户端可以进行数据交互。

注意： accept()方法是一个阻塞的方法，它将阻塞当前 Java 线程，直到服务器收到客户端的连接请求，accept()方法才能返回。

下面通过一个具体的例子来说明 ServerSocket 的用法。

例 8.4　JTimeServer.java

```
import java.net.*;
import java.io.*;
import java.util.Date;
public class JTimeServer implements Runnable {
  private int port;
  public JTimeServer() {
    this(37);//时间服务器默认端口号 37
  }
  public JTimeServer(int port) {
    this.port = port;
  }
  public void run() {
    try {
      //创建服务器套接字
     ServerSocket server = new ServerSocket(port);
     //轮流处理多个客户端的请求
      while(true) {
       Socket connection = null;
       try {
         //等待客户端连接请求
         connection = server.accept();
         //利用 Date.getTime 获取当前系统时间(单位为毫秒)
         //常数 2208988800 为网络时间和系统时间差
         Date now = new Date();
         long netTime = now.getTime()/1000 + 2208988800L;
         byte[] time = new byte[4];
         for(int i=0; i<4; i++) {
            time[3 - i] = (byte)(netTime &0x00000000000000FFL);
            netTime >>= 8;
         }
         //获取套接字输入流，并写入网络时间
         OutputStream out = connection.getOutputStream();
         out.write(time);
         out.flush();
       } catch (IOException e) {
       }
       finally {//关闭当前连接
         if (connection != null) connection.close();
       }
     }
   }
```

```
        catch(IOException e) {
        }
    }
    public static void main(String[] args) {
        JTimeServer timeServer = null;

        if(args.length == 0) {
            timeServer = new JTimeServer();
        }
        else if(args.length == 1) {//命令行参数指定时间服务器监听端口
            timeServer = new JTimeServer(Integer.parseInt(args[0]));
        }
        else {
            System.out.println("Usage: java JTimeServer Port");
            return;
        }
        (new Thread(timeServer)).start();
    }
}
```

这个例子实现了一个时间服务器，其运行方法如下：

```
C:\>java JTimeServer
```

时间服务器默认使用的端口号是 37，我们也可以通过命令行参数指定其他端口号。在上一小节我们曾了解过一个时间服务器的客户端，该服务器可以为上一小节的客户端提供服务。JTimerServer 和 JTimeClient 组成了一个完整的客户端-服务器模型的网络应用。

在这个程序中，我们利用 Date.getTime()方法获取当前系统时间，其单位为毫秒，这是一个基于 1970 年 1 月 1 日 0 点的 long 型毫秒数。而网络时间采用的是基于 1900 年 1 月 1 日 0 点的秒数，两者的差值为 2208988800 秒。

注意： 在向 Socket 写入数据的时候，我们还要注意一个非常重要的细节：网络字节顺序为高字节在前，低字节在后。

Socket 是计算机系统中一个重要的资源，当一个 Socket 占据了某个端口号时，另一个程序就不能使用同一个端口号再创建一个 Socket。如果程序中存在循环创建 Socket，则很可能会达到系统允许的最大 Socket 个数，后来的创建将失败。不论是客户端 Socket 对象，还是服务器 ServerSocket 对象，还是由 accept()方法返回的 Socket 对象，如果不再使用就应该及时关闭，以释放 Socket 对象占有的系统资源。在一些情况下，系统会自动关闭 Socket，如当程序退出，或者当一个 Socket 对象的输入输出流之一被关闭时，不过，依赖系统来关闭 Socket 对象不是一个好方法，尤其当一个程序要长时间运行时。

Socket 和 ServerSocket 都有一个 close()方法，其声明为：

```
public void close() throws IOException
```

该方法用来关闭一个 Socket 对象，当一个 Socket 对象被关闭后，将不能再使用。必要的话可以再创建一个新的 Socket 对象。

在服务器程序中，我们需要注意不要混淆了 ServerSocket 对象和由 accept()方法返回的 Socket 对象的关闭。关闭了 accept()方法返回的 Socket 对象只是结束了服务器和当前客户端的连接，服务器不再为这个客户端服务，但它可以继续接收其他客户端的连接请求，并为它提供服务。关闭 ServerSocket 对象意味着服务器将退出，不再为任何客户端提供服务。

一个服务器通常要为数目不易确定的众多的客户端提供服务。当服务器的客户端请求队列达到队列最大长度限制时，将拒绝随后的客户端请求。服务器为客户端服务有两种工作方式：一种是循环工作方式，另一种是并发工作方式。循环工作方式即服务器轮流为每个客户端提供服务；并发工作方式是服务器同时为多个客户端提供服务，使用并发工作方式时，服务器编程需要采用多线程，一个线程服务一个客户端连接。

下面的例子通过多线程并发工作方式来改写前面的例子 JTimeServer，大家可以对比，以发现其中的不同。

例 8.5　JTimeServer2.java

```
import java.net.*;
import java.io.*;
import java.util.Date;
class JTimeThread extends Thread {
  private Socket connection;
  public JTimeThread(Socket connection) {
    this.connection = connection;
  }
  public void run() {
    try {
     //利用 Date.getTime 获取当前系统时间(单位为毫秒)
     //常数 2208988800 为网络时间和系统时间差
     Date now = new Date();
     long netTime = now.getTime()/1000 + 2208988800L;

     byte[] time = new byte[4];
     for(int i=0; i<4; i++) {
       time[3 - i] = (byte)(netTime &0x00000000000000FFL);
       netTime >>= 8;
     }
     //获取套接字输入流，并写入网络时间
     OutputStream out = connection.getOutputStream();
     out.write(time);
     out.flush();
    }
    catch(IOException e) {
    }
   finally {//关闭和客户端的连接
     try {
       if (connection != null) connection.close();
     } catch (IOException e) {}
```

```
        }
      }
    }
  public class JTimeServer2 implements Runnable {
    private int port;
    public JTimeServer2() {
      this(37);//时间服务器默认端口号 37
    }
    public JTimeServer2(int port) {
      this.port = port;
    }
    public void run() {
      ServerSocket server = null;
      try {
        //创建服务器套接字
        server = new ServerSocket(port);
        //轮流处理多个客户端的请求
        while(true) {
          try {
            //等待客户端连接请求
            Socket connection = server.accept();
            //创建并启动一个 JTimeThread 线程来服务客户端请求
            (new JTimeThread(connection)).start();
          }
          catch (IOException e) {
          }
        }
      }
      catch(IOException e) {
      }
      finally { //关闭服务器 Socket
        try {
          if(null != server) server.close();
        } catch (IOException e) {}
      }
    }
    public static void main(String[] args) {
      JTimeServer2 timeServer = null;
      if(args.length == 0) {
        timeServer = new JTimeServer2();
      }
      else if(args.length == 1) {//命令行参数指定时间服务器监听端口
        timeServer = new JTimeServer2(Integer.parseInt(args[0]));
      }
      else {
        System.out.println("Usage: java JTimeServer2 Port");
        return;
      }
```

```
    (new Thread(timeServer)).start();
  }
}
```

在这个例子中，当时间服务器每次收到一个客户端的连接请求时，就创建并启动一个线程 JTimeThread，并用 accetp()方法返回服务器的客户端的 Socket 连接(变量 connection)传入来构造 JTimeThread 对象，每个 JTimeThread 线程响应一个客户端的请求。服务器工作时，可能同时存在多个 JTimeThread 线程。

在这个例子中，我们把 Socket 对象和 ServerSocket 对象的 close()方法调用放在代码的 finally 块中，这样可以确保在程序出现异常时，close()方法也被调用，而释放 Socket 对象占有的系统资源。

8.4　UDP 程序设计

在前一节我们讨论了 TCP 程序设计，TCP 协议设计的目的，是为网络通信的两端提供可靠的数据传送，TCP 协议能够很好地解决网络通信中的数据丢失、损坏、重复、乱序以及网络拥挤等问题。这些功能是以降低网络传输速度为代价的。

UDP 是 TCP/IP 协议簇和 TCP 协议可互相替代的另一协议，它提供了一种最简单的协议机制，实现了快速的数据传输。UDP 协议面向无连接的计算机通信，它定义了数据报传送模式，但是它的可靠性较差，不保证数据报的传送顺序、丢失和重复。如果要实现可靠的数据传输，需要在应用程序中弥补 UDP 的不可靠性。

注意： 与 TCP 不同，UDP 协议是无连接的，还可以用来实现组播、多播和广播等应用。本书中并不打算讨论这些应用。

在 Java 的 java.net 包中有 DatagramPacket 和 DatagramSocket 两个类，用于实现 UDP 网络通信程序设计。

8.4.1　DatagramPacket 类

TCP 协议是基于数据流形式进行数据传输，而 UDP 协议是基于数据报模式进行数据传输。数据报(datagram)是网络层数据单元在介质上传输信息的一种逻辑分组格式，它是一种在网络中传播的、独立的、自身包含地址和端口号信息的消息，它能否到达目的地、到达的时间、到达时内容是否会变化不能准确地知道。它的通信双方是不需要建立连接的，对于一些速度要求较高、可靠性要求不高的网络应用程序来说，数据报通信是一个非常好的选择。

在 Java 语言中的 DategramPacket 类用来创建 UDP 数据报。数据报按用途可分为两种：一种用来发送数据，该数据报要有传递的目的地址和端口号；另一种数据报用来从网络中接收数据。

创建接收数据报的构建器有：

```
public DatagramPacket(byte[] buf, int length)
public DatagramPacket(byte[] buf, int offset, int length)
```

其中缓冲区 buf 用于存储接收的数据报，length 指定期望接收的数据报的最大长度，在第一个方法中，数据从 buf[0]开始存储，length 应该小于等于 buf.length。在第二个方法中，数据从 buf[offset]开始存储，length 应该小于等于 buf.length-offset。如果构造的指定长度为 length，数据报会溢出缓冲区 buf，则构建器抛出异常 IllegalArgumentException，这是一个运行时异常(RuntimeException)，程序不需要捕获。例如：

```
byte[] buffer=new byte[8912];
DatagramPacket datap=new DatagramPacket(buffer, buffer.length());
```

在 UDP 报文中，数据报长度用 2 字节的无符号整数表示，所以理论上 UDP 报文的最大长度为 65536 字节(包含 UDP 头部以及 IP 头部)。但是实际上，大多数系统限制了数据报的长度为 8192 字节。在具体的网络环境中，这个限制可能更小。

创建发送数据报的构建器：

```
public DatagramPacket(byte[] buf, int length,
    InetAddress address, int port)
public DatagramPacket(byte[] buf, int offset, int length,
    InetAddress address, int port)
```

其中缓冲区 buf 为发送数据存储区，offset 和 length 意义同上。address 和 port 指定目标服务器的 IP 地址和端口号。例如：

```
try {
   InetAddress server = InetAddress.getByName("10.40.48.134");
   int port = 37;
   byte[] data = "This is a test".getBytes();
   DatagramPacket outgoing
     = new DatagramPacket(data, data.length, server, port);
   ...
}catch(IOException e){
   ...
}
```

DatagramPacket 对象有下列几个常用的重要方法，用来对数据报进行设置或者从中提取信息。

- public InetAddress getAddress()：返回一个 IP 地址，发送数据报指目标主机，接收数据报指源主机。总之对通信的一端来说，指对端的 IP 地址。
- public void setAddress(InetAddress remote)：设置发送数据报的目标主机的 IP 地址。
- public int getPort()：返回一个端口号，发送数据报指目标主机的端口号，接收数据报指来自源主机的端口号。
- public void setPort(int iport)：设置发送数据报的目标服务器的端口号。
- public byte [] getData()：获得数据报的数据缓冲区，不论是发送数据报还是接收数据报，数据存储从 offset 位置开始。
- public int getOffset()：获得发送数据或者接收数据在数据缓冲区中的偏移量(offset)。
- public int getLength()：获得发送数据或者接收数据的长度。
- public void setData(byte[] buf, int offset, int length)：设置数据缓冲区、偏移量和长度。还可以使用方法 setData(byte[] buf)和 setLength(int length)单独设置缓冲区和

长度。

UDP 数据报(Datagram Packet)的发送和接收都要依赖 DatagramSocket 对象。参见下一小节中的例子。

8.4.2　DatagramSocket 类

发送或者接收 UDP 数据报时，首先需要创建数据报套接字。在 Java 语言里，数据报套接字由类 java.net. DatagramSocket 实现。

在 TCP 程序设计中，我们使用 Socket 创建一个客户端套接字，使用 ServerSocket 创建一个服务器套接字；但在 Java 的 UDP 应用中，并不存在 DatagramServerSocket 这个类，DatagramSocket 既可用于 UDP 客户端也可用于 UDP 服务器。

和 Socket 一样，DatagramSocket 也实现了双向通信，DatagramSocket 既可用来发送 DatagramPacket 也可以用来接收 DatagramPacket。

DatagramSocket 的构造方法有：

```
public DatagramSocket() throws SocketException
public DatagramSocket(int port) throws SocketException
public DatagramSocket(int port, InetAddress laddr)
    throws SocketException
```

其中，port 明确指定 DatagramSocket 绑定的端口；如果不指定 port，系统自动为数据报套接字选择一个可用端口。

注意： 和 TCP 程序一样，在 Unix 系统中，DatagramSocket 绑定 1024 以下的端口时要求有 root 权限。

在多址主机中，我们还可以指定绑定地址 laddr 来监听特定的网络接口；否则监听该主机所有网络接口上的消息。

若不能打开套接字或套接字无法绑定指定的端口，则抛出 SocketException 异常。例如：

```
try {
   DatagramSocket dsocket = new DatagramSocket();
   ...
}catch(SocketException e) {
   ...
}
```

DatagramSocket 对象的重要方法如下。

- public void send(DatagramPacket p) throws IOException：从当前数据报套接字发送一个数据报。发送数据报应包含数据、数据长度和目标主机 IP 地址、端口号等信息。
- public void receive(DatagramPacket p) throws IOException：从当前数据报套接字接收一个数据报。接收数据报应包含数据、数据长度和发送主机 IP 地址、端口号等信息。
- public void close()：关闭数据报套接字，释放其占有的系统资源。

需要注意的是，调用 receive()方法，将阻塞当前 Java 线程，直到其能收到数据报才返回。此前，我们可以调用方法 setSoTimeout()设置等待时间，当等待时间到，receive()方法返回并抛出异常 SocketTimeoutException。调用 close()关闭数据报套接字时，被阻塞的 receive()调用也会因 IOException 异常而返回。

下面我们通过具体的例子来说明如何在 Java 中利用 DatagramPacket 和 DatagramSocket 来开发客户端-服务器模型的网络应用程序。

Echo 服务器把它从客户端收到的数据，原封不动地再返还客户端。Echo 服务器是网络管理员测试可达性、测试协议软件的重要工具，也是学习网络程序设计的程序员的必练程序。这里就以 Echo 服务器和客户端为例进行介绍。

Echo 服务器端程序如下。

例 8.6 JUEchoServer.java

```
import java.net.*;
import java.io.*;
public class JUEchoServer implements Runnable {
  private int port;
  private DatagramSocket dsocket;
  public JUEchoServer() throws SocketException {
    this(7); //Echo 服务器默认端口号为 7
  }
  public JUEchoServer(int port) throws SocketException {
    this.port = port;
    //创建 Echo 服务器的 DatagramSocket 对象
    this.dsocket = new DatagramSocket(this.port);
  }
  public void run() {
    byte[] buffer = new byte[8192];
    while (true) {
      //构造一个接收数据报
      DatagramPacket incomming =
        new DatagramPacket(buffer, buffer.length);
      try {
        //接收数据报
        dsocket.receive(incomming);
        //构造一个发送数据报
        DatagramPacket outgoing = new DatagramPacket(
          incomming.getData(), incomming.getLength(),
          incomming.getAddress(), incomming.getPort());
        //发送响应数据报
        dsocket.send(outgoing);
      }
      catch (IOException e) {
      }
    }
  }
```

```
  public static void main(String[] args) {
    try {
      JUEchoServer server = null;
      if (args.length == 0) {
        server = new JUEchoServer();
      }
      else if (args.length == 1) { //命令行参数指定 Echo 服务器工作端口号
        server = new JUEchoServer(Integer.parseInt(args[0]));
      }
      else {
        System.out.println("Usage: java JUEchoServer Port");
        return;
      }
      (new Thread(server)).start();
    } catch (Exception e) {
      e.printStackTrace();
    }
  }
}
```

Echo 服务器默认工作在端口号 7 上，本例中允许用户通过命令行参数指定一个端口号。本例中构造 JUEchoServer 对象时，创建了一个 DatagramSocket。JUEchoServer 类实现了 Runnable 接口，当启动 JUEchoServer 的线程时，开始等待接收 DatagramPacket。当其收到一个数据报时，将以收到的 UDP 数据报(对象 imcomming)的内容重新构造一个发送数据报(对象 outgoing)，并发送回其来自的客户端。

Echo 客户端程序如下。

例 8.7　JUEchoClient.java

```
import java.net.*;
import java.io.*;
//发送线程
class JUEchoSender extends Thread {
  private InetAddress server;   //Echo 服务器
  private int port;             //端口号
  private DatagramSocket dsocket;
  public JUEchoSender(InetAddress server, int port,
                      DatagramSocket dsocket) {
    this.server = server;
    this.port = port;
    this.dsocket = dsocket;
    //设置线程名
    setName("Thread-JUEchoSender");
  }
  public void run() {
    try {
      BufferedReader input =
        new BufferedReader(new InputStreamReader(System.in));
```

```
      while (true) {
        //从标准输入读取一行数据
        String line = input.readLine();
        if (line.equals(".")) {
          break;
        }
        //构造发送数据报
        byte[] data = line.getBytes();
        DatagramPacket outgoing
          = new DatagramPacket(data, data.length, server, port);
        //发送数据报
        dsocket.send(outgoing);
      }
    }catch(IOException e) {}
    finally {
      //关闭 dsocket
      if(dsocket != null) dsocket.close();
      System.out.println(getName() + " exit"); //输出线程结束信息
    }
  }
}
//接收线程
class JUEchoReceiver extends Thread {
  private DatagramSocket dsocket;
  public JUEchoReceiver(DatagramSocket dsocket) {
    this.dsocket = dsocket;
    //设置线程名
    setName("Thread-JUEchoReceiver");
  }
  public void run() {
    byte[] buffer = new byte[8192];
    try {
      while (true) {
        //构造接收数据报
        DatagramPacket incomming =
          new DatagramPacket(buffer, buffer.length);
        //接收数据报
        dsocket.receive(incomming);
        //从数据报中读取数据
        String data =
          new String(incomming.getData(), 0, incomming.getLength());
        System.out.println(data);
      }
    }
    catch(IOException e) {
    }
    finally {
```

```
      //关闭 dsocket
      if(dsocket != null) dsocket.close();
      System.out.println(getName() + " exit"); //输出线程结束信息
    }
  }
}
public class JUEchoClient {
  private InetAddress server;
  private int port;
  public JUEchoClient(String server) throws UnknownHostException {
    this(server, 7);
  }
  public JUEchoClient(String server, int port)
      throws UnknownHostException {
    this.server = InetAddress.getByName(server);
    this.port = port;
  }
  public void start() {
    try {
      //创建客户端 DatagramSocket
      DatagramSocket dsocket = new DatagramSocket();
      //创建并启动发送线程
      (new JUEchoSender(server, port, dsocket)).start();
      //创建并启动接收线程
      (new JUEchoReceiver(dsocket)).start();
    }catch(SocketException e) {
    }
  }
  public static void main(String[] args) {
    try {
      JUEchoClient client;
      if (args.length == 1) { //命令行参数指定 Echo 服务器
        client = new JUEchoClient(args[0]);
      }
      else if (args.length == 2) { //命令行参数指定 Echo 服务器，端口号
        client = new JUEchoClient(args[0], Integer.parseInt(args[1]));
      }
      else {
        System.out.println("Usage java JUEchoClient Host Port");
        return;
      }
      client.start();
    }catch (Exception e) {
      e.printStackTrace();
    }
  }
}
```

Echo 客户端要向服务器发送数据，并接收服务器的应答消息。在这个例子中，我们用两个线程 JUEchoSender 和 JUEchoReceiver 分别实行发送和接收工作。JUEchoSender 线程从标准输入读取用户输入并发送到服务器；JUEchoReceiver 线程等待接收服务器的响应，并将收到的响应内容打印到标准输出。

当用户输入“.”时，表示要求 Echo 客户端退出，JUEchoSender 从循环中退出，并在 finally 块中关闭客户端 UDP 套接字(对象 dsocket)，阻塞在对象 dsocket 的方法 receive()上的 JUEchoReceiver 线程触发 IOException 也将退出。

程序运行简单示例如下。

启动服务器：

```
C:\>java JUEchoServer
```

重开一个 DOS 窗口，启动客户端：

```
C:\>java JUEchoClient localhost
this is a test!
this is a test!
Hello World!
Hello World!
1234567890!@#$%^&*()
1234567890!@#$%^&*()
.
Thread-JUEchoReceiver exit
Thread-JUEchoSender exit
```

8.5　URL 程序设计

统一资源标识符 URI(Uniform Resource Identifier，以前是 Universal Resource Identifier)是一个通用术语，它用来标识 Internet 上的各种资源。URI 又分为两种类型：统一资源定位符(Uniform Resource Locator，URL)和统一资源名(Uniform Resource Name，URN)。

统一资源定位符(URL)是指通过一个资源对象在 Internet 上确切的位置来标识资源的规范。统一资源名(URN)是一个引用资源对象的方法，它不需要指明到达对象的完整路径，而是通过一个别名来引用资源。统一资源名和统一资源定位符的关系类似于主机名和 IP 地址。尽管 URN 很有前途，由于实现起来更为困难，多数软件都不支持 URN，目前 URL 规范已被广泛应用。

URL 的语法依赖于具体应用所使用的协议，URL 有两种常见的格式：

```
protocol://host[:port]/path
protocol://username:password@host[:port]/path
```

其中 protocol 为具体应用所使用的协议，如 http、ftp、gopher 和 file 等。host 为主机名，port 为端口号，path 为路径名，username 为用户名，password 为口令。下面列举一些常见协议的 URL 的基本格式。

http 的 URL 语法：

```
http://host[:port]/filename[?query_string][#section]
```

ftp 的 URL 语法：

```
ftp://username:password@host[:port]/path
```

file 的 URL 语法：

```
file://host/path/filename
```

8.5.1　URL 类

Java 使用 URL 类来表示 URL，不像 InetAddress 对象，我们可以通过一系列的构建器来创建一个 URL 对象。

- `public URL(String spec);`
  通过一个表示 URL 地址的字符串可以构造一个 URL 对象。例如：

  ```
  URL url263=new URL("http://www.263.net/")
  ```

- `public URL(URL context, String spec);`
  通过基 URL 和相对 URL 构造一个 URL 对象。例如：

  ```
  URL netBase=new URL("http://www.263.net/");
  ```

  或者：

  ```
  URL index263=new URL(netBase, "index.html");
  ```

- `public URL(String protocol, String host, String file);`
  例如：

  ```
  new URL("http", "www.sun.com", "index. html");
  ```

- `public URL(String protocol, String host, int port, String file);`
  例如：

  ```
  URL gamelan=new URL("http", "www.sun.com", 80,"index.html");
  ```

如果表示 URL 的字符串指定的传输协议不是 Java 支持的，或者包含了不符合 URL 语法的字符，那么构建器会抛出 MalformedURLException 异常。

注意： 类 URL 的构建器都声明抛弃异常：MalformedURLException，因此生成 URL 对象时，必须对这一异常进行处理，用 try-catch 语句进行捕获。

统一资源定位符可以划分为 5 个部分：

- 协议。
- 授权，授权可以细分为用户信息(用户名和口令)、主机和端口。
- 资源路径名。
- 查询字符串。

- 区段。

一个 URL 并不一定要同时要求具有这 5 个部分，而且对于一个已生成的 URL 对象来说，它们都是只读的，Java 提供了下列公有方法来读取这些 URL 的组成部分。

- public String getProtocol()：获取该 URL 的协议名。
- public String getHost()：获取该 URL 的主机名。
- public int getPort()：获取该 URL 的端口号，如果没有设置端口，返回-1。
- public String getFile()：获取该 URL 的文件名。
- public String getQuery()：获取该 URL 的查询信息。
- public String getPath()：获取该 URL 的路径。
- public String getAuthority()：获取该 URL 的权限信息。
- public String getUserInfo()：获得使用者的信息。
- public String getRef()：获得该 URL 的区段。

下面通过一个具体的例子来说明 URL 的组成部分。

例 8.8 ParseURL.java

```
//创建一个 URL 对象，并获取它的各个组成部分
import java.net.*;
public class ParseURL{
    public static void main (String [] args) throws Exception{
        //创建一个 URL，该 URL 为一个并不存在的资源
        URL Aurl=new URL("http://javax.moon.com:80/docs/books/");
        URL tuto=new URL(Aurl,"tutorial.intro.html#DOWNLOADING");
        System.out.println("protocol="+ tuto.getProtocol());
        System.out.println("host ="+ tuto.getHost());
        System.out.println("filename="+ tuto.getFile());
        System.out.println("port="+ tuto.getPort());
        System.out.println("ref="+tuto.getRef());
        System.out.println("query="+tuto.getQuery());
        System.out.println("path="+tuto.getPath());
        System.out.println("UserInfo="+tuto.getUserInfo());
        System.out.println("Authority="+tuto.getAuthority());
    }
}
```

程序运行结果为：

```
protocol=http
host =javax.moon.com
filename=/docs/books/tutorial.intro.html
port=80
ref=DOWNLOADING
query=null
path=/docs/books/tutorial.intro.html
UserInfo=null
Authority=javax.moon.com:80
```

注意： 该例中的 URL 指向的资源对象实际上并不存在，在 Java 程序重创建 URL 对象时，并不检查该 URL 所指向的资源的真实性。

URL 对象的方法 openStream()，建立与 URL 所指定的网络资源的连接，执行必要的客户端和服务器之间的连接动作，然后返回一个输入流(InputStream)，从中可以读取资源数据。这和我们打开一个文件读取其中的内容，并没有什么区别。

例 8.9　GetURLData.java

```
import java.net.*;
import java.io.*;
//该程序读取指定的 URL 的内容，并输出到标准输出
public class GetURLData {
  public static void readURLData(String resource) {
    BufferedReader in = null;
    try {
      //构建一个 URL 对象
      URL url = new URL(resource);
      //使用 openStream 得到一个输入流并由此构造一个 BufferedReader 对象
      in = new BufferedReader(new InputStreamReader (url.openStream()));
      String nextLine;
      //从输入流不断地读数据，直到读完为止
      while ((nextLine = in.readLine()) != null) {
        //把读入的数据输出到标准输出
        System.out.println(nextLine);
      }
    }
    catch(MalformedURLException e) { //必须处理的异常
      System.err.println("无效的 URL:" + e);
    }
    catch(Exception e) { //其他所有异常
      System.err.println("异常:" + e);
    }
    finally {
      try {
        //关闭输入流
        if(in != null) {
          in.close();
        }
      }catch (IOException ioe) {}
    }
  }
  public static void main(String[] args) {
     if(args.length != 1) {
      //要求通过命令行参数指定 URL 资源
      System.out.println("Usage: java GetURLData url");
      return;
     }
```

```
    readURLData(args[0]);
  }
}
```

URL 所表示的网络资源，既可以是远程的，也可以是本地的，如果本程序的源码文件位于目录 C:\，则下面的命令可以输出本程序的内容：

```
C:\>java GetURLData file://localhost/c:/GetURLData.java
import java.net.*;
import java.io.*;
...
```

下面以远程网页为例，GetURLData 输出网页的原始内容：

```
C:\>java GetURLData http://www.sun.com/index.html
<!DOCTYPE HTML PUBLIC "-//W3C//DTD HTML 4.01 Transitional//EN">
<html>
<head>
<title> Sun Microsystems </title>
...
```

8.5.2 URLConnection 类

在例 8.9 GetURLData.java 中，我们曾展示了方法 openStream()，实际上该方法合并了两个方法：openConnection()和 getInputStream()。方法 openConnection()建立与 URL 所代表的网络资源的连接，返回一个 URLConnection 对象表示该连接。

URLConnection 是一个抽象类，代表着与 URL 指定的网络资源的动态连接。在访问 URL 资源的客户端和提供 URL 资源的服务器交互时，URLConnection 类可以比 URL 类提供更多的控制和信息。URLConnection 类具有下列功能：

- URLConnection 可以访问协议的标题信息。
- 客户端可以配置请求参数，并发送至服务器。
- 数据流是双向的，客户端既可以读取数据也可以写入数据。

既然 URLConnection 是一个抽象类，我们就不可能调用它的构建器来创建一个 URLConnection 对象。我们可以调用 URL 对象的 openConnection()方法创建与这个 URL 相关的 URLConnection 对象，openConnection()方法返回的是 URLConnection 一个具体实现的子类的对象。

使用 URLConnection 对象的一般方法如下。

(1) 创建一个 URL 对象。

(2) 调用 URL 对象的 openConnection()方法创建这个 URL 的 URLConnection 对象。

(3) 配置 URLConnection。

(4) 读首部字段。

(5) 获取输入流并读数据。

(6) 获取输出流并写数据。

(7) 关闭连接。

注意： 上述步骤并不都是必要的，如果我们可以接受 URL 类的默认设置，则可以忽略设置 URLConnection；如果我们只需要从服务器读取数据，并不需要向服务器发送数据，则可以不必去获取输出流来写入数据。

URLConnection 能够提供的标题信息，包括下列域：

- 文件类型(Content-type)。
- 文件长度(Content-length)。
- 文件编码方式(Content-encoding)。
- 文件创建时间(Date)。
- 文件最后修改时间(Last-modified)。
- 文件过期时间(Expires)。

对应于上述标题域的 URLConnection 获取办法如下：

```
public String getContentType()
public int getContentLength()
public long getDate()
public long getLastModified()
public long getExpiration()
```

标题信息依赖于具体服务器的实现，一些服务器为每一个客户端请求提供所有这些信息，一些服务器可以提供部分信息，少数服务器可能并不提供标题信息。

例 8.10 GetURLHeader.java

```
import java.net.*;
import java.io.*;
//该程序读取指定 URL 的标题域，并输出到标准输出
public class GetURLHeader {
  public static void readURLHeader(String resource) {
    try {
      //构建一个 URL 对象
      URL url = new URL(resource);
      //获取 URLConnection 对象
      URLConnection connection = url.openConnection();
      //获取标题信息
      //文件类型
      System.out.println("Content-type:"
        + connection.getContentType());
      //文件长度
      System.out.println("Content-length:"
        + connection.getContentLength());
      //文件字符集
      System.out.println("Content-encoding:"
        + connection.getContentEncoding());
      //文件创建日期
      System.out.println("Date:" + connection.getDate());
      //文件最后修改时间
```

```
      System.out.println("Last-modified:"
        + connection.getLastModified());
      //文件过期时间
      System.out.println("Expires:"
        + connection.getExpiration());
    }
    catch(MalformedURLException e) { //必须处理的异常
      System.err.println("无效的 URL:" + e);
    }
    catch(Exception e) { //其他所有异常
      System.err.println("异常:" + e);
    }
}
public static void main(String[] args) {
     if(args.length != 1) {
       //要求通过命令行参数指定 URL 资源
       System.out.println("Usage: java GetURLHeader url");
       return;
     }
     readURLHeader(args[0]);
  }
}
```

程序运行结果如下。

以本地文件为例：

```
C:\>java GetURLHeader file://localhost/c:/GetURLHeader.java
Content-type:text/plain
Content-length:1359
Content-encoding:null
Date:0
Last-modified:1105274431093
Expires:0
```

以网页为例：

```
C:\>java GetURLHeader http://www.sun.com/index.html
Content-type:text/html;ISO-8859-1
Content-length:-1
Content-encoding:null
Date:1105317844000
Last-modified:0
Expires:0
```

8.6　案例实训

1. 案例说明

本例是发送电子邮件的应用程序，发件人可以设置用户名、密码、发件人、收件人、邮件主题、邮件内容及邮件服务器等，然后发送电子邮件。

2. 编程思想

发送邮件需要用到 JavaMail API。首先需要设置 mail.host 属性，如 SMTP 主机，然后利用 Session.getInstance()方法启动邮件会话，启动后创建 MimeMessage 邮件对象，然后设置发件人、收件人、邮件主题、邮件内容及发送日期等，最后用 connect()方法建立连接，再利用 Transport.send()方法发送邮件。

二维码 8-1

3. 程序代码

请扫二维码 8-1，查看完整的代码。

4. 运行结果

程序运行结果如图 8.4 所示。

图 8.4　案例的运行结果

习　　题

8.1　仿照例 8.4，使用 ServerSocket 编写一个时间服务器程序，它能够向客户程序发送以下格式的时间信息。

时间格式示例为：Sat Jan 15 10:45:20 CST 2005

算法提示：

打开一个 ServerSocket；

开始循环：

等待并接受客户程序的连接请求；

获得输出流引用；

向输出流写入日期和时间数据；

关闭连接；

结束循环；

关闭 ServerSocket 并退出。

8.2　使用 DatagramSocket 实现习题 8.1 的时间服务器。

算法提示：

打开一个数据报 DatagramSocket；

开始循环：

创建客户程序请求数据报的缓冲区并等待请求；

当接收到请求时获取发送者(即客户程序)的 IP 地址和端口；

创建包含当前日期和时间的信息，可向给定 IP 地址和端口发送应答数据包；

发送上述应答数据包；

结束循环；

关闭 DatagramSocket 并退出。

8.3　为题 8.1 和题 8.2 分别编写相应的客户端程序，能够向服务器发送请求并读取时间服务器的应答。

第 9 章　Java I/O 系统

输入(Input)/输出(Output)系统，简称为 I/O 系统。一个不需要输入输出的程序或许可以在理论上存在，但是一个实际的应用程序或者与标准输入/输出进行交互，或者对磁盘文件进行读写，或者与其他位于本地或是位于远程的程序进行通信，都离不开输入输出。

Java 的 I/O 系统是基于流的形式，输入流用来读取数据，输出流用来写出数据，流为程序读写各种不同的数据源和数据目标提供了一致的方法。当我们从一个输入流中读取数据时，可以不关心这数据是来自系统标准输入设备(键盘)，还是来自一个磁盘文件，还是来自内存，还是从网络上接收到的数据包，输入流为我们隐藏了具体的、不同数据源的差异。

Java 的 I/O 系统分输入流/输出流(InputStream/OutputStream)和读取器/写出器(Reader/Writer)两类，区别在于：InputStream/OutputStream 为字节流，按 8 位字节来处理数据，常用于读写二进制数据；Reader/Writer 为字符流，可以处理 Unicode 字符集中的任何字符，常用于读写文本信息。在 java.io 包中，输入输出类基本上是成对出现的，有一个 XxxInputStream 就有一个对应的 XxxOutputStream，有一个 XxxReader 就有一个对应的 XxxWriter。

在 java.io 包中还包含一组类，用来对类和对象进行序列化，对一个对象的序列化意味着把其状态转化成一个字节流，这样，该字节流可以被存储为这个对象的一个备份。与序列化过程相反，反序列化是将一个已序列化对象的结构转化为其原有形式的过程。

9.1　文　件　类

9.1.1　文件类 File

不管是程序员还是程序，与文件系统打交道总是不可避免的，我们经常要用 cd 这个命令来更改当前目录，在 Windows 中用 dir 查看文件信息，在 Unix 系统中用 ls 查看文件信息。在 Java 语言中，用 File 类表示文件，File 类可以处理各种文件操作。

与文件相关的一个重要概念是目录，在 Java 中并不存在一个对应于目录的类。事实上不论是在 Windows 系统中还是在 Unix 系统中，都将目录视为一种特殊的文件。Java 的类 File 既可以表示文件，也可以表示目录。类 File 有 3 个常用构建器：

```
File(String fileName)
File(String directory, String fileName)
File(File directory, String fileName)
```

第一个构建器通过文件名——可以是文件的完全路径名，也可以是相对路径名(相对于当前线程的工作目录)，来创建一个 File 对象。

第二个构建器同时指定了文件的目录和文件名。

第三个构建器和第二个构建器的区别在于使用一个 File 对象而不是 String 对象来表示文件目录。

注意： 需要指出的是，当我们调用 File 类的构建器时，仅仅是在程序运行环境中创建了一个 File 对象，而不是在文件系统中创建了一个文件。File 对象可以表示文件系统中对应的目录或文件，也可以表示在文件系统中尚不存在的目录或文件。

例 9.1 TheFile.java

```
import java.io.*;
class TheFile {
    public static void main(String[] args) {
        File diskC = new File("C:/");
        File testFile = new File(diskC, "test");
        System.out.println(diskC.getAbsolutePath() +
          "是否存在:" + diskC.exists());
        System.out.println(testFile.getAbsolutePath() +
          "是否存在:" + testFile.exists());
    }
}
```

程序运行结果：

```
C:\是否存在:true
C:\test 是否存在:false
```

在这个例子中，对象 diskC 表示 C 盘根目录；而 testFile 对象表示的文件“C:\test”并不存在。方法 getAbsolutePath()返回 File 对象的绝对路径，testFile.exists()可以测试一个文件是否存在。

既然调用 File 类构建器并不能创建一个文件，那么我们如何创建一个文件呢？一种方法是调用 File 对象的方法 createNewFile()；另一种更常用的方法是调用我们随后要介绍的类 FileOutputStream 的构建器，它还可以提供 File 类不具备的文件输出功能。

File 类的方法 mkdir()和 mkdirs()可以用来创建目录，这两个方法的区别在于 mkdirs()可以创建目录路径中的多层目录，即同时创建这个目录的父目录以及父目录的父目录；而 mkdir()要求创建目录的父目录已存在。

例 9.2 TheFile2.java

```
import java.io.*;
class TheFile2 {
    public static void main(String[] args) {
        //测试文件创建 createNewFile()
        File testFile = new File("c:\\test");
        System.out.println(testFile.getAbsolutePath() +
          "是否存在:" + testFile.exists());
        try {
            testFile.createNewFile();
```

```
        }
        catch(IOException e) {
            e.printStackTrace();
        }
        System.out.println(testFile.getAbsolutePath() +
          "是否存在:" + testFile.exists());

        //测试目录创建 mkdirs()
        File testDir = new File("c:\\a\\b\\c");
        System.out.println(testDir.getAbsolutePath() +
          "是否存在:" + testDir.exists());
        testDir.mkdirs();
        System.out.println(testDir.getAbsolutePath() +
          "是否存在:" + testDir.exists());
    }
}
```

程序运行结果：

```
c:\test 是否存在:false
c:\test 是否存在:true
c:\a\b\c 是否存在:false
c:\a\b\c 是否存在:true
```

注意： 不同的操作系统使用不同的目录分隔符，Windows 系统使用反斜杠“\”(注意字符“\”用作转义符，所以在程序中要用“\\”表示字符“\”)，Unix 系统使用斜杠“/”。

在 Java 程序中我们可以使用一个与系统无关的分隔符，这就是 File 对象的静态变量 separator。例如：

```
String pathName = "sava" + File.separator + "data.bat";
File f = new File(pathName);
```

File 中还有一个路径分隔符，我们知道在系统的环境变量 Path 中包含一组路径，在 Windows 中使用“;”分隔每个路径，而 Unix 系统使用“:”。在 Java 程序中，我们可以使用 File.pathSeparator 来表示与系统无关的路径分隔符。

File 类大概有 40 个方法，下面我们列举其中一些较为常用的。

- boolean createNewFile()：如果 File 所表示的文件不存在，则创建一个新的空文件，创建成功返回 true，失败则返回 false。
- boolean delete()：删除 File 所表示的文件或目录，删除目录要求该目录为空，返回值表示删除动作是否成功。
- boolean mkdirs()：创建一个目录。
- boolean renameTo(File destination)：对一个文件改名或移动。
- boolean isDirectory()：检测 File 对象表示的是否为目录。
- public boolean isFile()：检测 File 对象表示的是否为文件。

- boolean canRead()：检测一个文件是否可读。
- boolean canWrite()：检测一个文件是否可写。
- boolean exists()：检测一个文件是否存在。
- String [] list()：获取 File 所表示的目录下的文件和目录列表。
- long lastModified()：返回文件最后修改时间。时间为基于 1970-01-01 00:00:00 的毫秒数。
- String getPath()：返回相对路径名(包括文件名)。
- String getAbsolutePath()：返回完全路径名。
- String getParent()：如果 File 对象指定了父目录，则返回父目录名；否则返回一个 null 值。
- String getName()：返回 File 对象所表示的文件名或目录名。

下面再看一个 File 的应用实例。在 Windows 系统中我们可以使用 DOS 命令 tree 显示一个目录结构，即显示一个目录下包含的文件和子目录，以及子目录下再包含的文件和子目录。下面我们用 File 类来动手实现一个 JTree。

例 9.3　JTree.java

```
import java.io.*;
public class JTree {
  public static int level = 0;//目录层次
  //list 是一个递归方法，列出每个目录下的文件名
  public static void list(String path, String file) {
    String fullname = path + File.separator + file;
    //当前目录
    File current = new File(fullname);
    if (!current.exists()) {
      System.out.println(file + " not exists.");
      return;
    }
    print(file, true);
    //获取当前目录下文件和子目录列表
    String[] sons = current.list();
    ++level;//目录层递增
    for (int i = 0; i < sons.length; i++) {
      File f = new File(fullname + File.separator + sons[i]);
      if (f.isDirectory()) {//如果是子目录成员
        //递归调用，进入子目录
        list(fullname, sons[i]);
      } else {
        print(sons[i], false);
      }
    }
    --level;//目录层递减
  }
```

```
    //输出一个文件名或目录名
    public static void print(String str, boolean isDir) {
      if (level > 0) {
        for (int i = 0; i < level - 1; i++) {
          System.out.print("| ");
        }
        if (isDir) {
          System.out.print("|+");
        } else {
          System.out.print("|-");
        }
      }
      System.out.println(str);
    }
    public static void main(String[] args) {
       if(args.length != 1) {
         System.out.println("Usage: java JTree directory");
         return;
       }
      list("", args[0]);
    }
}
```

在这个例子中，我们调用递归方法 list，来显示指定目录下的子目录和文件。程序首先使用 File 对象的 list()方法获得一个目录的所有成员列表，然后对每个目录成员构造一个 File 对象，调用其方法 isDirectory()判断这个成员是否为目录，如果是，则进入该子目录，进一步获取子目录的成员列表。

程序运行结果示例：

```
C:\>java JTree c:\windows
c:\windows
|+$hf_mig$
|  |+KB818529
|  |  |+RTMQFE
|  |  |  |-shdocvw.dll
|  |  |  |-urlmon.dll
|  |  |-spmsg.dll
|  |  |-spuninst.exe
|  |  |+update
|  |  |  |-eula.txt
...
```

9.1.2 文件过滤

在例 9.3 中，我们利用 File 对象的方法 list()来获得一个目录下的所有子目录和文件列表。从 Java 的 API 帮助文档中，我们可以看到在 File 类中还有多个重载的 list()方法，下面是其中的一个：

```
public String[] list(FilenameFilter filter)
```

这个方法需要一个 FilenameFilter 对象参数。在很多情况下，我们可能要根据文件名对文件进行过滤，这时就可以调用这个方法来实现。其中 FilenameFilter 是一个接口，其中声明了一个抽象方法：

```
boolean accept(File dir, String name);
```

通过实现这个接口就可以进行文件名过滤。在文件系统中，文件扩展名代表着文件类型，下面我们就实现一个例子，按文件扩展名进行文件名过滤。

例 9.4　FileExtensionFilter.java

```
import java.io.*;
public class FileExtensionFilter implements FilenameFilter {
  private String extension = null;//文件扩展名
  public FileExtensionFilter(String extension){
    this.extension = "." + extension.toLowerCase();
  }
  public boolean accept(File dir, String name){
    File tmp = new File(dir, name);
    if(tmp.getName().toLowerCase().endsWith(extension)) {
      return true;
    }
    return false;
  }
  public static void main(String[] args) {
    File currentDirectory = new File(".");
    FileExtensionFilter javaFilter = new FileExtensionFilter("java");
    String[] javaFiles = currentDirectory.list(javaFilter);
    for(int i=0; i<javaFiles.length; i++) {
      System.out.println(javaFiles[i]);
    }
  }
}
```

该程序运行结果显示当前目录下的 Java 源文件：

```
C:\>java FileExtensionFilter
Access.java
EventListener.java
FileExtensionFilter.java
...
```

FilenameFilter 是一个很简单的接口，在程序中为了增强代码的紧凑性，我们可以直接利用匿名内部类来实现这个接口，例如在下面的代码中，我们要获得当前目录下的文件列表，其中不包含子目录：

```
File currentDirectory = new File(".");
String[] files = currentDirectory.list
  (new FilenameFilter() {
    public boolean accept(File dir, String name){
```

```
        File f = new File(dir, name);
        return !f.isDirectory();
      }
    });
```

9.2　Java I/O 结构

程序中的数据流，是对现实世界中水流的一个形似的抽象。流用来顺序地读写数据信息，它是一个单向的数据通道。输入流从某个外部的数据源向程序输入数据，输出流从程序向外部数据目标输出数据。这些外部数据源或数据目标可以是各种不同的设备或程序，包括标准输入设备(键盘)、标准输出设备(显示屏)、硬盘上的文件、内存缓冲区、另一个位于本地或远程计算机上的程序等，甚至可以是其他流。尽管它们区别很大，但 Java I/O 系统隐藏了具体的实现细节，所有的输入输出都被抽象为流，这样程序可以通过一致的方法来读写数据。

位于 java.io 包中的类包含两组独立的类层次结构：一个用于读写字节，称为字节流；另一个用于读写字符，称为字符流。字节流与字符流的区别在于它们处理数据的方式，字节流按字节(一个 8 位组)来处理数据，这也是最基本、最常用的数据处理方式。在实际应用中，存在一类文本数据，它们可能采用各种不同的字符编码方式(字符集)，可能是单字节字符，也可能是多字节字符，这就需要借助于字符流来处理文本类信息。

9.2.1　字节流

输入流(InputStream)和输出流(OutputStream)构成字节流的祖先，这两个类直接继承了 Object 类。InputStream 和 OutputStream 都是抽象类，InputStream 为其他所有字节输入流的超类，而 OutputStream 为其他所有字节输出流的超类。如图 9.1 和图 9.2 所示就是字节输入流和输出流的大致的类层次结构图。

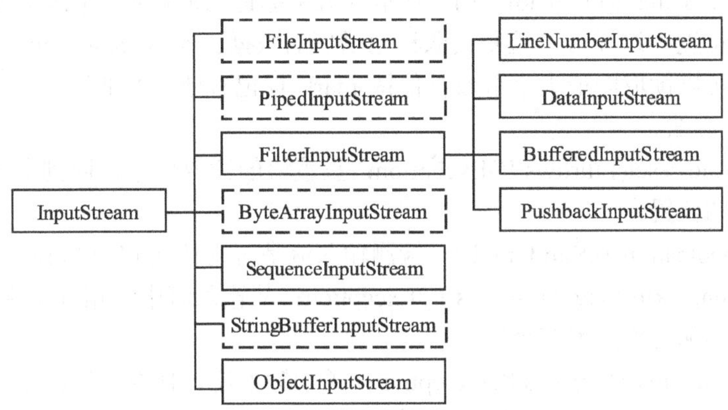

图 9.1　字节输入流的类层次结构

InputStream 有 9 个直接的子类(图 9.1 中显示出了其中的 7 个子类)，OutputStream 有 5 个直接的子类。图中虚线框表示的类，可以打开某个具体的数据源或目标的流，进行数据的读写处理。实线框表示的类的流，可以连接到其他数据流，执行数据转化、缓存、过滤

等各种处理。

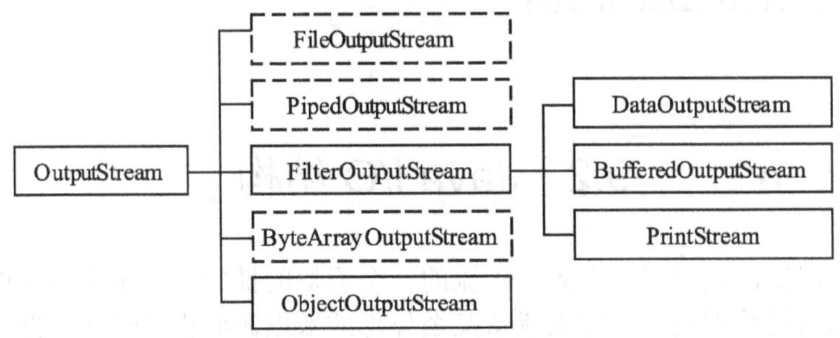

图 9.2　字节输出流的类层次结构

作为输入输出流的祖先，在 InputStream 和 OutputStream 中，定义了一些最基本的数据读写方法。在 InputStream 中定义了 9 个方法，其中一些方法为重载方法。

InputStream 的方法如下。

- public abstract int read() throws IOException：从输入流读取下一个字节，字节值为 0～255，如果输入流中不再有数据，返回-1，表示输入结束。这是一个阻塞方法，直到有数据可读，或数据流结束，或发生异常时才返回。同时，该方法是抽象的，需要在具体的子类中加以实现。
- public int read(byte[] b) throws IOException：从输入流读取一组数据存入缓冲区 b 中。该方法返回所读取字节的个数，如果返回-1，表示数据流结束。
- public int read(byte[] b, int off, int len) throws IOException：从输入流读取最多 len 字节数据存入缓冲区 b 中，并且所读取数据从数组 b 的第 off 个位置开始存放。方法返回读取字节个数，如果返回-1，表示数据流结束。
- public int available() throws IOException：返回输入流中无须阻塞可直接读取字节个数。
- public void mark(int readlimit)：在输入流中标记当前位置，以后可调用 reset 方法返回该位置，这样可以重复读取标记以后的数据。参数 readlimit 设置调用 mark 方法后可以读取的最大字节数且保持 mark 标记有效。并非所有的流都支持 mark 和 reset 方法。
- public void reset() throws IOException：重置流的读取位置，回到上次调用 mark 方法标记的位置。
- public boolean markSupported()：检测输入流是否支持 mark 和 reset 方法。
- public long skip(long n) throws IOException：从输入流中忽略 n 个字节的数据，返回值为实际忽略的字节个数。
- public void close() throws IOException：关闭输入流，释放占用的系统资源。

在 OutputStream 中定义了以下 5 个方法。

- public abstract void write(int b) throws IOException：向输出流写入一个字节。写出字节为整数 b 的低字节，整数 b 的 3 个高字节被忽略。这是一个抽象方法，需要在具体的子类中加以实现。
- public void write(byte[] b) throws IOException：把缓冲区 b 中的全部数据写入输出流。

- public void write(byte[] b, int off, int len) throws IOException：把缓冲区 b 中从 b[off]开始的 len 个字节的数据写入输出流。
- public void flush() throws IOException：刷新输出流，强制输出缓冲区的数据立即写出。
- public void close() throws IOException：关闭输出流。

InputStream 和 OutputStream 是抽象类，我们不能直接创建 InputStream 和 OutputStream 对象。在实际应用中，我们常用 InputStream 和 OutputStream 类的引用指向它们的具体实现的子类对象。例如在网络应用程序中：

```
URL url = new URL(resource);
InputStream in = url.openStream();
```

这段程序中代码 url.openStream()返回一个 InputStream 引用，这个引用实际指向了一个 sun.net.TelnetInputStream 流对象，程序中我们并不在意 TelnetInputStream 对象的实现细节，而把其当作一个 InputStream 对象来使用。

9.2.2　字符流

读取器(Reader)和写出器(Writer)是所有字符流的超类，它们是直接继承 Object 类的抽象类。Reader 和 Writer 可读写 16 位的字符流。作为抽象类，Reader 和 Writer 必须被子类化才能实现字符流的读写工作。Java 字符输入输出流的类层次结构大致如图 9.3 和图 9.4 所示。

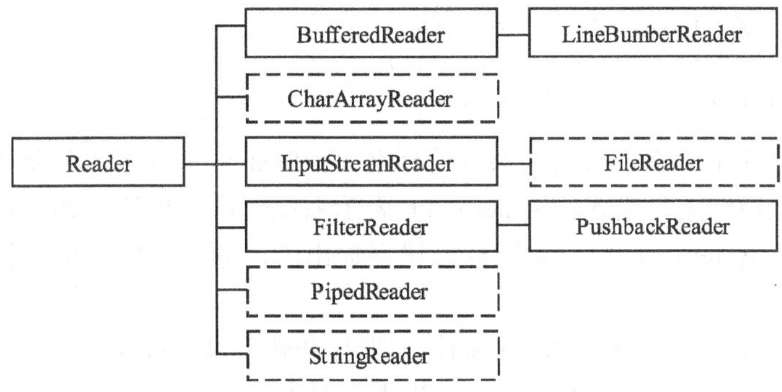

图 9.3　字符输入流的类层次结构

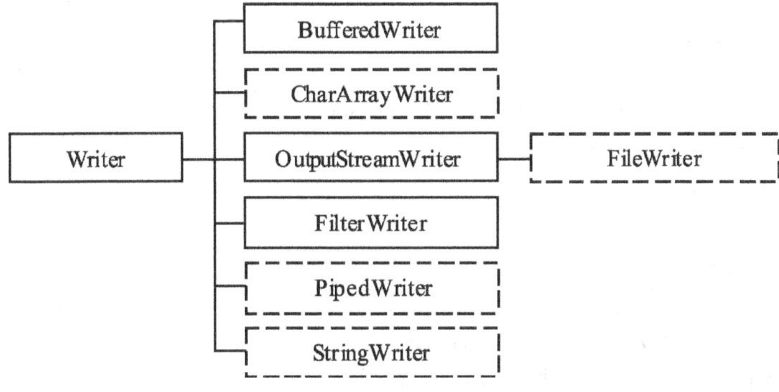

图 9.4　字符输出流的类层次结构

在图 9.3、图 9.4 中，虚线框表示的字符流对象用于连接具体的数据源或目标；实线框表示的字符流，可以连接其他流，用于提供数据过滤功能。

在 Reader 类中定义了与 InputStream 类似的 read 方法用来读取字符：

```
public int read() throws IOException
public int read(char[] cbuf) throws IOException
public abstract int read(char[] cbuf, int off, int len)
    throws IOException
```

在 Writer 类中定义了和 OutputStream 类似的 write 方法，用来写出字符：

```
public void write(String str) throws IOException
public void write(char[] cbuf) throws IOException
public abstract void write(char[] cbuf, int off, int len)
    throws IOException
```

9.3 使　用　流

9.3.1 标准流

Java 语言包中有一个类 System，这个类没有共有的构建器，因此我们并不能创建这个类的对象实例，不过我们想了解的是它提供的 3 个有用的静态类字段：

```
public final static InputStream in;
public final static PrintStream out;
public final static PrintStream err;
```

System 类的这 3 个静态字段就是系统的标准流：System.in 表示系统标准输入流，通常环境下标准输入流指向键盘输入；System.out 表示系统标准输出流，通常环境下标准输出流指向屏幕输出；System.err 表示系统标准错误输出流，通常环境下标准错误输出流也指向屏幕输出。

在程序中，这 3 个标准流不需要我们显式地打开就可以直接使用，其实它们由系统负责打开。对于标准流，如果程序不再使用，也不需要关闭。

例 9.5　Echo.java

```
import java.io.*;
public class Echo {
  public static void main(String[] args) {
    int[] line = new int[1024];
    int count = 0;
    boolean done = false;
    while(!done) {
      try {
        int read = System.in.read();
        if(read == '\r') {//按 Enter 键，丢弃
        }
```

```
        else if(read == '\n') {//换行符，回显输入内容
          for(int i=0; i<count; i++) {
            System.out.write(line[i]);
          }
          System.out.write('\n');
          count = 0;
        }
        else if(read == '.' && count == 0) {//字符'.' 结束
          done = true;
        }
        else {
          if(count < line.length)
            line[count ++] = read;
        }
      }catch(IOException e) {
        //System.err 用于输出错误信息
        System.err.println(e);
      }
    }
  }
}
```

该程序运行时读取用户的键盘(System.in)输入，并通过屏幕(System.out)回显，直接输入“.”，用于退出程序。如果程序发生了 IOException，通过标准错误输出流(System.err)打印出来。

该程序运行示例：

```
C:\>java Echo
hello world
hello world
1234567890
1234567890
.
```

注意： 在上面的程序中我们还需要注意一点：在 Unix 系统中换行符是“\n”，在 Windows 系统中换行符是“\r\n”。

标准输入流 System.in 和标准输出流 System.out 可以直接使用，但是，如果程序关闭了 System.in 或 System.out，对应的 System.in 或 System.out 就不能再使用，否则将触发 IOException。

对程序来说，I/O 操作是一个难以预计和控制的动作，毕竟潜在太多的难以估计的错误和异常：磁盘可能意想不到就会损坏，网络在最不该出问题的时候偏偏失去了连接，I/O 另一端的程序也可能会崩溃，因此几乎所有的 I/O 操作都会抛出 IOException。IOException 是一个必须检查的异常，程序中要么捕获(catch)它，要么继续抛出(throw)它。在 java.io 包中，IOException 有许多子类，它们具体地指出了某个特定的异常。

在 System 类中还有 3 个方法：

```
public static void setIn(InputStream in)
public static void setOut(PrintStream out)
public static void setErr(PrintStream err)
```

它们分别用于标准输入流、标准输出流和标准错误输出流的重定向。例如下面的方法把标准输出流重定向到磁盘文件 loginfo.txt:

```
PrintStream out = new PrintStream(new FileOutputStream("loginfo.txt"));
System.setOut(out);
```

我们调用:

```
System.out.println("Hello World!");
```

屏幕上不再打印输出内容,可以到文件 loginfo.txt 中看到输出内容。

System.out 和 System.err 都用于输出,通常情况下 System.out 用于程序输出一般信息,而 System.err 用于输出错误信息和其他需要引起用户立即注意的信息。在系统中,System.out 具有缓存机制,而 System.err 是没有缓存的,这是两者之间的一个重要区别。

9.3.2 文件流

文件读写是最常见的 I/O 操作,通过文件流来连接磁盘文件,读写文件内容是一件很轻松的工作。文件输入流(FileInputStream)和文件输出流(FileOutputStream)是抽象类 InputStream 和 OutputStream 的具体子类,实现了文件的读写。文件的读写工作包括 3 个步骤。

(1) 打开文件输入流或输出流。

(2) 文件读或写操作。

(3) 关闭文件输入流或输出流。

FileInputStream 实现读文件,调用 FileInputStream 的构建器可以打开一个文件输入流。FileInputStream 有 3 个构建器:

```
public FileInputStream(String fileName) throws FileNotFoundException
public FileInputStream(File file) throws FileNotFoundException
public FileInputStream(FileDescriptor fdObj)
```

第一个方法指定文件名,第二个方法指定一个 File 对象,第三个方法需要指定一个文件描述符对象(FileDescriptor),本书不进行介绍。如果我们试图在一个不存在的文件上打开一个文件输入流,FileInputStream 的构建器会抛出异常 FileNotFoundException,它是 IOException 的一个子类,程序应该捕捉这个异常,或者也可以捕捉 IOException。

程序中,最常用的方法就是通过文件名打开一个文件输入流。例如:

```
try {
  FileInputStream fin = new FileInputStream("Readme.txt");
  ...
}
catch(IOException e) {
  ...
}
```

FileInputStream 类定义了和超类 InputStream 相同的 read 方法：

```
public native int read() throws IOException
public int read(byte[] data) throws IOException
public int read(byte[] data, int offset, int length) throws IOException
```

如果由于某种原因造成文件不可读，比如当前进程的权限不够，read 方法将抛出异常 IOException。读取一个文件内容的方法十分简单，下面我们通过一个具体的例子来了解 FileInputStream 的应用。

例 9.6　JTypeFile.java

```
import java.io.*;

public class JTypeFile {
  public static void type(String fileName) {
    FileInputStream fin = null;
    try {
      //第一步：打开文件流
      fin = new FileInputStream(fileName);
      int read = -1;
      //第二步：读
      while((read = fin.read()) >= 0) {
        System.out.write(read);
      }
    }
    catch(FileNotFoundException e) {
      System.err.print("Not found the file:" + fileName);
    }
    catch(IOException e) {
      System.err.print("Cann\'t read the file:" + fileName);
    }
    finally {
      try {
        //第三步：关闭文件流
        if(fin != null) fin.close();
      }
      catch(Exception e) {}
    }
  }
  public static void main(String[] args) {
    if(args.length <= 0) {
      System.out.println("Usage: java JTypeFile file1 file2 ...");
      return;
    }
    for(int i=0; i<args.length; i++) {
      System.out.println(args[i]+":");
      //输出文件内容
```

```
        type(args[i]);
        System.out.println("\n");
      }
    }
}
```

程序 JTypeFile 把命令行参数指定的一个或多个文件的内容打印到标准输出上，它类似于 Windows 的工具 Type 和 Unix 的工具 cat。

FileInputStream 的其他方法 available()和 skip(long n)与 InputStream 的方法功能一样。

和 FileInputStream 对应的文件输出流 FileOutputStream 实现了文件输出功能，它最常用的两个构建器如下：

```
public FileOutputStream(String name) throws FileNotFoundException
public FileOutputStream(String name, boolean append)
    throws FileNotFoundException
```

其中，name 指定了文件名，与 FileInputStream 类似，我们还可以在这个位置放一个 File 对象来打开一个文件输入流。

调用第一个构建器时，如果 name 指定的文件不存在，将创建该文件，并同时建立一个输出流；如果 name 指定的文件已存在，该文件的内容将会被覆盖。在第二个构建器中，我们可以通过第二个参数 append 指定是否对已存在的文件进行覆盖，如果 append 为 true，将对文件进行追加写，即新输出的内容将添加到文件尾端；如果 append 为 false，则覆盖原文件。

File 对象的方法 createNewFile()也可用来创建一个文件，不过这仅是一个空文件，而 FileOutputStream 的构建器，可以创建一个新文件，并同时打开一个输出流，我们可以向文件中写入内容。

注意： 如果指定了一个已存在的目录，或该文件虽不存在但不能创建，或因其他原因而不能打开，FileOutputStream 的构建器将抛出 FileNotFoundException 异常。

FileOutputStream 类定义了与超类 OutputStream 相同的 write 方法：

```
public void write(int b) throws IOException
public void write(byte[] b) throws IOException
public void write(byte[] b, int off, int len) throws IOException
```

下面我们通过一个例子来说明 FileOutputStream 的用法。

例 9.7　JCopyFile.java

```
import java.io.*;
public class JCopyFile {
  public static void copy(String srcFile, String dstFile) {
    FileInputStream fin = null;
    FileOutputStream fout = null;
    try {
      //打开源文件
```

```
            fin = new FileInputStream(srcFile);
            //打开目标文件
            fout = new FileOutputStream(dstFile);

            int read = -1;
            //从输入流读，向输出流写
            while((read = fin.read()) >= 0) {
              fout.write(read);
            }
          }
          catch(FileNotFoundException e) {
            e.printStackTrace();
          }
          catch(IOException e) {
            e.printStackTrace();
          }
          finally {
            try {
              //关闭文件流
              if(fin != null) fin.close();
              if(fout != null) fout.close();
            }
            catch(Exception e) {}
          }
        }
        public static void main(String[] args) {
          if(args.length != 2) {
            System.out.println
              ("Usage: java JCopyFile source destination");
            return;
          }

          copy(args[0], args[1]);
        }
      }
```

程序 JCopyFile 可以用来复制一个文件，它类似 Windows 下的 copy 命令和 Unix 下的 cp 命令。在命令行指定源文件名和目标文件名，JCopyFile 将源文件的内容复制到目标文件。在这个例子中，我们在源文件上打开一个文件输入流(程序中变量 fin)，调用 FileOutputStream 的构建器来创建目标文件，并打开一个文件输出流(程序中变量 fout)，从 fin 中读取内容，并写入 fout。

FileInputStream 和 FileOutputStream 都有一个方法：

```
public void close() throws IOException
```

无论是 FileInputStream 还是 FileOutputStream，当程序不再使用时，就应该及时调用 close()方法，进行关闭，这将允许操作系统释放与流相关的系统资源。系统资源都是有限的，无论什么平台，对同时打开的文件数都有最大数限制，当达到这个限制时，程序将不能再打开文件，所以程序应确保关闭不再使用的文件流。

注意： 通常我们将文件流的关闭操作置于 finally 块中进行，当程序由于异常而中断正常流程时，finally 块总是被执行到，因此在 finally 块关闭文件流，是一个较为安全的方法。

9.3.3 过滤器流

Java 的流按使用方式可以分为两类，一类是建立了程序和其他数据源或数据目标的数据通道，程序通过这类流可以和流的另一端的数据源或目标进行数据交互，这类数据流称为节点流(node stream)。例如文件输入流 FileInputStream 和文件输出流 FileOutputStream，在它们的另一端是磁盘文件。

另一类流本身并不和具体的数据源和数据目标连接，它们连接在其他输入或输出流上，提供各种数据处理，诸如转换、缓存、加密、压缩等功能，这类流称为过滤器流(filter stream)。过滤器输入流从已存在的输入流(比如 FileInputStrem)中读取数据，对数据进行适当的处理和改变后再送入程序。过滤器输出流向已存在的输出流(比如 FilterOutputStream)写入数据，在数据抵达底层流之前进行转换处理等工作。

过滤器输入流 FilterInputStream 和过滤器输出流 FilterOutputStream 分别为 InputStream 和 OutputStream 的子类。

FilterInputStream 的构建器如下：

```
protected FilterInputStream(InputStream in)
```

FilterOutputStream 的构建器如下：

```
public FilterOutputStream(OutputStream out)
```

过滤器输入流 FilterInputStream 的构建器中，有一个 InputStream 类型的参数，我们知道 InputStream 是一个抽象类，无法创建一个 InputStream 对象，其实我们可以指定一个 InputStream 的具体实现的子类作为 FilterInputStream 的参数，也就是 FilterInputStream 的输入源。类似地，我们可以为过滤器输出流 FilterOutputStream 指定一个 OutputStream 的具体实现子类作为参数，也就是 FilterOutputStream 的输出目标。

FilterInputStream 提供和 InputStream 一样的 read 方法；FilterOutputStream 提供和 OutputStream 一样的 write 方法，也就是说 FilterInputStream 和 FilterOutputStream 并没有真正提供什么过滤功能。

FilterInputStream 和 FilterOutputStream 的子类，才真正实现了数据的转换工作。我们首先来了解它们的子类 DataInputStream 和 DataOutputStream。

在了解 DataInputStream 和 DataOutputStream 之前，我们应该知道这两个接口：DataInput 和 DataOutput。在 DataInput 接口中声明了一组 read 方法，这些 read 方法可以从数据流中构造出基础数据类型，还有一个方法可以从 UTF-8 编码的字节流构造出 String 对象。对应地在 DataOutput 接口中声明了一组 write 方法，用来把基础数据类型转化成二进制字节流，还包括一个方法可以把 String 对象转化成 UTF-8 编码的字节流。

DataInputStream 继承了类 FilterInputStream，并且实现了 DataInput 接口。在类 DataInputStream 中提供的 read 方法如下。

- boolean readBoolean()：从输入流读取一个字节。如果字节值非零，返回布尔值 true；否则返回 false。
- byte readByte()：读取一个有符号的字节，字节值范围：-128～127。
- char readChar()：读取一个字符，一个 Unicode 字符由两个字节构成。
- double readDouble()：读取 8 个字节，并返回一个 double 型值。
- float readFloat()：读取 4 个字节，并返回一个 float 型值。
- void readFully(byte[] b)：读取 b.length 个字节，并存储到缓冲区 b 中。
- void readFully(byte[] b, int off, int len)：读取 b.len 个字节，并存储到缓冲区 b 中，第一个字节存储到 b[off]。
- int readInt()：读取 4 个字节，并返回一个 int 型值。
- long readLong()：读取 8 个字节，并返回一个 long 型值。
- short readShort()：读取 2 个字节，并返回一个 short 型值。
- int readUnsignedByte()：读取一个无符号的字节，字节值范围：0～255，需要一个 int 变量来存储一个无符号字节。
- int readUnsignedShort()：读取 2 个字节，并返回一个无符号 short 型值，无符号 short 值范围：0～65535，需要一个 int 变量来存储一个无符号 short。
- String readUTF()：读取一个 UTF-8 编码的字符串。

DataOutputStream 继承了类 FilterOutputStream，并且实现了 DataOutput 接口。在类 DataOutputStream 中提供的 write 方法如下。

- void writeBoolean(boolean v)：写出一个 boolean 值，如果 v 值为 true，则写出 1；v 值为 false，则写出 0。
- void writeByte(int v)：输出一个字节，把 v 的低 8 位写到输出流，高 24 位被丢弃。
- void writeBytes(string s)：把字符串 s 写到输出流，字符串 s 的每个字符的低字节被写出，高字节被丢弃。
- void writeChar(int v)：输出一个字符，把 v 的低 16 位写到输出流，高 16 位被丢弃。
- void writeChars(string s)：把字符串 s 写到输出流，字符串 s 的每个字符对应 2 个输出字节。
- void writeDouble(double v)：输出一个 double，对应于 8 个字节。
- void writeFloat(float v)：输出一个 float，对应于 4 个字节。
- void writeInt(int v)：输出一个 int，对应于 4 个字节。
- void writeLong(long v)：输出一个 long，对应于 8 个字节。
- void writeShort(int v)：输出一个 short，对应于 2 个字节。
- void writeUTF(string str)：把字符串 str 按 UTF-8 编码方式输出。

下面我们通过一个具体的例子来使用 DataInputStream 和 DataOutputStream。

例 9.8　StudentsData.java

```
import java.io.*;
public class StudentsData {
  public static void main(String[] args) {
    String fileName = "student.dat";
    String[] students = { "Zhang San", "Li Si" };
    int[] ages = { 10, 9 };

    try {
     DataOutputStream dout = new DataOutputStream(
        new FileOutputStream(fileName));
     //Tab 符用来分隔字段
     for(int i=0; i<2; i++) {
        dout.writeChars(students[i]);
        dout.writeChar('\t');
        dout.writeInt(ages[i]);
        dout.writeChar('\t');
     }
     dout.close();
     DataInputStream din = new DataInputStream(
        new FileInputStream(fileName));
     for(int i=0; i<2; i++) {
        StringBuffer name = new StringBuffer();
        char chRead;
        //遇到 Tab 符结束 String 字段读取
        while((chRead = din.readChar()) != '\t') {
          name.append(chRead);
        }
        int age = din.readInt();
        din.readChar(); //丢弃分隔符
        System.out.println(
          "The age of student " + name + " is " + age + ".");
     }
     din.close();
    }
    catch(IOException e) {
      System.err.println(e);
    }
  }
}
```

该程序运行结果:

```
C:\>java StudentsData
The age of student Zhang San is 10.
The age of student Li Si is 9.
```

BufferedInputStream 和 BufferedOutputStream 是实现缓存的过滤器流，它们分别是 FilterInputStream 和 FilterOutputStream 的子类。当一个 BufferedInputStream 被创建时，一个内部的缓冲区也被建立，BufferedInputStream 预先在缓冲区存储来自连接输入流的数据，当 BufferedInputStream 的 read 方法被调用时，数据将从缓冲区中移出，而不是底层的输入流。当 BufferedInputStream 缓冲区数据用完时，它自动从底层输入流中补充数据。

类似地，BufferedOutputStream 在内部缓冲区存储程序的输出数据，这样就不会每次调用 write 方法时，就把数据写到底层的输出流。当 BufferedOutputStream 的内部缓冲区满或者它被刷新(flush)时，数据一次性写到底层的输出流。

在某些情况下，当一次读写多个字节和读写单个字节效率相当时，缓冲输入输出流通过减少读写次数，可以提高程序的输入输出性能。

BufferedInputStream 和 BufferedOutputStream 的构建器如下：

```
public BufferedInputStream(InputStream in)
public BufferdReader(InputStream in, int size)
public BufferedOutputStream(OutputStream out)
public BufferedOutputStream(OutputStream out, int size)
```

其中，第一个参数指定了 BufferedInputStream 和 BufferedOutputStream 所连接的底层输入输出流。第二个参数 size 可以指定缓冲流内部缓冲区的字节数，系统默认值为 2048 字节。缓冲区大小设置和具体应用与系统平台都有关系，对文件流缓冲时，缓冲区大小应该是系统磁盘块的整数倍，对于一个不可靠的网络连接，应该指定较小的缓存。例如：

```
try {
  BufferedInputStream in = new BufferedInputStream
     (new FileInputStream(fileName), 4096);
  ...
}
catch(IOException e) {
  ...
}
```

多个过滤器可以连接在一起，也将它们的功能合并到一处，例如：

```
DataInputStream in = new DataInputStream
   (new BufferedInputStream(new FileInputStream(fileName)));
```

上面的代码，为文件输入流增加了缓冲功能，我们还可以通过 DataInputStream 提供的 read 方法来读取数据。

9.3.4 随机访问文件

RandomAccessFile 和 FileInputStream、FileOutputStream 不同，它既可以读取一个文件，也可以写入一个文件。我们知道 InputStream 和 OutputStream 构成了输入流和输出流的祖先，RandomAccessFile 同时实现了读写功能，那么它是不是要同时继承 InputStream 和 OutputStream 呢？而 Java 是不支持多重继承的。其实 RandomAccessFile 直接继承于 Object 类，它实现了 DataInput 和 DataOutput 接口，这就是说，它同时具有前面介绍的类

DataInputStream 和 DataOutputStream 中的 read 和 write 方法。

RandomAccessFile 类具有如下的构建器：

```
public RandomAccessFile(String name, String mode)
   throws FileNotFoundException
public RandomAccessFile(File file, String mode)
   throws FileNotFoundException
```

其中，第一个参数使用文件名或 File 对象指定一个文件。第二个参数 mode 指定文件的打开方式，mode 为“r”时，指定文件按只读方式打开；mode 为“rw”时，文件按只读写方式打开。

RandomAccessFile 对象内部有一个文件指针，文件指针指出了文件中的当前位置。在初始创建 RandomAccessFile 对象时，文件指针为 0，表示文件头。对 read 和 write 方法的调用，将按读写的字节数相应地调整文件指针。

在 RandomAccessFile 中定义了 3 个方法可以对文件指针进行操作。

- public long getFilePointer() throws IOException：获得当前的文件指针。
- public void seek(long pos) throws IOException：将文件指针设置到指定的位置。
- public int skipBytes(int n) throws IOException：将文件指针前移指定的字节数，返回实际移动的字节数。

下面我们通过一个具体的例子来说明 RandomAccessFile 类的使用。

例 9.9 RandomAccessFileTest.java

```
import java.io.*;
public class RandomAccessFileTest {
  public static void main(String[] args) {
    try {
     RandomAccessFile raf = new RandomAccessFile("foo", "rw");
     //写之前，指针位置
     System.out.println(
        "Pointer(before write): " +  raf.getFilePointer());
     //写入 256 字节
     for(int i=0; i<256; i++) {
        raf.writeByte(i);
     }
     //写之后，指针位置
     System.out.println(
        "Pointer(after write): " +  raf.getFilePointer());
     //将文件指针移到文件头
     raf.seek(0);
     System.out.println(
        "Pointer(after seek): " +  raf.getFilePointer());
     //读取一个字节
     int read = raf.readByte();
     System.out.println("read = " + read);
     System.out.println(
        "Pointer(after read): " +  raf.getFilePointer());
```

```
        //跳过 10 个字节
        raf.skipBytes(10);
        System.out.println(
           "Pointer(after skip): " +  raf.getFilePointer());
        //再读取一个字节
        int read2 = raf.readByte();
        System.out.println("read2 = " + read2);

        raf.close();
      }
      catch(IOException e) {
        System.err.println(e);
      }
   }
}
```

在这个程序中，我们一直在跟踪文件指针的位置。该程序运行结果如下。

```
Pointer(before write): 0
Pointer(after write): 256
Pointer(after seek): 0
read = 0
Pointer(after read): 1
Pointer(after skip): 11
read2 = 11
```

9.3.5　读取器和写出器

操作系统可以使用不同的字符编码方式(字符集)来存储文本数据，一个字符可以由一个字节来表示(0～255)，也可以由两个字节来表示(0～65535)，或者由其他模式来表示。Java 本身被设计为一个与平台无关的语言，在 Java 内部使用 Unicode 字符集来表示字符数据。在 Java 和系统之间进行字符数据的转换由读取器 Reader 和写出器 Writer 负责。

Reader 和 Writer 作为字符流的祖先，它们都是抽象类。InputStreamReader 和 OutputStreamWriter 是我们常用的 Reader 和 Writer 的具体实现的子类。InputStreamReader 可以从特定编码的数据源中读取文本信息，它的两个常用构建器如下：

```
public InputStreamReader(InputStream in)
public InputStreamReader(InputStream in, String charsetName)
   throws UnsupportedEncodingException
```

其中，第一个参数要求指定一个输入流。第二个构建器中，允许我们指定数据源的字符集，如果当前系统不能支持指定的字符集，将抛出异常 UnsupportedEncodingException，它是 IOException 的一个子类。如果没有指定字符集，则采用系统默认的字符集。例如：

```
try {
  InputStreamReader reader = new InputStreamReader(
               new FileInputStream(fileName), "UTF16");
  ...
```

```
}catch(UnsupportedEncodingException e) {
  ...
}
```

OutputStreamWriter 是与 InputStreamReader 对应的输出器，它可以按特定的编码方式输出字符数据，它的两个常用构建器如下：

```
public OutputStreamWriter(OutputStream out)
public OutputStreamWriter(OutputStream out, String charsetName)
   throws UnsupportedEncodingException
```

大多数情况下，我们可以依赖系统默认的字符集来处理文本数据，在某些特定的应用中我们需要明确指定字符集。如果要读取一个由本地系统产生的文件，或者读取系统的键盘输入，我们可以采用系统的默认字符集。如果数据来源于外部，例如来自其他不同操作系统的计算机，或者处理一个网络数据流，我们通常需要明确指定字符集。

OutputStreamWriter 和 InputStreamReader 都定义了一个方法：

```
public String getEncoding()
```

该方法可以返回当前字符流的字符集名称。

InputStreamReader 中定义了两个面向字节的 read 方法，在程序中一个字符一个字符地读取文本文件是一件十分痛苦的事情。和字节流一样，字符流也可以分为节点流和过滤器流。BufferdReader 就是一个字符过滤器流，将 InputStreamReader 连接到 BufferdReader 就使读取工作变得简单多了。

BufferdReader 继承了 Reader，和我们前面介绍的 BufferedInputStream 用法极为类似，它可以为字符流提供缓冲。BufferdReader 提供了一个非常方便的 read 方法：

```
public String readLine() throws IOException
```

这个方法允许我们从输入流中一次读取一行数据，行终止符可以是换行符(\n)，或者按 Enter 键符(\r)，或者按 Enter 键符紧随一个换行符(\r\n)。需要注意的是，readLine()返回的内容并不包含行终止符。

下面我们介绍一个具体的文本数据的处理。

例 9.10 CharProcess.java

```
import java.io.*;
public class CharProcess {
  public static void main(String[] args) {
     String fileName = "test";
     try {
       OutputStreamWriter out = new OutputStreamWriter (
          new FileOutputStream(fileName), "UTF-8");
       out.write("This is a test!\n");
       out.write("这是一个测试！\n");
       out.close();

       String line;
```

```
        //采用系统默认字符集
        InputStreamReader reader = new InputStreamReader (
            new FileInputStream(fileName));
        System.out.println("CharsetName:" + reader.getEncoding());
        BufferedReader in = new BufferedReader(reader);
        while((line = in.readLine()) != null){
          System.out.println(line);
        };
        in.close();
        //指定字符集:UTF8
        InputStreamReader reader2 = new InputStreamReader (
            new FileInputStream(fileName), "UTF8");
        System.out.println("CharsetName:" + reader2.getEncoding());
        BufferedReader in2 = new BufferedReader(reader2);
        while((line = in2.readLine()) != null){
          System.out.println(line);
        };
        in2.close();
      }catch (IOException e) {
        e.printStackTrace();
      }
    }
  }
```

在这个程序中，首先按 UTF-8 编码创建了一个文件 test，并在其中写入了两行数据。由于 UTF-8 不是系统默认字符集，当我们按系统默认字符集，读取并显示其中的内容时会出现难以识别的乱码。随后，我们在程序中使用 UTF-8 编码，读取并显示 test 文件中的内容，原先写入的内容可以正确地显示出来。

这是在作者的 Windows 环境下的运行结果：

```
C:\>java CharProcess
CharsetName:GBK
This is a test!
杩欐槸涓?涓兯祴璇曪紒
CharsetName:UTF8
This is a test!
这是一个测试!
```

9.4　对象序列化

对象的序列化就是把一个对象的状态转化成一个字节流。我们可以把这样的字节流存储为一个文件，作为这个对象的一个复制；在一些分布式应用中，我们还可以把对象的字节流发送到网络上的其他计算机。与序列化过程相对的是反序列化，就是把流结构的对象恢复为其原有形式。

并非所有的对象都需要或者可以序列化。一个对象如果能够序列化，就将其称为可序列化的。如果一个 Java 对象可以序列化，就必须实现 Serializable 接口。Serializable 接口定义如下：

```
package java.io;
public interface Serializable {
}
```

令人惊奇的是，这是一个空接口，其中不含任何方法声明。实现 Serializable 接口，不需要编写任何代码，只是用来表明这个类的对象实例是可以序列化的。

对象序列化和反序列化过程需要利用对象输出流(ObjectOutputStream)和对象输入流(ObjectInputStream)。对象输出流 ObjectOutputStream 继承了类 OutputStream 并实现了接口 ObjectOutput。ObjectOutputStream 的方法 writeObject()用于对象序列化，它写出了重构一个类对象所需要的信息：对象的类、类的标记和非 transient 的对象成员，如果对象包含其他对象的引用，则 writeObject()方法也会序列化这些对象。

对象输入流 ObjectInputStream 继承了类 InputStream 并实现了接口 ObjectInput。ObjectInputStream 的方法 readObject()从字节流中反序列化对象，每次调用 readObject()方法都返回流中下一个对象。对象字节流并不包含类的字节码，只是包括类名及其签名。当 readObject()读取对象时，Java 虚拟机需要装载指定的类，如果找不到这个类，则 readObject()抛出 ClassNotFoundException 异常。

下面我们通过一个具体的例子来展示对象的序列化和反序列化过程。

例 9.11 TheSerializableClass.java

```
import java.io.*;
public class TheSerializableClass implements Serializable {
  public String s = "Hello World";
  public boolean b = true;
  public int i = 255;
  public void print() {
    System.out.println("s:" + s);
    System.out.println("b:" + b);
    System.out.println("i:" + i);
  }
}
class SerializableTest {
  public static void writeObject(Object o, String file) {
    try {
     ObjectOutputStream out =
       new ObjectOutputStream(new FileOutputStream(file));
     out.writeObject(o);
     out.close();
    }
   catch(IOException e) {
    }
  }
```

```
  public static Object readObject(String file) {
    try {
      ObjectInputStream in =
        new ObjectInputStream(new FileInputStream(file));
      Object o = in.readObject();
      in.close();
      return o;
    }catch(IOException e) {
    }catch(ClassNotFoundException e) {
    }
    return null;
  }
  public static void main(String[] args) {
    String file = "TheSerializableClass.dat";
    TheSerializableClass obj1 = new TheSerializableClass();
    obj1.print();
    //把对象 Obj1 写入文件
    writeObject(obj1, file);
    //从文件中读取对象
    TheSerializableClass obj2=(TheSerializableClass)readObject(file);
    obj2.print();
  }
}
```

程序运行结果：

```
s:Hello World
b:true
i:255
s:Hello World
b:true
i:255
```

在这个例子中，类 TheSerializableClass 实现了 Serializable 接口(在其定义中包含 implements Serializable)，因此是一个可序列化的类。SerializableTest 类用来测试 TheSerializableClass 对象的序列化和反序列化，程序首先创建了一个 TheSerializableClass 对象 obj1，并利用 ObjectOutputStream 流将对象 obj1 存入文件，作为对象 obj1 的复制。随后又利用 ObjectInputStream 从文件中读取对象，obj2 指向读出来的对象。从对象 obj1 和 obj2 的输出信息中，可以看到对象 obj2 与对象 obj1 内容相同。

9.5 案例实训

1. 案例说明

在指定的文件夹(包括下属各级子文件夹)下搜索指定的文件。如果文件在该路径下，则输出该文件的完整路径；否则，提示文件不存在。

2. 编程思想

要查找某一文件夹下是否存在指定的文件，则需要遍历该文件夹及其各级子文件夹中的文件，具体可以通过 listFiles()方法获取所有文件列表。然后通过 isDirectory()方法判断是否为文件夹，如果结果为 true，则进一步遍历其下一层文件列表；如果为 false，则与目标文件进行比较。比较结果若是不相同，则继续遍历其他文件夹，相同则打印文件具体路径，并结束查找。

二维码 9-1

3. 程序代码

请扫二维码 9-1，查看完整的代码。

4. 运行结果

文件存在与不存在时，程序运行结果分别如图 9.5 和图 9.6 所示。

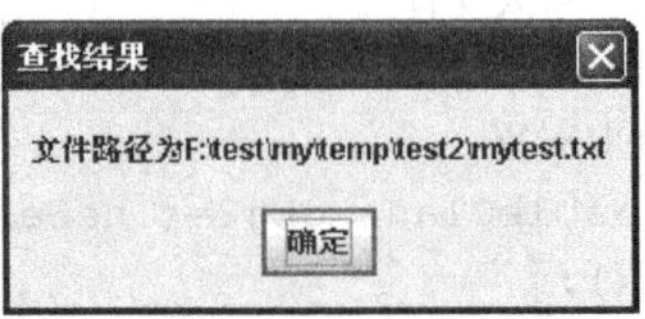

图 9.5　文件存在时的运行结果

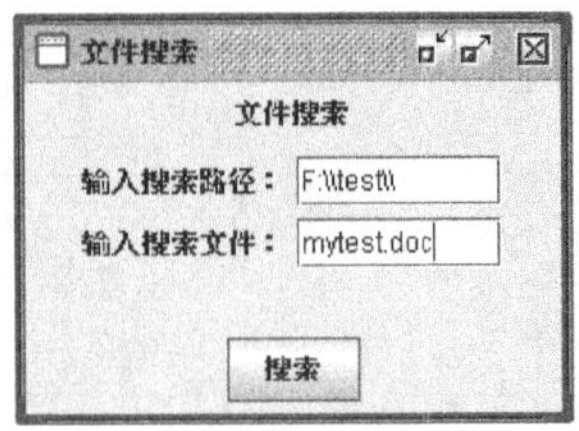

图 9.6　文件不存在时的运行结果

习　　题

9.1　写一个程序，允许用户依次输入多个姓名和住址，并能将用户的输入保存到文件中。用户输入“quit”表示输入完毕，程序退出。

9.2　使用 GB2312 字符集保存“你好，世界！”到文件中，并读取显示出来。

9.3　File 类型的对象既可以表示文件，也可以表示目录。编写一个程序，当用户输入一个文件或是目录信息后，该程序能够完成如下工作。

(1)　判断该文件或目录是否存在。

(2)　如果不存在则给出出错信息。

(3)　如果存在，则给出其相对路径、绝对路径、文件长度。

(4)　如果存在并且是文件，则显示文件内容。

(5)　如果存在并且是目录，则显示目录内的所有文件名。

第 10 章　访问数据库

10.1　JDBC 简介

数据库的应用目前已经非常普遍，在应用程序的开发过程中，经常会涉及访问数据库。Java 语言为访问数据库提供了方便的技术。

Java 使用 JDBC(Java DataBase Connectivity)技术进行数据库的访问，如图 10.1 所示。使用 JDBC 技术进行数据库访问时，Java 应用程序通过 JDBC API 与 JDBC 驱动程序管理器之间进行通信，例如 Java 应用程序可以通过 JDBC API 向 JDBC 驱动程序管理器发送一个 SQL 查询语句。JDBC 驱动程序管理器又可以以两种方式与最终的数据库进行通信：一种是使用 JDBC/ODBC 桥接驱动程序的间接方式；另一种是使用 JDBC 驱动程序的直接方式。

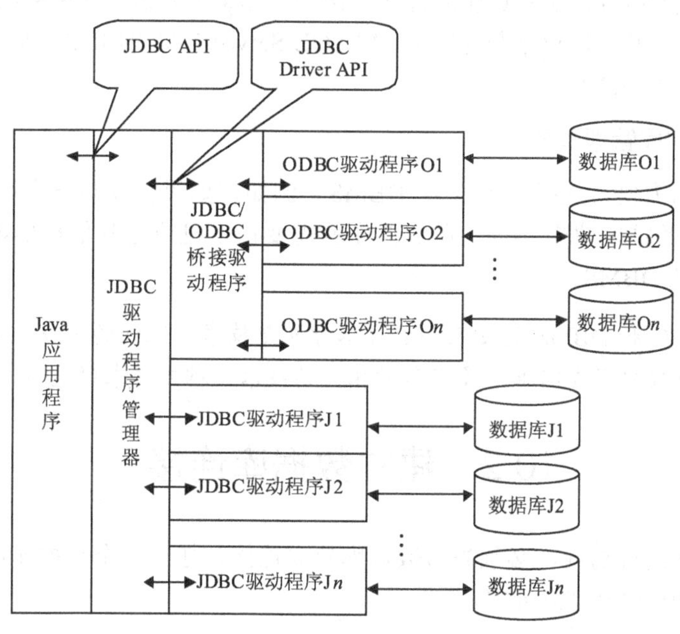

图 10.1　JDBC 示意图

JDBC 所采用的这种数据库访问机制使得 JDBC 驱动程序管理器以及底层的数据库驱动程序对于开发人员来说是透明的：访问不同类型的数据库时使用的是同一套 JDBC API。此外，使用这种机制还有另一个重要的意义：当有新类型的数据库出现时，只要该数据库的生产厂商提供相应的 JDBC 驱动程序，已有的 Java 应用程序就不用做任何修改。

注意： ODBC (开放式数据库连接)是一个编程接口，它允许程序访问使用 SQL (结构化查询语言)作为数据访问标准的 DBMS(数据库管理系统)中的数据。Sun 公司认为 ODBC 难以掌握、使用复杂并且在安全性方面存在问题，所以 Java 中没有直接采用 ODBC 模式。

在进一步阅读本章之前，请确认您的计算机上包含了如下内容。

1. JDBC API

正确安装完 JDK 后，就可以使用 JDBC API 了。JDBC API 有版本 1.0 和 2.0 的区别。JDK 1.1 中包含的是 JDBC API 1.0，并且 JDBC API 1.0 可以在 JDK 1.1 及其后续版本上运行。JDK 1.2 中包含的是 JDBC API 2.0，JDBC API 2.0 可以在 JDK 1.2 及其后续版本上运行。但是，JDBC API 2.0 不能在 JDK 1.1 上运行。

2. 数据库驱动程序

数据库驱动程序包括：

- JDBC/ODBC 桥接驱动程序。正确安装完 JDK 后，即已自动获得了 Sun 公司提供的 JDBC/ODBC 桥接驱动程序，并且不需要进行任何特殊的配置。
- ODBC 驱动程序。如果机器上还没有安装 ODBC，请根据 ODBC 驱动程序供应商提供的信息安装并配置 ODBC 驱动程序。
- 访问特定数据库的 JDBC 驱动程序。例如，如果需要访问 MS SQL Server 2000 上的数据库，那么应该下载并安装 MS SQL Server 2000 的 JDBC 驱动程序。详细内容请参见 10.2.2 小节。

3. DBMS(数据库管理系统)

读者可以根据需要，选择性地安装 DBMS。例如，如果需要与一个运行在 MS SQL Server 2000 上的数据库建立连接，那么首先就需要在本机或是其他机器上安装一个 MS SQL Server 2000 的 DBMS。

注意： ODBC 和 DBMS 的安装和配置本身就是技术性很强的工作。如果在安装和配置过程中存在困难，最好参考相关的技术文档或是求助这方面的专家。

10.2 建立数据库连接

要想对数据库进行访问，必须先与数据库建立连接。建立一个数据库连接总是需要两个步骤：载入驱动程序和建立连接。

1. 载入驱动程序

使用如下语句来载入指定名称的驱动程序：

```
Class.forName("驱动程序名称");
```

例如使用 Sun 公司提供的 JDBC/ODBC 桥接驱动程序，名称为 sun.jdbc.odbc.JdbcOdbcDriver，使用下面的语句将载入该驱动程序：

```
Class.forName("sun.jdbc.odbc.JdbcOdbcDriver");
```

2. 建立连接

驱动程序管理器(DriverManager)负责管理驱动程序，并使用适当的驱动程序建立与数据库的连接。可以使用下面的语句建立一个与数据库的连接：

```
Connection con = DriverManager.getConnection(url,"用户名称", "用户密码");
```

参数 url 为表示数据库统一资源定位的一个字符串，其常规语法为 jdbc:subprotocol: subname。子协议 subprotocol 用于选取连接数据库的特定驱动程序。

注意：不同的驱动程序，驱动程序名称以及子协议名称是可以不一样的。在随驱动程序提供的文档中能够找到具体的使用方法。

正如 10.1 节所述，JDBC 驱动程序管理器可以以两种方式进行数据库访问：一种方式是使用 JDBC/ODBC 桥接驱动程序；另一种方式是使用 JDBC 驱动程序直接和数据库连接。下面将使用两个实例来分别讲解如何使用这两种方式进行数据库访问。

10.2.1　使用 JDBC/ODBC 桥接驱动程序

注意：准备工作主要包含以下两方面。
使用 MS Access 建立一个名为 bookTest.mdb 的数据库，该数据库中有一张表 bookInfo，该表的字段名称、数据类型和字段含义如表 10.1 所示。
使用 ODBC 管理工具为 bookTest.mdb 建立一个名为 Book 的数据源。设定好访问该数据源的用户名称和密码(本例中分别设定为 admin 和 xyz)。

表 10.1　表 bookInfo 的字段名及数据类型

字 段 名	数据类型	描 述
bookID	文本(10)	编号(关键字)
bookName	文本(50)	书名
bookPrice	数字(单精度)	定价
bookPress	文本(50)	出版社

1. 载入驱动程序

使用 JDBC/ODBC 桥接驱动程序，该驱动程序的名称为 sun.jdbc.odbc.JdbcOdbc-Driver，使用下面的语句将载入 JDBC/ODBC 桥接驱动程序：

```
Class.forName("sun.jdbc.odbc.JdbcOdbcDriver");
```

2. 建立连接

使用下面的语句建立一个与数据库的连接：

```
Connection con=DriverManager.getConnection(
    "jdbc:odbc:Book","admin","xyz");
```

由于本例中使用 JDBC/ODBC 桥，因此子协议使用 odbc，subname 就是所使用的数据源名称。例 10.1 完整显示了使用 JDBC/ODBC 桥访问 Access 数据库的源代码。该程序首先载入 JDBC/ODBC 驱动程序，然后与数据源建立连接，最后使用查询语句将 bookInfo 表中的所有数据显示到屏幕上(查询语句的使用参见 10.3 节)。

例 10.1 JdbcOdbc.java

```
import java.sql.*;
public class JdbcOdbc{
        public static void main(String[] args){
          try{
              Class.forName("sun.jdbc.odbc.JdbcOdbcDriver");
              Connection con=DriverManager.getConnection(
                          "jdbc:odbc:Book","admin","abc");
              Statement stmt = con.createStatement();
              ResultSet rs=stmt.executeQuery("select *  from bookInfo");
              while(rs.next()){
               System.out.println(rs.getString(1)+"  "+rs.getString(2)+"  "
                                   +rs.getFloat(3)+"  "+rs.getString(4));
              }
              rs.close();
              stmt.close();
          }catch(Exception e){
             e.printStackTrace();
          }
        }
}
```

10.2.2 使用 JDBC 驱动程序

本小节介绍如何使用 JDBC 驱动程序直接和运行在 MS SQL Server 2000 服务器上的数据库建立连接。

注意： 准备工作主要包含以下内容。

这里使用一个 MS SQL Server 2000 上的数据库作为例子。先在 MS SQL Server 2000 上建立一个名为 bookTest 的数据库，并且在该数据库中创建一个名为 bookInfo 的表。表 bookInfo 的字段名、数据类型及字段含义如表 10.2 所示。使用企业管理器为该数据库创建一个合法的用户，用户名为 admin，密码为 xyz。

表 10.2 表 bookInfo 的字段名及数据类型

字 段 名	数据类型	描 述
bookID	varchar(10)	编号(关键字)
bookName	varchar (50)	书名
bookPrice	float	定价
bookPress	varchar(50)	出版社

下载并安装 MS SQL Server 2000 的 JDBC 驱动程序。在安装目录的 lib 子目

录中，会发现有 3 个.jar 文件(msbase.jar、mssqlserver.jar 及 msutil.jar)，就是 MS SQL Server 2000 的 JDBC 驱动程序。注意：要使得 Java 应用程序能够访问 MS SQL Server 2000 上的数据库，必须使得在类路径中能够找到这 3 个.jar 文件。用户可以在环境变量中设置好 CLASSPATH；或是更简单一点，直接将这 3 个.jar 文件解压缩到应用程序所在的目录。

1. 载入驱动程序

MS SQL Server 2000 JDBC 驱动程序的名称为(参看该驱动程序安装目录下的文档) com.microsoft.jdbc.sqlserver.SQLServerDriver。

使用下面的语句将载入 MS SQL Server 2000 JDBC 驱动程序：

```
Class.forName("com.microsoft.jdbc.sqlserver.SQLServerDriver");
```

2. 建立连接

使用下面的语句建立一个与数据库的连接：

```
String url ="jdbc:microsoft:sqlserver://127.0.0.1:1433";
Connection con=DriverManager.getConnection(url,"admin","xyz");
con.setCatalog("bookTest");
```

本例中使用 JDBC 驱动程序直接与数据库服务器建立连接，url 子协议的书写方式与上例中有所不同(参看随驱动程序提供的帮助文档)。127.0.0.1 是一个特殊的回路地址，代表本机地址(localhost)。如果 MS SQL Server 2000 安装在其他机器上，那么上面的代码片段中 127.0.0.1 的位置应该填写 MS SQL Server 2000 所在机器的 IP 地址。1433 是数据库服务器的侦听端口号，默认是 1433。如果数据库服务器的侦听端口号定制为其他的端口号，那么应该修改此处为相应的值。由于一个 MS SQL Server 2000 上可以运行多个数据库，因此可以使用 con.setCatalog()方法指定当前的数据库。con.setCatalog("bookTest")语句将 bookTest 设定为当前的数据库。

例 10.2 完整显示了使用 JDBC 驱动程序直接访问 MS SQL Server 2000 数据库的源代码，完成与例 10.1 相似的功能。

例 10.2　Jdbc.java

```
// 使用 JDBC 直接建立数据库连接
import java.sql.*;
public class Jdbc{
    public static void main(String[] args){
        try{
            Class.forName(
                "com.microsoft.jdbc.sqlserver.SQLServerDriver");
            String url ="jdbc:microsoft:sqlserver://127.0.0.1:1433";
            Connection con=DriverManager.getConnection(url,"admin","xyz");
            con.setCatalog("bookTest");
            Statement stmt = con.createStatement();
            ResultSet rs=stmt.executeQuery("select *  from bookInfo");
            while(rs.next()){
                System.out.println(rs.getString(1)+"  "+rs.getString(2)
```

```
                    +"  "+rs.getFloat(3)+"  "+rs.getString(4));
            }
            rs.close();
            stmt.close();
        }catch(Exception e){
            e.printStackTrace();
        }
    }
}
```

10.2.3 使用配置文件

读者已经知道，使用 JDBC 的一个优点就是：数据库编程独立于平台和数据库类型。也就是数据库类型改变后，访问数据的代码不需要改变(数据库驱动程序名称和数据库 url 需要做相应的变动)。在例 10.1 和例 10.2 中，驱动程序名称和数据库 url 都已经被“硬”编码到应用程序中。一旦所访问的数据库类型改变后，必须修改程序中的驱动程序名称和数据库 url，重新编译后才能运行。这对于应用程序的用户是不能接受的，另一方面也削减了 JDBC 数据库编程独立于数据库类型的优点。可以通过使用配置文件来解决这个问题：提供一个设置界面，用户可以在该界面中指定驱动程序的名称以及数据库 url，并将结果保存到一个配置文件中。应用程序进行数据库连接时使用配置文件中的信息，这样可以提高应用程序的灵活性。

为了简单起见，这里的例子只演示了如何从配置文件中读取信息。在本书中项目实例中演示了如何完整地读写配置文件。

在应用程序所在的目录中创建一个配置文件 db.cfg，该文件中的内容为：

```
dbDriver=com.microsoft.jdbc.sqlserver.SQLServerDriver
dbIP=127.0.0.1
dbPort=1433
dbUserName=admin
dbPassword=xyz
defaultDbName=bookTest
```

Java 语言中提供了一个类 java.util.Properties，该类中提供了 load()方法，可以从输入流中读入属性值。下面的语句从配置文件 db.cfg 中读入配置信息，存放到对象 prop 中：

```
Properties prop=new Properties();
prop.load(new FileInputStream("db.cfg"));
```

从配置文件中读入的配置信息是以(关键字, 属性值)对的形式存放在对象 prop 中的。例如要取得关键字 dbDriver 的属性值，可以使用 getProperty()方法：

```
String driver=prop.getProperty("dbDriver");
```

这时候 driver 中的值为 com.microsoft.jdbc.sqlserver.SQLServerDriver。

例 10.3 演示了如何使用配置文件中的信息来建立数据库连接。

例 10.3　JdbcProp.java

```
import java.sql.*;
import java.util.Properties;
import java.io.*;
public class JdbcProp{
public static void main(String[] args){
try{
    //读入配置文件
    Properties prop=new Properties();
    prop.load(new  FileInputStream("db.cfg"));
    //取得各个配置信息
    String driver=prop.getProperty("dbDriver");
    String ip=prop.getProperty("dbIP");
    String port=prop.getProperty("dbPort");
    String userName=prop.getProperty("dbUserName");
    String password=prop.getProperty("dbPassword");
    String dbName=prop.getProperty("defaultDbName");
    //依据读入的配置信息构建数据库 url
    String url ="jdbc:microsoft:sqlserver://"+ip+":"+port;
    //载入数据库驱动程序
    Class.forName(driver);
    //建立数据库连接
    Connection con=DriverManager.getConnection(url,userName,password);
    con.setCatalog(dbName);
    Statement stmt = con.createStatement();
       ResultSet rs=stmt.executeQuery("select *  from bookInfo");
    while(rs.next()){
            System.out.println(rs.getString(1)+"  "+rs.getString(2)+"  "+
                    rs.getFloat(3)+"  "+rs.getString(4));
    }
    rs.close();
    stmt.close();
}catch(Exception e){
    e.printStackTrace();
}
}
}
```

注意： 为了提高应用程序的安全性，可以对配置文件中的用户名和用户密码进行加密操作。

10.3　执行 SQL 语句

与数据库建立连接的目的，是让应用程序能够与数据库进行交互。首先使用连接对象中的 createStatement()方法创建一个 Statement 对象，然后就可以通过 Statement 对象向数据库发送各种 SQL 语句了。

Statement 类型的对象中提供了几种不同的执行 SQL 语句的方法，如 executeUpdate(SQL)、executeQuery(SQL)、execute(SQL) 以及 executeBatch()。executeUpdate(SQL) 方法用来执行那些会修改数据库内容的 SQL 语句，executeQuery(SQL)则用来执行 SQL 查询语句，execute(SQL)方法可以执行任意类型的 SQL 语句，executeBatch()用来批量执行 SQL 语句。

10.3.1 executeUpdate

executeUpdate(SQL)方法用来执行那些会修改数据库的 SQL 语句，例如 insert、update、delete 以及 create 等命令。

例如，如果要向数据库 bookTest 的 bookInfo 表中插入一条记录，可采用以下语句：

```
stmt.executeUpdate("insert into bookInfo values ('B0002','程序设计',23.45,
'XX 出版社')");
```

10.3.2 executeQuery

如果对数据库进行查询操作，那么使用方法 executeQuery(SQL)，该方法将返回一个 ResultSet 类型的结果集对象，该对象中包含了所有查询结果。例如：

```
ResultSet rs=stmt.executeQuery("select * from bookInfo");
```

要访问结果集中的一条记录，需要定位到该记录。ResultSet 类型的对象中提供了 next() 方法，用于依次定位结果集中的每条记录。

注意： ResultSet 类型的对象中有一个游标，指向当前记录。初始时，该游标指向第一条记录之前。首次使用 next()方法后，游标指向第一条记录。循环使用 next()方法将依次遍历结果集中的每条记录。

ResultSet 类型的对象中还提供了 getXXX()方法，用于访问当前记录中字段的值。依据字段的 SQL 数据类型的不同，getXXX()方法采用不同的形式：如 getString()用于访问 varchar 类型的字段，而 getFloat()用于访问 float 类型的字段。使用 getXXX()必须在方法参数中指明所访问字段的列索引或是列名。

例如，要取得当前记录中的图书价格：

```
float price=rs.getFloat(3);  //列索引
```

或是：

```
float price=rs.getFloat("bookPrice"); //列名
```

注意： 与数组下标索引不同，列索引是从 1 开始的。

如果执行的是如下查询：

```
ResultSet rs=stmt.executeQuery("select bookPrice from bookInfo");
```

访问 rs 中当前记录的 bookPrice 字段的值，如果使用列索引方式，应该是：

```
float price=rs.getFloat(1);  //不再是 3
```

也就是说，字段的列索引指的是字段在返回的记录集中所在列的位置，而不是指字段在数据库表中所在列的位置。

尽管访问每种不同的 SQL 数据类型推荐使用其相应的 getXXX()方法，但是在有些时候，getXXX()方法也可以访问类型不匹配的 SQL 数据类型，例如：

```
String price=rs.getString("bookPrice");
```

上述语句会将访问到的浮点值转化为字符串。

表 10.3 显示了 getXXX()方法所能访问的 SQL 数据类型。在该表中，X 表示推荐使用该 X 所在行的 getXXX()方法访问该 X 所在列的 SQL 数据类型；x 表示可以使用该 x 所在行的 getXXX()方法访问该 x 所在列的 SQL 数据类型，但是不推荐使用。

表 10.3　getXXX()方法所能访问的 SQL 数据类型

SQL 数据类型 / getXXX()方法	TINYINT	SMALLINT	INTEGER	BIGINT	REAL	FLOAT	DOUBLE	DECIMAL	NUMERIC	BIT	CHAT	VARCHAR	LONGUARCHAR	BINARY	VARBINARY	LONGVARBINARY	DATE	TIME	TIMESTAMP
getByte	X	x	x	x	x	x	x	x	x	x	x	x	x						
getShort	x	X	x	x	x	x	x	x	x	x	x	x	x						
getInt	x	x	X	x	x	x	x	x	x	x	x	x	x						
getLong	x	x	x	X	x	x	x	x	x	x	x	x	x						
getFloat	x	x	x	x	X	x	x	x	x	x	x	x	x						
getDouble	x	x	x	x	x	X	X	x	x	x	x	x	x						
getBigDecimal	x	x	x	x	x	x	x	X	X	x	x	x	x						
getBoolean	x	x	x	x	x	x	x	x	x	X	x	x	x						
getString	x	x	x	x	x	x	x	x	x	x	X	X	x	x	x	x	x	x	x
getBytes														X	X	x			
getDate											x	x	x				X		x
getTime											x	x	x					X	x
getTimestamp											x	x	x				x	x	X
getAsciiStream											x	x	X	x	x	x			
getUnicodeStream											x	x	X	x	x	x			
getBinaryStream														x	x	X			
getObject	x	x	x	x	x	x	x	x	x	x	x	x	x	x	x	x	x	x	x

10.3.3 executeBatch

executeBatch()方法用来批量执行 SQL 语句。需要注意的是，这些要批量执行的 SQL 语句是更新类型(如 insert、update、delete 以及 create 等)的，即会对数据库进行修改操作的 SQL 语句，并且其中不能包含查询类型(select)的 SQL 语句。

下面的一段代码演示了如何使用 executeBatch()方法：

```
Statement stmt=con.createStatement();
stmt.addBatch(updateSql_1);
stmt.addBatch(updateSql_2);
stmt.addBatch(updateSql_3);
int []results=smt.executeBatch();
```

上面的代码片段中，向 stmt 对象中添加了 3 条更新类型的 SQL 语句。调用 executeBatch()方法后，这 3 条 SQL 语句将批量执行。该方法返回的是一个整型数组，其中依次存放了每条 SQL 语句对数据库产生影响的行数。

10.3 节通过几个简单的例子讲解了一些基本的 JDBC API。尽管演示例子中的 SQL 语句都非常简单，但是只要驱动程序和 DBMS 支持，完全可以通过这些基本的 JDBC API 向 DBMS 发送复杂的 SQL 语句，以满足复杂应用程序的需要。

10.4 使用 PreparedStatement

前面介绍了使用数据库连接对象创建 Statement 对象，然后通过 Statement 对象向 DBMS 发送 SQL 语句。其实还可以通过数据库连接对象创建 PreparedStatement 类型的对象，然后通过它向 DBMS 发送 SQL 语句。

在有些情形下，PreparedStatement 类型的对象与 Statement 类型对象相比，有两个优点：效率高和使用方便。

1. 效率高

使用数据库连接对象创建 PreparedStatement 类型的对象时，作为参数的 SQL 语句会立刻被发送到 DBMS 并进行编译。这样 PreparedStatement 类型的对象中包含的是预编译好的 SQL 语句。当需要再次执行 PreparedStatement 类型对象中的 SQL 语句时，DBMS 立刻就可以执行其中已经编译好的 SQL 语句。

2. 使用方便

使用数据库连接对象创建 PreparedStatement 类型的对象时，作为参数的 SQL 语句中允许使用参数占位符(?)。这样，在每次运行这条 SQL 语句时，可以通过赋给参数占位符不同的参数值，从而完成不同的功能。例如：

```
String querySql="select * from bookInfo WHERE bookPrice > ?";
PreparedStatement stmt = con.prepareStatement(querySql);
```

上面的两行代码，创建了一个 PreparedStatement 类型的对象 stmt，该对象中的 SQL 语句为"select * from bookInfo WHERE bookPrice > ?"，这条语句立刻被发送到 DBMS 进行预

编译。还可以发现，上面的这条 SQL 语句中使用了一个参数占位符，因此在执行 stmt 对象中的 SQL 语句前必须先设定该参数占位符的值。依据参数占位符所指代的数据类型的不同，选用相应类型的 setXXX()方法来设定参数占位符的值。上述代码片段中由于 bookPrice 是一个浮点数类型的值，因此可以使用 setFloat()来设定该参数占位符的值，例如：

```
stmt.setFloat(1,10.1);
```

方法 setFloat()中的第一个参数是参数占位符“?”的位置索引，第二个参数是赋给该参数占位符的值。在设定完参数占位符的值后，stmt 中的 SQL 语句就是"select * from bookInfo WHERE bookPrice >10.1"。这时候调用 stmt 中的 executeQuery()方法就可以返回查询的结果集：

```
ResultSet rs= stmt.executeQuery();
```

注意： Statement 类型的对象在执行 executeQuery(SQL)方法时，是将 SQL 语句作为 executeQuery(SQL)方法的参数传递进去的。在执行时将 SQL 语句发送给 DBMS，编译后再执行。而 PreparedStatement 类型对象的 executeQuery()方法不需要传递 SQL 语句，它使用的是创建 PreparedStatement 对象时预先编译好的 SQL 语句。同样，两者的 executeUpdate()方法也存在类似的区别。

如果需要向表 bookInfo 中插入一条新的记录('B0003','c++',78.50,'清华大学出版社')，根据上面所讲的知识，下列的代码片段能够完成该功能：

```
PreparedStatement update=con.prepareStatement(
    "insert into bookInfo values(?,?,?,?)");
update.setString(1, "B0003");
update.setString(2, "c++");
update.setFloat(3, 78.50f);
update.setString(4, "清华大学出版社");
update.executeUpdate();
```

上述的代码片段中，使用了 setXXX()方法逐个设置占位符的值。在实际的应用程序中，一条记录的字段往往有几十个，那么使用这种方式去做的话，程序就会写得很长，效率不高。这时候，可以使用 setObject()方法结合循环语句来设置占位符的值。同样以上述方法插入一条记录为例：

```
PreparedStatement update=con.prepareStatement("insert into bookInfo
    values(?,?,?,?)");
Object []line={"B0003","C++",new Float(78.50),"清华大学出版社"};
for(int i=1;i<=line.length;i++){
    update.setObject(i,line[i-1]);
}
update.executeUpdate();
```

setObject()方法中有两个参数：第一个参数是占位符的索引；第二个参数是对象类型的值，赋值给占位符所指的参数。需要注意的是，所赋的对象类型必须与占位符所指参数的 SQL 数据类型相匹配。例如上述代码片段中，将 Float 类型的对象赋值给一个 SQL 数据类型为 float 的参数，将 String 类型的对象赋值给 SQL 数据类型为 varchar 的参数。

10.5 事务处理

先来看一个账户转移的问题：假设存在两个账户 A 和 B，现在需要将账户 A 上的部分资金转移到账户 B 中。可使用下面的代码：

```
PreparedStatement stmt_1 = con.prepareStatement(SQL1);
PreparedStatement stmt_2 = con.preparedStatement(SQL2);
stmt_1.executeUpdate(); // stmt_1 语句的作用是：从账户 A 减去资金 x
stmt_2.executeUpdate(); // stmt_2 语句的作用是：将账户 B 加上资金 x
```

如果一切正常，上面的代码片段完成资金转移的功能。然而，实际情况可能不是这么简单。例如，如果语句 stmt_1 正常执行完毕，而语句 stmt_2 在执行时出现异常，那么就会出现数据的不一致性：账户 A 上的资金减少了 x，而账户 B 上资金并没有增加。这种情况显然是不能接受的。

要解决这个问题，我们希望：语句 stmt_1 和语句 stmt_2 组成一个执行单元，并且只有在 stmt_1 和 stmt_2 均正确执行完毕后，才对数据库产生影响；任何一个语句出错都退回到这个执行单元执行之前的状态。这个执行单元就被称为事务。

在默认状态下，创建的连接是处于自动递交(auto commit)模式：每条语句执行完毕后，立即向 DBMS 递交执行结果。亦即每条语句独立构成一个事务。因此为了让若干条语句构成一个事务，在执行第一条语句前先关闭自动递交模式，使用如下方法：

```
con.setAutoCommit(false);
```

在将自动递交模式设置为 false 后，所执行的语句不会将执行结果递交给 DBMS，直到调用如下的递交语句：

```
con.commit();
```

因此，要在上述的账户转移定制事务，需要使用下面的代码片段：

```
con.setAutoCommit(false);   // 设置为非自动递交模式
PreparedStatement stmt_1 = con.preparedStatement(SQL1);
PreparedStatement stmt_2 = con.preparedStatement(SQL2);
stmt_1.executeUpdate();     // 执行完毕后不立刻递交
stmt_2.executeUpdate();     // 执行完毕后不立刻递交
con.commit();               // 递交事务
con.setAutoCommit(true);    // 恢复自动递交模式
stmt_1.close();
stmt_2.close();
```

上述代码中，stmt_1 和 stmt_2 组成了一个事务。stmt_1 和 stmt_2 执行完毕后，并不立即递交，直到执行完 con.commit()语句后，这两条语句作为一个整体同时递交。con.setAutoCommit(true)语句再将连接恢复为原先的自动递交模式。

再回到上述的问题：语句 stmt_1 正常执行完毕，而语句 stmt_2 在执行时出现异常。这时候，就需要放弃该事务，并且恢复到事务开始时的状态。为此，可以把事务放在一个

try 块中，在对应的 catch 块中捕获事务执行过程中所出现的异常。一旦有异常出现，可以调用 rollBack()方法进行事务回滚，恢复到事务开始时的状态。这样就可以有效地保持数据库数据的完整性和一致性。例如：

```
try{
    con.setAutoCommit(false);        //设置为非自动递交模式
    PreparedStatement stmt_1 = con.preparedStatement(SQL1);
    PreparedStatement stmt_2 = con.preparedStatement(SQL2);
    stmt_1.executeUpdate();          //执行完毕后不立刻递交
    stmt_2.executeUpdate();          //执行完毕后不立刻递交
    con.commit();                    //递交事务
    con.setAutoCommit(true);         //恢复自动递交模式
    stmt_1.close();
    stmt_2.close();
    }catch(SQLException e){
        e.printStackTrace();
        if (con != null)  {
        try{
            con.rollback();              //事务回滚
            con.setAutoCommit(true);     //恢复自动递交模式
        } catch(SQLException ex) {
            ex.printStackTrace();
        }
    }
}
```

由于事务回滚仍可能抛出异常，因此同样需要使用 try-catch 块来捕获异常。此外，由于在事务执行的过程中一旦抛出异常，将不会执行 con.setAutoCommit(true)语句，所以需要在执行事务回滚语句 con.rollback()后，再调用 con.setAutoCommit(true)语句将连接恢复为原先的自动递交模式。

10.6　编写数据库工具类

Java 编程语言中提供了用于数据库访问的各种 API。有的时候，一些 API 总是要组合在一起使用。例如，要建立一个数据库连接，总是需要先载入数据库驱动程序，然后使用驱动程序管理器建立连接。

为此，我们可以编写一个方法(如例 10.4 中的 acquireConnection()，该方法完成载入数据库驱动程序并使用驱动程序管理器建立连接)，然后将该方法封装到一个自定义的类中(如例 10.4 中的 SqlUtil 类)。这样，要创建一个数据库连接，只需要一个语句：

```
Connection con=SqlUtil.acquireConnection(...);
```

这样可以更加高效、简洁地编写出应用程序。

在例 10.4 中，类 SqlUtil 被打包到 edu.njust.cs 中。因此，在其他的类中需要使用类 SqlUtil 的时候，必须先使用：

```
import edu.njust.cs.*;
```

或是:

```
import edu.njust.cs.SqlUtil;
```

来引入(import)SqlUtil 类。

SqlUtil 类中集成了读写数据库和表格的一些方法，包括将数据库中的记录读入表格以及将表格中的数据写入数据库等。本节中 SqlUtil 类中的方法还相当少，读者可以逐步向其中添加更多的实用方法来丰富该类的内容。

我们希望数据库中存储的字段值不出现空值(null)，这样可以在应用程序中减少空值条件判断。为此，当字段值为空值时，可以考虑使用特殊值来代替。例如，一个 Double 类型的字段，可以用 Double.NEGATIVE_INFINITE 这个特殊值来代替空值。也就是说，在数据库中，如果一个数据字段的值为 Double.NEGATIVE_INFINITE，表示该字段值为空值。使用这种处理方式后，当需要将字段值为空值(已经由特殊值表示)的字段读入到表格中显示时，需要将表示空值的特殊值转化为真正的空值(null)，这样才能使得表格正确显示。SqlUtil 类中提供了一个方法 getLineForTableFromLineForDB()，该方法将适合数据库存储的一行数据(空值由特殊值表示)转化为适合表格显示的数据：依次判断字段值，如果是一个表示空值的特殊值，则将其转换为空值(null)。由于不同的数据类型所定义的代表空值的特殊值是不同的(例如，整型可以是 Integer.MIN_VALUE)，因此，需要依据每个字段的数据类型来判断是否使用了特殊值代替空值。出于演示目的，本节中所给出的方法 getLineForTableFromLineForDB()还很不完善，只考虑了 3 种数据类型 String、Double 和 Integer。

例 10.4 SqlUtil.java

```
package edu.njust.cs;
import java.sql.*;
import javax.swing.*;
import java.util.*;
import java.io.*;
public class SqlUtil{
    //读入配置文件
    public static Properties loadProperty(String fileName){
        Properties prop=new Properties();
        try{
            FileInputStream in=new FileInputStream(
            System.getProperties().get("user.dir")+"/"+fileName);
            prop.load(in);
            in.close();
        }catch(IOException e){
            e.printStackTrace();
            JOptionPane.showMessageDialog(null,
                "配置文件丢失!\n 建议重新安装程序",
                "信息",
                JOptionPane.ERROR_MESSAGE);
```

```
            prop=null;
        }
        return prop;
    }
    //建立和 MS SQL Server 的连接
    public static Connection acquireConnection(
        String host,String port,String dbName,String user,
        String pwd) throws ClassNotFoundException,SQLException{
        Connection connection=null;
        try{
            Class.forName("com.microsoft.jdbc.sqlserver.SQLServerDriver");
            String url ="jdbc:microsoft:sqlserver://"+
                    host+":"+port+";User="+user+";Password="+pwd;
            connection= DriverManager.getConnection(url);
            connection.setCatalog(dbName);
        }catch(ClassNotFoundException e){
            e.printStackTrace();
            throw e;
        }catch(SQLException e){
            e.printStackTrace();
            throw e;
        }
        return connection;
    }
    //使用指定的 SQL 语句和数据，向数据库插入一条记录
    public static boolean addRowToDB(
        Connection con,String insertSql,Object []lineForDBAdd){
        boolean flag=true;
        PreparedStatement update=null;
        try{
            update=con.prepareStatement(insertSql);
            if(lineForDBAdd!=null)
                for(int i=0;i<lineForDBAdd.length;i++)
                    update.setObject(i+1,lineForDBAdd[i]);
            update.executeUpdate();
        }catch(SQLException e){
            e.printStackTrace();
            flag=false;
            JOptionPane.showMessageDialog(null,
                "从数据库插入数据时发生错误"+e,
                "信息",
                JOptionPane.ERROR_MESSAGE);
        }finally{
            if(update!=null)
                try{
                    update.close();
                }catch(SQLException ex){
```

```
                ex.printStackTrace();
            }
        }
        return flag;
    }
    //将适合数据库存储的一行数据(LineForDB)
    //转化为适合表格显示的数据(LineForTable)
    //依据数据类型的不同，将代表空值的特殊值转化为空值
    public static Object [] getLineForTableFromLineForDB(
      Object []lineForDB,Class []dataType){
        Object []lineForTable=new Object[lineForDB.length];
        for(int i=0;i<lineForDB.length;i++){
            if(dataType[i]==java.lang.String.class)
                lineForTable[i]=lineForDB[i];
            else if(dataType[i]==java.lang.Double.class){
                if(((Double)lineForDB[i]).doubleValue()
                ==Double.NEGATIVE_INFINITY)
                    lineForTable[i]=null;
                else
                    lineForTable[i]=lineForDB[i];
            }
            else if(dataType[i]==java.lang.Integer.class){
                if(((Integer)lineForDB[i]).doubleValue()
                ==Integer.MIN_VALUE)
                    lineForTable[i]=null;
                else
                    lineForTable[i]=lineForDB[i];
            }
        }
        return lineForTable;
    }
    //清空表格中所有的数据
    public static void clearAllRowsInTable(CustomTableModel model){
        while(model.getRowCount()>0)
            model.removeRow(0);
    }
    //从数据库读取数据到表格，dataType 指明表格中每一列的数据类型
    //当前只考虑了 String、Double、Integer
    public static void readDBToTable(Connection con,String readSql,
      CustomTableModel model, Class []dataType){
        clearAllRowsInTable(model);
        PreparedStatement query=null;
        try{
            query= con.prepareStatement(readSql);
            query.clearParameters();
            ResultSet rs=query.executeQuery();
            while(rs.next()){
```

高等学校应用型特色规划教材

```
                int column=model.getColumnCount();
                Object []line=new Object[column];
                for(int i=0;i<column;i++){
                    if(dataType[i]==java.lang.String.class)
                        line[i]=rs.getString(i+1).trim();
                    else if(dataType[i]==java.lang.Double.class){
                         if(rs.getDouble(i+1)==Double.NEGATIVE_INFINITY)
                            line[i]=null;
                         else
                            line[i]=new Double(rs.getDouble(i+1));
                    }
                    else if(dataType[i]==java.lang.Integer.class){
                        if(rs.getInt(i+1)==Integer.MIN_VALUE)
                            line[i]=null;
                        else
                            line[i]=new Integer(rs.getInt(i+1));
                    }
                }
                model.addRow(line);
            }
        }catch(SQLException e){
            e.printStackTrace();
            JOptionPane.showMessageDialog(null,
                  "从数据库读取数据时发生错误!"+
                  "SQL 语句为:"+readSql+e,"提示",
                  JOptionPane.ERROR_MESSAGE);
        }finally{
            if(query!=null)
                try{
                    query.close();
                }catch(SQLException ex){
                    ex.printStackTrace();
                }
        }
    }
    //使用指定的 SQL 语句删除数据库中的记录
    public static boolean deleteFromDB(
        Connection con,String deleteSql,Object []keys){
        boolean flag=true;
        PreparedStatement update=null;
        try{
            update=con.prepareStatement(deleteSql);
            if(keys!=null)
                for(int i=0;i<keys.length;i++)
                    update.setObject(i+1,keys[i]);
            update.executeUpdate();
        }catch(SQLException e){
```

```
                flag=false;
                JOptionPane.showMessageDialog(null,
                        "从数据库删除时发生错误!\n"+e,
                        "提示",
                        JOptionPane.ERROR_MESSAGE);
            }finally{
                if(update!=null)
                    try{
                        update.close();
                    }catch(SQLException ex){
                        ex.printStackTrace();
                    }
            }
            return flag;
        }
    }
```

10.7 一 个 实 例

本小节编写一个程序 SimpleBookManager.java，该程序可以向数据库中录入图书信息(见图 10.2)、使用不同方式查询图书信息(见图 10.3)以及删除指定的图书信息(见图 10.4)。

该应用程序中用到了几个打包到 edu.njust.cs 中的自定义类，如表模型类 CustomTableModel.java、布局工具类 LayoutUtil.java、字体工具类 SetFont.java、数据库工具类 SqlUtil.java 以及按钮类 TextAndPicButton.java。部分工具类已经在前面的相关章节中出现，如有需要，可以参考相关章节。

10.7.1 数据库

使用 10.2.2 小节中所述的运行在 MS SQL Server 上的数据库 bookTest，该数据库中只有一张表 bookInfo，字段名称和数据类型如表 10.2 所示。

10.7.2 布局及功能简介

该应用程序中的主画面包括一个工具条和一个表格。

工具条：包含 4 个按钮，分别执行不同的功能。

表格：用于显示相关图书记录的信息，如查询得到的信息、新增加图书的信息。

布局：使用一个布局为 BorderLayout 的面板 p，将工具条置于面板 p 的 North 方位；将表格添加到一个滚动窗格中(JScrollPane)，然后将滚动窗格置于面板 p 的 Center 方位；最后将面板 p 添加到 JFrame 的内容窗格(contentPane)中。

增加：单击“增加”按钮后，会弹出一个图书信息录入对话框(见图 10.2)。正确填写完图书信息后，单击“确定”按钮，将会在数据库中增加一条新图书的记录，同时会在表格的最后一行显示该记录。在写入数据库前，应用程序会对输入数据的合法性进行检查，例如关键字段图书编号不能为空、价格必须为数值类型等。

查询：单击“查询”按钮后，会弹出查询方式选择对话框(图 10.3)。例如用户选定了按照图书名称进行查询，并在对应的文本框中输入了“Java”，单击“确定”按钮后，应用程序执行的查询语句是：

```
select * from bookInfo where bookName like '%Java %'
```

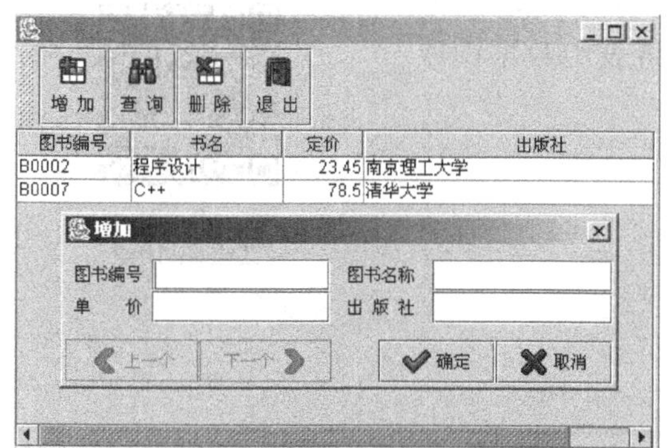

图 10.2　录入图书信息

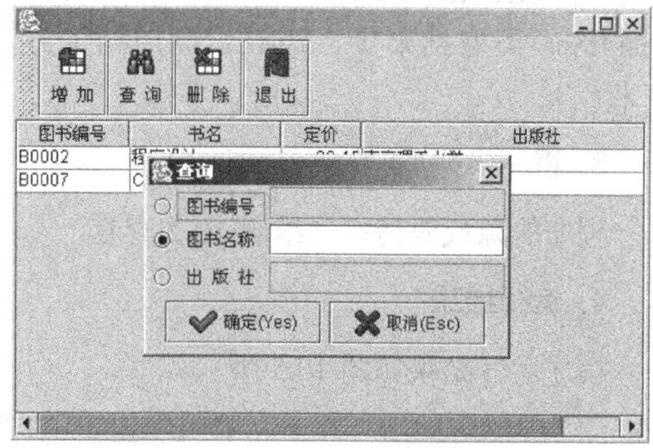

图 10.3　查询图书信息

那么，查询执行完毕后，所有书名中包含“Java”的图书信息都会在表格中显示。

删除：用户选定表格中的一条记录后，单击“删除”按钮，会弹出确认的对话框(见图 10.4)。用户确认后，将删除表格中所选定的图书记录。

程序的源代码请扫二维码 10-1 查看。

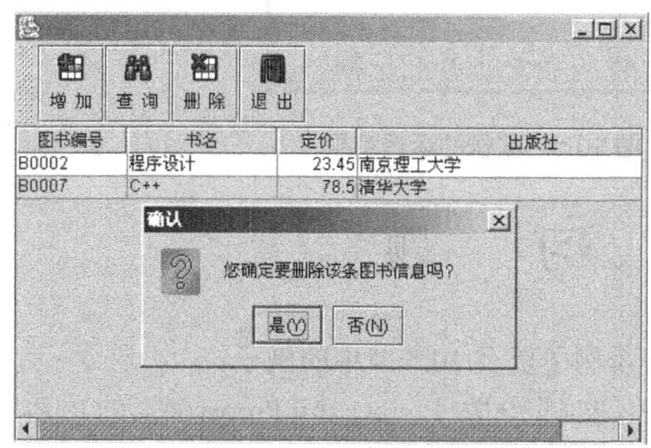

图 10.4　删除图书信息

二维码 10-1

10.8　案例实训

1. 案例说明

使用 Java JDBC 驱动程序连接 SQLServer 数据库，读取企业员工个人信息，如工号、姓名、性别和出生日期等，并将这些信息显示在 JFrame 组件窗口上，同时要求提供翻页查看功能。

2. 编程思想

首先利用 Class.forName()方法加载驱动程序，本例用到的 SQLServer 数据库驱动 API 是 jtds.jar，然后利用 DriverManager 的 getConnection()方法获得 Connection 连接对象，接下来就可以利用 Connection 对象与数据库建立连接。连接成功后，用 Connection 对象的 createStatement()方法建立 Statement 对象，并利用 Statement 对象的 executeQuery()方法执行 SQL 语句进行查询，返回 ResultSet 类型结果集，最后再利用相关方法将表中数据读取出来。

二维码 10-2

3. 程序代码

程序的源代码请扫二维码 10-2 查看。

4. 运行结果

程序运行结果如图 10.5 所示。

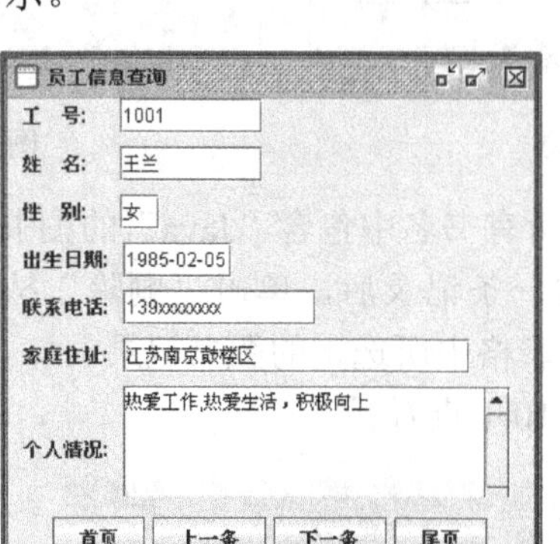

图 10.5　案例的运行结果

习　　题

10.1　上机完成 10.2 节中的 3 个例子以及 10.7 节中的例子。

10.2　进一步阅读 Java API 文档中关于 java.util.Properties 的内容。尝试使用 java.util.Properties 向一个属性文件(db.properties)中写入以下的信息：

```
dbDriver=com.microsoft.jdbc.sqlserver.SQLServerDriver
dbIP=127.0.0.1
dbPort=1433
dbUserName=admin
dbPassword=xyz
defaultDbName=bookTest
```

10.3　在 MS SQL Server 2000 上建立一个名为 VCD 的数据库，其中包含表 10.4 和表 10.5 所定义的两张表。

表 10.4　表 VCDInfo 的字段名及数据类型

字 段 名	数据类型	描　述
VCDID	varchar(4)	编号(关键字)
VCDName	varchar (50)	VCD 名
VCDPrice	float	定价
companyID	varchar (4)	出版公司编号

表 10.5　表 CompanyInfo 的字段名及数据类型

字 段 名	数据类型	描　述
companyID	varchar (4)	出版公司编号(关键字)
companyName	varchar (50)	出版公司名称
companyAddr	varchar (50)	出版公司地址

(1)　编程向表 VCDInfo 和表 CompanyInfo 中写入表 10.6 和表 10.7 所示的数据。

(2)　然后执行下面的查询语句，会得到什么结果？

```
System.out.println("--------左联接查询---------");
String querySql="select VCDInfo.*,companyInfo.companyName, "+
    "companyInfo.companyAddr  from VCDInfo left outer join "+
    "companyInfo on VCDInfo.companyID=companyInfo.companyID";
ResultSet rs=stmt.executeQuery(querySql);
//取得查询结果集的列数
int column=rs.getMetaData().getColumnCount();
while(rs.next()){
  String result=" ";
  for(int i=1;i<=column;i++)
    result=result+" "+rs.getString(i);
  System.out.println(result);
}
```

(3)　如果上面的查询语句分别改为以下的 3 种情形，得到的结果又是什么？

```
System.out.println("--------右联接查询---------");
querySql="select VCDInfo.*,companyInfo.companyName, "+
    "companyInfo.companyAddr  from VCDInfo  right outer join "+
    "companyInfo on VCDInfo.companyID=companyInfo.companyID";

System.out.println("--------内联接查询---------");
querySql="select VCDInfo.*,companyInfo.companyName, "+
    "companyInfo.companyAddr  from VCDInfo  inner join "+
    "companyInfo on VCDInfo.companyID=companyInfo.companyID";

System.out.println("--------全联接查询---------");
querySql="select VCDInfo.*,companyInfo.companyName, "+
```

```
"companyInfo.companyAddr  from VCDInfo  full join "+
"companyInfo on VCDInfo.companyID=companyInfo.companyID";
```

表 10.6　表 VCDInfo 中的数据

VCDID	VCDName	VCDPrice	companyID
V001	戏曲	10	C001
V002	评弹	15	C002
V003	小品	18	C003
V004	相声	15	C004

表 10.7　表 CompanyInfo 中的数据

companyID	companyName	companyAddr
C003	公司 3	地址 3
C004	公司 4	地址 4
C005	公司 5	地址 5
C006	公司 6	地址 6

第 11 章　多　线　程

11.1　什么是线程

读者对顺序执行的程序已经非常熟悉，这些程序的共同特点是：有一个程序的开始、一个顺序执行指令序列和一个程序的结束点。也就是说，在程序的运行期间，只有一个单独的执行序列。

线程(thread)与上面所描述的顺序执行程序非常相似。一个线程在执行期间同样有一个开始、一个执行序列和一个结束点。线程是在程序中的一个单独的控制流，类似于我们以前介绍的顺序执行程序。但是在这里要特别指出的是，单个线程不是一个程序，并不能依靠自身单独执行，它必须在程序中执行。

对于线程，重点是关注多线程的问题。实际上多线程非常有用，比如说，一个服务器程序应该能同时为多个客户端提供服务；一个浏览器应该能同时浏览多个网页，或能在下载数据的同时浏览其他网页，这些都是典型的多线程的例子。

线程和进程相似，都是独立的线性控制流。因此，线程有时也称为轻量级进程(lightweight process)。之所以称为轻量级，是因为线程是在进程(process)提供的环境下执行的，线程只能在进程的作用域内活动。同时，线程作为一个独立的控制流，在执行时必须有自己的运行环境，例如堆栈、程序计数器等。

11.2　一个简单的例子

先来看一个我们已经非常熟悉的顺序执行的程序，见例 11.1。

例 11.1　SequentialExample.java

```
public class SequentialExample{
    public static void main(String []args){
        new Sequential("A").run();
        new Sequential("B").run();
    }
}
class Sequential{
    String name=null;
    public Sequential(String n){
        name=n;
    }
public void run(){
    for(int i=0;i<5;i++){
        try{
        // 睡眠一段随机时间
```

```
                Thread.sleep((long)(Math.random() * 1000));
            }catch(InterruptedException e){
                e.printStackTrace();
            }
            System.out.println("access "+name+" ");
        }
    }
}
```

在这个例子中，类 Sequential 中定义了一个 run 方法。run 方法进行 5 次屏幕输出，每次输出前随机睡眠一段时间。可以发现，多次运行该程序，总是输出：

```
AAAAABBBBB
```

例 11.1 是一个典型的顺序执行程序，由于 new Sequential("A").run()在 new Sequential("B").run()之前，第二个 run 方法总是在第一个 run 方法之后执行，因而程序的运行结果是确定的。下面对例 11.1 稍做修改，见例 11.2。

例 11.2　MultiThreadExample.java

```
public class MultiThreadExample{
    public static void main(String []args){
        new MyThread("A").start();  //启动线程 A
        new MyThread("B").start();  //启动线程 B
    }
}
class MyThread extends Thread{
    public MyThread(String n){
        super(n);  //线程名称
    }
    public void run(){
        for(int i=0;i<5;i++){
            try{
                    //睡眠一段随机时间
                Thread.sleep((long)(Math.random() * 1000));
            }catch(InterruptedException e){
                e.printStackTrace();
            }
            System.out.print(getName()); //打印线程名称
        }
    }
}
```

例 11.2 中，类 MyThread 除了继承线程类 Thread 之外，其他地方和类 Sequential 再无区别。MyThread 类中的第一个方法是构建器，这个构建器调用了父类的构建器，用于设置线程的名字。MyThread 类中的第二个方法是 run，这个方法是一个线程的核心，线程的具体操作就在这个方法中实现。

MyThread 类中的 run 方法包含了 for 循环。每一次迭代中这个方法就会打印出当前的线程名，然后睡眠一段随机时间(最长 1 秒)。线程一旦睡眠，run 方法将中断执行，当前线程进入阻塞状态，从而给其他线程以执行的机会。线程睡眠结束后，并不一定立刻会得到执行，只有被再次调度后，该线程才能得以执行。Thread.sleep 方法可能会抛出一个 InterruptedException 类型的异常，因此必须加以捕获。

在 MultiThreadExample 的 main 方法中，不是直接调用 MyThread 的 run 方法，而是调用 start 方法：

```
new MyThread("A").start();
new MyThread("B").start();
```

start 方法启动一个线程，当线程被调度时，其中的 run 会被执行。

运行例 11.2 可以发现，每次运行都可能得到不同的结果，下面给出我们 3 次运行的结果：

```
BABAAABBAB
BBABBBAAAA
ABBBAABBAA
```

注意： 用户在运行时完全有可能得到不同的结果。

仔细观察一下程序的输出，可以发现线程 A 和线程 B 是交替执行的，这称为线程并发(concurrence)。

注意： 线程的并发(concurrence)和并行(parallel)是两个不同的概念。并行是指在某一具体时刻有多个线程同时在执行。当计算机只有一个 CPU 时，某一具体时刻只能执行一个线程，但是在一段时间内，多个线程都可以得到执行，称为线程并发；当计算机有多个 CPU 时，某一具体时刻，可以同时执行多个线程，称为线程并行。

11.3　定制线程类

通过 11.2 节可以发现：实现线程最重要的是实现其中的 run 方法，run 方法决定了线程所做的工作。

可以使用两种方法来为定制线程类提供 run 方法：

- 继承线程类 Thread。
- 实现 Runnable 接口。

11.3.1　继承线程类

Java 中有一个线程类 Thread，该类中提供的 run 是一个空方法。为此，我们可以继承 Thread，然后覆盖(override)其中的 run，使得该线程能够完成特定的工作。例 11.2 采用的就是这种方法。

11.3.2 实现 Runnable 接口

第二种常用的方法就是实现 Runnable 接口。Runnable 接口中定义了唯一的方法:

```
public void run();
```

任何实现了 Runnable 接口的类所生成的对象均可用于创建线程对象。例如类 CustomThread 实现了 Runnable 接口，因此可以这样来创建一个线程对象:

```
Runnable a=new CustomThread("A");
Thread t=new Thread(a);
```

或是更简洁一点:

```
Thread t=new Thread(new CustomThread("A"));
```

例 11.3 实现与例 11.2 同样的功能，不同之处在于例 11.3 中的 CustomThread 并不继承 Thread，而是实现 Runnable 接口。使用 CustomThread 类型的对象可以创建线程对象，例如:

```
Thread t1=new Thread(new CustomThread("A"));
```

启动这样创建的线程，同样使用 start 方法:

```
t1.start();//启动线程 A
```

例 11.3 MultiThreadExample2.java

```
public class MultiThreadExample2{
    public static void main(String []args){
        Thread t1=new Thread(new CustomThread("A"));
        Thread t2=new Thread(new CustomThread("B"));
        t1.start();  //启动线程 A
        t2.start();  //启动线程 B
    }
}
class CustomThread implements Runnable{
    String name;
    public CustomThread(String n){
        name=n;
    }
    public void run(){
        Thread current=Thread.currentThread();//取得当前线程
         for(int i=0;i<5;i++){
            try{
                       //睡眠一段随机时间
               current.sleep((long)(Math.random() * 1000));
            }catch(InterruptedException e){
               e.printStackTrace();
            }
```

```
            System.out.print(name); //打印线程名称
        }
    }
}
```

注意：从理论上讲，定制线程类可以使用上述两种方法中的任意一种。但是由于 Java 只支持单继承，因此，当用户定制的线程类需要继承其他类时，就只能使用实现 Runnable 接口的方法。

11.4 线程的生命周期

通过前面的学习，我们已经对线程有了大致的了解。本小节将涉及线程的细节问题，重点关注线程的生命周期：如何创建和启动一个线程，在线程运行期间可以执行的某些特殊操作，以及如何结束一个线程。

图 11.1 显示了一个 Java 线程在它生命周期中的各个状态。我们将使用例 11.3 来讨论线程生命周期中的各个状态以及状态之间的转换。

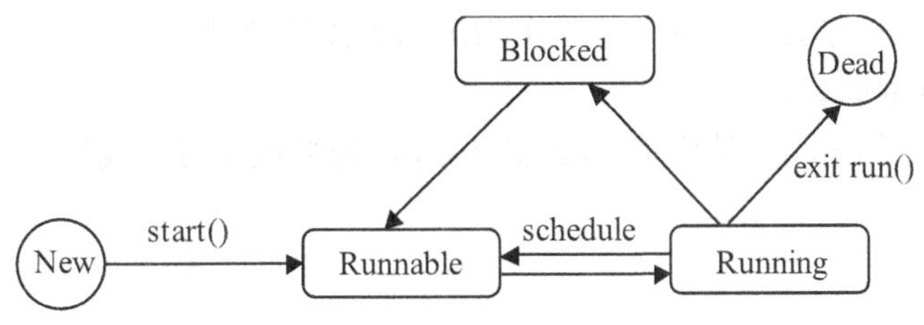

图 11.1 线程状态图

11.4.1 创建线程

在例 11.3 中，语句 Thread t1=new Thread(new CustomThread("A"));用于创建一个线程对象 t1。注意，该语句执行完毕后，线程对象 t1 处于 new 状态，它并没有拥有运行线程所需要的系统资源，也就是说，这个时候线程还不可运行。当线程处于 new 状态的时候，唯一能做的就是启动(start)这个线程。调用 start 之外的任何方法都不能使该线程执行，并且会引发一个 IllegalThreadStateException 异常。事实上，在线程的生命周期中，任意时刻调用一个当前不能被执行的方法，线程都将抛出一个 IllegalThreadStateException 异常。

11.4.2 启动线程

线程对象创建后，紧接着执行的语句为：

```
t1.start();//启动线程 A
```

start 方法创建了运行线程所必需的系统资源，并调用线程的 run 方法。start 方法返回之后，线程就进入可运行(runnable)状态。

11.4.3 线程运行

处于可运行状态(runnable)的线程并不一定立刻都能得到运行(running)。如前所述，由于许多计算机只有一个处理器，这就不可能在同一个时刻同时运行所有处于可运行状态的线程。Java 运行系统必须有一套合理的时间分配方案来调度(schedule)所有处在可运行状态的线程。因此，在某一个具体时刻，处于可运行状态的线程可能正等待处理器分配时间。也就是说，处于可运行状态的线程，只有被调度(schedule)执行时，才真正处于运行(running)状态。

处于运行状态(running)的线程也可能被调度到可运行状态(runnable)，例如所分配的 CPU 时间片结束或是调用 yield 方法主动让出 CPU，从而给其他处于可运行状态的线程以执行机会。

11.4.4 线程阻塞

当以下任一事件发生时，正在运行的线程将由运行状态转化为阻塞(blocked)状态：

- 休眠方法被调用。
- 线程调用 wait 方法，并且等待一个指定的条件被满足。
- 线程在 I/O 处阻塞。

例如，当线程 t1 的 run 方法中的 Thread.sleep 语句被执行时，线程 t1 将由运行状态转入阻塞状态：

```
try{
    //睡眠一段随机时间
    current.sleep((long)(Math.random() * 1000));
}catch(InterruptedException e){
    e.printStackTrace();
}
```

当线程处于阻塞状态时，即使处理器处于空闲状态，该线程也不会被执行。此外，当线程 t1 睡眠结束时，也并不立刻进入运行状态，而是先进入可运行状态，等候调度。

当一个线程处于阻塞状态时，如何让其重新进入可运行状态？下面给出了由阻塞状态进入可运行状态的条件：

- 线程处于睡眠状态，那么必须睡眠相应的指定时间。
- 线程在等待一个特定条件，那么必须由其他对象通过 notify 或者 notifyAll 方法来通知等待线程条件已改变。
- 线程由于 I/O 阻塞，那么 I/O 操作必须完成。

11.4.5 终止线程

线程的 run 方法退出后，自然进入死亡(dead)状态。

在例 11.3 的 run 方法中，经过 5 次循环后，run 方法正常退出，线程自然进入死亡状态：

```
public void run(){
    Thread current=Thread.currentThread();//取得当前线程
    for(int i=0;i<5;i++){
        try{
            //睡眠一段随机时间
            current.sleep((long)(Math.random() * 1000));
        }catch(InterruptedException e){
            e.printStackTrace();
        }
        System.out.print(name); //打印线程名称
    }
}
```

此外，如果想知道线程是否处于活动状态，可以用 isAlive 方法来判断。isAlive 在线程已经启动(start)并且没有死亡(dead)时返回值是 true。假如该方法返回的是 false，那么可以知道这个是新线程(已创建，还没有进入可运行状态)或者当前线程已经死亡。

11.5　线程中断

当线程的 run 方法运行结束，该线程也就自然终止。虽然也可以调用线程的 stop 方法来强制杀死一个线程，但该方法是不安全的，因此不推荐使用。

Java 中还提供了 interrupt 方法用来中断一个线程。当调用一个线程的 interrupt 方法时，即向该线程发送一个中断请求，并将该线程的“interrupted”状态值置为 true。

需要注意的是，在调用线程的 interrupt 方法时，如果该线程由于调用了 sleep 或是 wait 方法而正在处于阻塞状态，那么，该线程会抛出一个 InterruptedException 异常。

一般来说，若一个线程接收到一个中断请求(其他线程调用了该线程的 interrupt 方法)，该线程应该以合适的方式结束(称为响应中断请求)。可以通过捕获 InterruptedException 异常来对中断请求做出响应，例如：

```
public void run(){
  try{
    while(work not finished){
    ...
    }
  }catch(InterruptedException e){
    //线程因 wait 或是 sleep 而处于阻塞状态时被中断
    ...//退出前做必要的工作
  }
  //run 方法结束，线程退出
}
```

通过捕获 InterruptedException 异常来中断线程具有很大的局限性。因为只有线程因 sleep 或是 wait 处于等待状态被中断时才会抛出 InterruptedException 异常。如果一个线程不处于 sleep 或 wait 状态，调用 interrupt 方法中断该线程并不抛出 InterruptedException 异常。为此，可以使用下面的方式来使得线程响应中断请求：

```
public void run(){
  while(!interrupted() && work not finished){
    ...
  }
  //run 方法结束，线程退出
}
```

方法 interrupted 返回当前线程的“interrupted”状态值。如果方法 interrupted 的返回值是 true，则表示当前线程的“interrupted”状态值为 true，亦即该线程已被请求中断。在上面的代码片段中，通过判断“interrupted”的状态值来决定线程是否需要中断退出。

注意： 当一个线程处于 I/O 阻塞状态时，调用该线程的 interrupt 方法，既不会抛出 InterruptedException 异常，也不会中断该 I/O 操作。同样，要使得这样的线程能够响应中断请求，也是使用 interrupted 方法决定线程是否需要中断退出。

除了 interrupted 方法外，还有一个 isInterrupted 方法。这两个方法均用于判断当前线程是否已经被中断请求过，不同之处在于：interrupted 方法在返回“interrupted”状态值的同时会将其值重新设置为 false，而 isInterrupted 方法只是简单返回“interrupted”的状态值。

11.6 线程的优先级

每个线程都有一个优先级，当线程被创建时，其优先级是由创建它的线程的优先级所决定的。当然，也可以在线程创建之后的任意时刻通过调用 setPriority 方法来修改线程的优先级。线程的优先级是在 MIN_PRIORITY(线程类中定义的一个常数，值为 1)和 MAX_PRIORITY(值为 10)范围内的一个整数值。数值越大，代表线程的优先级越高。

在任意时刻，当有多个线程处于可运行状态时，运行系统总是挑选一个优先级最高的线程执行。只有当线程停止、退出或者由于某些原因不执行的时候，低优先级的线程才可能被执行。

如果有两个相同优先级的线程同时等待执行，那么运行系统会以 round-robin 的方式选择一个执行。被选中的线程可能由于下面的原因退出，从而给其他线程以执行的机会：

- 一个更高优先级的线程处于可运行状态。
- 线程主动退出(调用 yield 方法)，或者它的 run 方法结束。
- 在支持分时方式的系统上，分配给该线程的时间片结束。

Java 运行系统的线程调度算法是抢占式(preemptive)的。当更高优先级的线程出现并处于可运行状态时，运行系统将选择该高优先级的线程执行。

注意： 在任何时刻，总是最高优先级的线程处于运行状态。但是这一点是不能保证的，例如当高优先级的线程处于阻塞状态，并且 CPU 处于空闲时，低优先级的线程也会被调度执行。

例 11.4 给出了一个例子。在该例中有两个线程 a 和 b，并且被赋予不同的优先级。由于线程 a 的优先级高于线程 b 的优先级，因此，总是线程 a 先被调度执行。因此，程序总是输出：

```
AAAAAAAAAABBBBBBBBBB
```

例 11.4　PriorityExample.java

```
public class PriorityExample{
    public static void main(String []args){
    Thread a=new PThread("A");
    Thread b=new PThread("B");
    a.setPriority(7);
    b.setPriority(1);
    a.start();
    b.start();
    }
}
class PThread extends Thread{
    public PThread(String n){
    super(n); //线程名称
    }
public void run(){
    for(int i=0;i<5000000;i++){
        if(i%500000==0)
            System.out.print(getName()); //打印线程名称
        }
    }
}
```

11.6.1　利己线程

在线程中可以通过调用 sleep 方法，放弃当前线程对处理器的使用，从而使得各个线程均有机会得到执行。但是，有的时候，也有线程可能不遵循这个规则。例如，例 11.4 中的 run 方法定义如下：

```
public void run(){
    for(int i=0;i<5000000;i++){
        if(i%500000==0)
            System.out.print(getName()); //打印线程名称
    }
}
```

这个例子中，for 循环是一个紧密循环(tight loop)。一旦运行系统选择了有这种循环体的线程执行，该线程就不会主动放弃对处理器的使用权，除非 for 循环自然终止或者该线程被一个有更高优先级的线程抢占。这样的线程，我们称为利己线程。

有些情况下，利己线程并不会引起问题，但是在某些情况下，利己线程长久占有处理

器的使用权，就会让其他的线程在得到处理器的使用权之前等待一个很长的时间。

11.6.2 分时方式

为了解决利己线程可能长时间占据 CPU 的问题，有些系统通过分时方式(time-slicing)来限制利己线程的执行，如 Windows 7 或者 Windows NT 系统。

在分时方式中，处理器的分配按照时间片来划分，对于那些有相同最高优先级的多个线程，分时技术会交替地分配 CPU 时间片给它们执行。当分配给一个线程(即使该线程是利己线程)的时间片结束时，即使该线程没有运行结束，也会让出 CPU 的使用权。

同样以例 11.4 为例。将其中两条设置线程优先级的语句注释掉，使得线程 a 和线程 b 具有相同的优先级。再次编译后，在 Windows 平台上观察程序两次输出如下：

```
AAAAAAABBBBAAABBBBBB
AAAABBBBAAABBBAAABBB
```

可以发现，线程 a 和线程 b 确实是并发执行的。虽然线程 a 和线程 b 都是利己线程，即不会主动交出 CPU 的使用权，但由于 Windows 7 采用分时方式，因此，当分配给线程的时间片结束后，线程会让出 CPU 的使用权。

如果在一个不采用分时技术的平台上运行上述程序，得到的输出结果可能是确定的：

```
AAAAAAAAAABBBBBBBBBB
```

这是因为在一个不采用分时方式工作的系统中，线程调度程序会选择一个有最高优先级的线程运行，直到该线程放弃对处理器的使用权(休眠、放弃或者完成工作)，或者有一个更高优先级的线程抢占处理器的使用权。由于线程 a 的优先级高于线程 b，Java 运行系统选择了线程 a 先运行，那么只有等线程 a 运行结束，线程 b 才可能得以运行。

注意： Java 运行系统本身并不实现分时，分时是和平台相关的，有的平台甚至不支持分时方式。因此，编写 Java 多线程程序的时候，不能过分依赖分时技术来保证各个线程都有公平的执行机会。通常来说，应当编写那种可以主动放弃处理器使用权的程序，让其他线程有机会去执行自己的任务。同时，一个线程还可以通过调用 yield 方法主动放弃对处理器的使用权。需要注意的是，使用 yield 方法只能给同优先级的线程提供执行机会，如果没有同优先级的线程处于可运行状态，yield 方法将被忽略。

11.7 线程同步

到目前为止，我们讲的例子都是一些异步线程，也就是说，这些线程本身包含了执行时所需要的数据和方法，不需要外部提供的资源和方法。此外，这些线程在执行时也不关注与其并发执行的其他线程的状态和行为。

然而，在很多场合下，线程必须关注与其并发执行的其他线程的状态和行为。一个很典型的例子就是生产者/消费者问题。例如，应用程序中一个线程(生产者)要写数据到一个缓冲区，而另一个线程(消费者)要从该缓冲区中按照生产者写入次序依次读出数据。这时候，两个线程共享一个缓冲区，因此必须达到某种方式上的同步(synchronize)。下面我们就以生产者和消费者问题为例来讲解同步的概念。

例 11.5 定义了一个 Box 类，其中只有两个方法 put 和 get，分别用于设置和读取变量 value 的值。

例 11.5　Box.java

```
public class Box{
    private int value;
    public void put(int value){
        this.value=value;
    }
    public int  get(){
        return this.value;
    }
}
```

假设生产者 Producer 线程依次产生了 1～5 的一个整数，然后将产生的整数存储到一个 Box 类型的对象中，同时打印出这个产生的整数，见例 11.6。

例 11.6　Producer.java

```
public class Producer extends Thread {
   private Box box;
   private String name;
   public Producer(Box b, String n) {
      box = b;
      name=n;
   }
   public void run() {
      for (int i = 1; i < 6; i++) {
         box.put(i);
         System.out.println("Producer " + name
                        + " produced: " + i);
         try {
            sleep((int)(Math.random() * 100));
         } catch (InterruptedException e){
            e.printStackTrace();
         }
      }
   }
}
```

消费者 Consumer 线程要从 box(即 Producer 写入数据的对象)中依次且不能重复地取出这些值，见例 11.7。

例 11.7　Consumer.java

```
public class Consumer extends Thread {
   private Box box;
```

```
    private String name;
    public Consumer(Box b, String n) {
        box=b;
        name=n;
    }
    public void run() {
        int value = 0;
        for (int i = 1; i < 6; i++) {
            value = box.get();
            System.out.println("Consumer " +name
                            + " consumed: " + value);
            try {
                sleep((int)(Math.random() * 100));
            } catch (InterruptedException e) {
                e.printStackTrace();
            }
        }
    }
}
```

例 11.8 是模拟生产者/消费者问题的主程序。

例 11.8 ProducerConsumerTest.java

```
public class ProducerConsumerTest {
    public static void main(String[] args) {
        Box box = new Box();
        Producer p= new Producer(box,"p");
        Consumer c= new Consumer(box,"c");
        p.start();
        c.start();
    }
}
```

在这个例子中，生产者 p 和消费者 c 共享 box 对象。生产者 p 只管向 box 依次写入数据，而不管消费者 c 是否已经取走已有的数据；消费者 c 只管从 box 中读取数据，而不管生产者 b 是否已经向 box 中写入数据。下面是程序的某次运行结果：

```
Producer p produced: 1
Consumer c consumed: 1
Producer p produced: 2
Consumer c consumed: 2
Consumer c consumed: 2
Consumer c consumed: 2
Producer p produced: 3
Producer p produced: 4
Consumer c consumed: 4
Producer p produced: 5
```

观察该程序运行结果，可以发现，上面的程序还不能满足我们的要求。例如：消费者重复使用了数值 2；数值 5 没有被消费者使用等。其原因就是生产者和消费者线程没有进行良好的沟通(同步)。这两个线程理想的执行方式应该是：生产者生产一个数据，消费者读取一个数据，依次往复，直至结束。

要使得线程 p 和线程 c 能够同步，需要实现以下两个目标：

- 这两个线程不能同时对 box 对象进行操作。Java 线程可以通过锁定一个对象来达到这个目的。当一个对象被某个线程锁定，另一个线程想要调用这个对象中的同步方法时，该操作将被阻塞，直到该对象被解锁。
- 这两个线程必须协调工作。例如，线程 p 必须通过某种方式通知线程 c 当前的数字已经产生，并且在线程 c 取走数字之前，线程 p 不能再向 box 中写入数字，以免覆盖已有的数字；同时线程 c 也必须在取走数据之后，通知线程 p 可以重新写入新数据，并且在线程 p 写入新数字之前，线程 c 不能再次读取 box 中的数字，以免重复读取。线程类中提供了相应的 wait、notify 以及 notifyAll 方法来完成这些工作。

11.7.1　对象锁

为了使得线程 p 和线程 c 不能同时对 box 对象进行操作，我们在 put 和 get 方法前加上 synchronized(同步)关键字，如例 11.9 所示。

例 11.9　Box.java

```
public class Box{
    private int value;
    public synchronized  void put(int value){
        this.value=value;
    }
    public synchronized  int  get(){
        return this.value;
    }
}
```

Java 运行系统为每个对象分配了唯一的对象锁(object lock)。任何线程访问一个对象中被同步的方法前，首先要取得该对象的对象锁；同步方法执行完毕后，线程会释放对象的对象锁。因此，当一个线程调用对象中被同步的方法来访问对象时，这个对象就会被锁定。由于该线程已经取得了该对象唯一的对象锁，在该线程退出同步方法(交出对象锁)之前，其他线程不能再调用该对象中任何被同步的方法(由于对象锁被占用，无法得到对象锁)。

如果使用修改后的 Box 类来创建 box 对象，就能达到第一个目标：线程 p 和线程 c 不能同时对 box 对象进行操作。由于 put 和 get 方法都加上了同步关键字，因此，当线程 p 调用 box 对象的 put 方法时，p 取得了 box 唯一的对象锁，即 box 对象被锁定。在线程 p 退出 box 对象的 put 方法前，线程 c 由于无法取得 box 对象的对象锁，因此无法调用 box 对象的 get 方法。只有线程 p 退出 box 对象的 put 方法后，线程 c 才有可能取得 box 的对象锁，从而调用 box 对象的 get 方法。同样地，当线程 c 调用 box 对象的 get 方法的时候，它也锁定了 box 对象，以阻止线程 p 调用 box 对象中的 put 方法。

对象锁的取得和释放由 Java 运行系统自动完成，但始终遵循以下规则：在任何时刻，一个对象的对象锁至多只能被一个线程拥有。

11.7.2 可重入锁

Java 中的对象锁是可重入的，即 Java 运行系统允许一个线程再次取得已为自己控制的对象锁。锁的可重入性非常重要，这可以防止一个线程的死锁。

考虑以下的例子：

```
public class Reentrant {
    public synchronized void a() {
        b();
        System.out.println("method a() is called");
    }
    public synchronized void b() {
        System.out.println("method b() is called");
    }
}
```

这个例子中包含了两个同步方法：a 和 b。第一个同步方法是 a 调用另一个同步方法 b。

当一个线程(不妨称为 t)调用 Reentrant 类型对象(不妨称为 r)中的方法 a 时，对象 r 被锁定。此时 a 又调用 b，由于 b 也是一个同步的方法，因此线程 t 需要再次取得对象 r 的对象锁，才能执行方法 b。由于 Java 运行系统支持锁的重入，线程 t 可以再次取得对象 r 的对象锁，从而方法 b 能够得到执行。输出结果如下：

```
method b() is called
method a() is called
```

如果不支持锁的重入，这样顺序调用同步方法就会引起死锁。

11.7.3 notifyAll 和 wait 方法

通过给 Box 类中的两个方法加上关键字 synchronized，已经使得线程 p 和线程 c 不能同时操作 Box 类型的对象 box。使用修改后的 Box 类来运行例 11.8，可以发现结果仍不是我们所希望的，例如，某次运行结果如下：

```
Producer p produced: 1
Consumer c consumed: 1
Producer p produced: 2
Consumer c consumed: 2
Producer p produced: 3
Producer p produced: 4
Producer p produced: 5
Consumer c consumed: 5
Consumer c consumed: 5
Consumer c consumed: 5
```

可以发现，仍然会出现线程 p 连续向 box 中写数据，而根本不管线程 c 是否已经取走数据的情况。

为了使得线程 p 和线程 c 能协调工作，我们在 Box 类中再定义一个布尔类型的变量 available，当新生成的数据进入 box 而没有被取出来的时候，那么该值是 true；当 box 中的数据被取出来，而没有新数据放入的时候，available 为 false。再次改造后的 Box 中的两个方法定义如下：

```
public synchronized int get() {
   if (available == true) {
      available = false;
      return value;
   }
}
public synchronized void put(int value) {
   if (available == false) {
      available = true;
      this.value = value;
   }
}
```

然而这两个方法并不能工作。让我们看 get 方法，当线程 p 没有在 box 中放入任何数据，并且 available 为 false 时，线程 c 调用 get 方法不做任何操作(理想情况应该是线程 c 等待线程 p 放入数据，然后再取走数据)。类似地，当线程 p 在线程 c 调用 get 方法之前执行 put 方法，put 方法也不产生任何操作(理想情况应该是等待线程 c 取走数据，然后再写入数据)。

因此，必须在线程 p 存入数据之后通知线程 c 来取数据；同样，线程 c 在取走数据之后，也必须通知线程 p，可以再次存入数据。要实现这样的协调，可以通过对象的 wait 和 notifyAll 或 notify 方法实现。下面是 Box 类的最终版本。

例 11.10　Box.java

```
public class Box{
    private int value;
    private boolean available=false;
    public synchronized int get() {
        while (available == false) {
            try {
                //等待生产者写入数据
                wait();
            } catch (InterruptedException e) {
                e.printStackTrace();
            }
        }
        available = false;
        //通知生产者数据已经被取走，可以再次写入数据
        notifyAll();
        return value;
    }
```

```
public synchronized void put(int value) {
    while (available == true) {
        try {
            //等待消费者取走数据
            wait();
        } catch (InterruptedException e) {
            e.printStackTrace();
        }
    }
    this.value = value;
    available = true;
    //通知消费者可以来取数据
    notifyAll();
}
}
```

方法 wait 使得当前线程进入阻塞状态，同时交出对象锁，从而其他线程就可以取得对象锁。还可以使用下面的两个方法指定线程等待的时间：

```
wait(long timeout);
wait(long timeout, int nanos)
```

方法 notifyAll 唤醒的是由于等待 notifyAll 方法所在对象(这里是 box)而进入等待状态的所有线程，被唤醒的线程会去竞争对象锁，当其中某个线程得到锁之后，其他的线程重新进入阻塞状态。Java 中也提供了 notify 方法让某个线程离开等待状态，但是这个方法很不安全，因为你无法控制让哪一个线程离开阻塞队列。如果让一个不合适的线程离开等待队列，它也可能仍无法向前运行。因此建议使用 notifyAll 方法，让等待队列上的所有与当前对象相关的线程离开阻塞状态。

以下是使用例 11.10 所定义的 Box 类运行得到的两次结果：

```
Producer p produced: 1
Consumer c consumed: 1
Producer p produced: 2
Consumer c consumed: 2
Producer p produced: 3
Consumer c consumed: 3
Producer p produced: 4
Consumer c consumed: 4
Producer p produced: 5
Consumer c consumed: 5
--------------
Producer p produced: 1
Consumer c consumed: 1
Producer p produced: 2
Consumer c consumed: 2
Producer p produced: 3
Consumer c consumed: 3
Producer p produced: 4
```

```
Consumer c consumed: 4
Consumer c consumed: 5
Producer p produced: 5
```

可以发现，线程 c 总是能够依次取得线程 p 所生成的数据。也许有读者会认为第二次运行结果中存在问题：线程 c 取得数值 5 在线程 p 生成 5 之前。其实不是这样的，必定是线程 p 先生成 5，否则线程 c 从何处取得 5？既然线程 p 先生成 5，为何会出现这种现象呢？这是由于线程 p 向 box 中写入 5 之后，在执行随后的打印语句之前，线程 p 中断执行(例如，分配给线程 p 的时间片结束)。这时，线程 c 被调度执行，并且在线程 c 取走数据 5 并打印完毕后，线程 p 继续执行刚才被中断的打印语句。

11.8　案例实训

1. 案例说明

本案例是模拟系统发出“叮咚”的声音，即发出“叮”声音后才能发出“咚”声音，同样，发出“咚”声音以后才能发出“叮”声音，不可以连续发出“叮”声音，也不可以连续发出“咚”声音。

2. 编程思想

为实现案例要求的效果，我们这里采用多线程处理机制，通过实现 Runnable 接口建立线程。在 DingDong 类中定义两个 synchronized 方法 Ding 和 Dong，负责实现具体的操作。线程启动后，在 run()方法中通过判断线程源来选择使用 Ding 方法还是 Dong 方法。最终将执行结果打印在 JFrame 框架上具有滚动条的文本区内。

3. 程序代码

程序的源代码请扫二维码 11-1 查看。

二维码 11-1

4. 运行结果

程序运行结果如图 11.2 所示。

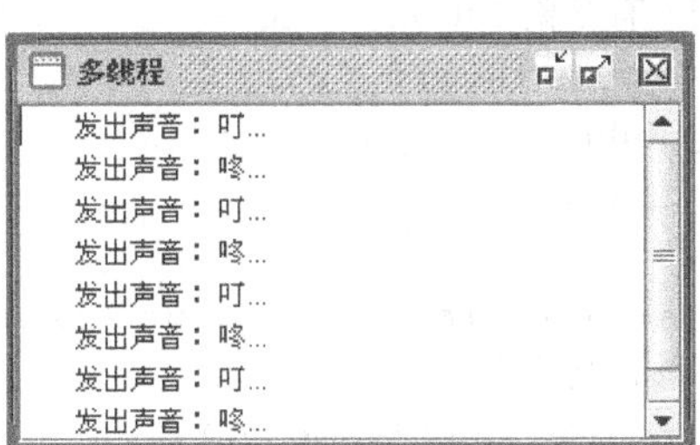

图 11.2　案例的运行结果

习　题

11.1　修改例 11.2，使得 4 个线程同时运行，观察程序的输出。

11.2　为什么通常推荐使用实现 Runnable 接口而不是继承 Thread 的方法来定制线程？简述理由。

11.3　阅读 Java API 文档中关于 java.util.Timer 以及 java.util.TimerTask 的内容，编写一个程序每隔 5 秒钟鸣叫一次。提示：让计算机产生鸣叫，可以使用 Java 工具类 java.awt.Toolkit 中的 Toolkit.getDefaultToolkit().beep()方法。java.awt.Toolkit 还提供了很多其他常用的方法，例如取得屏幕分辨率、读取图像等。

11.4　上机实现生产者/消费者问题。

11.5　假设一家银行总共有 10 个账户，开始时每个账户均有存款 500 元。每个账户有一个自己的转账线程，该转账线程执行时将转移对应账户上随机数量的资金到另一个随机账户上。要求：这 10 个转账线程同时工作，经过任意次转账后，银行总的存款金额保持不变，始终等于 10×500 元=5000 元。下面的程序能够满足要求吗？如果不能请修改。

```
public class BankDemo{
    public static void main(String []args){
        Bank bank=new Bank();
        for(int i=0;i<Bank.accountNum;i++){
            new TransferWork(bank,i).start();
        }
    }
}
class Bank{
    private long []account;
    //计数器
    private long transferCounter=0;
    static  int accountNum=10;
    public Bank(){
        account=new long[accountNum];
        //初始时，每个账户有存款 500 元
        for(int i=0;i<accountNum;i++)
            account[i]=500;
        showTotalDeposit();
    }
    public void transfer(int fromAccount,int toAccount,int amount){
        //如果账户余额不够，则等待
        while(account[fromAccount]<amount){
            try{
                Thread.sleep(1);
            }catch(Exception e){
                e.printStackTrace();
            }
```

```
        }
        account[fromAccount]=account[fromAccount]-amount;
        account[toAccount]=account[toAccount]+amount;
        transferCounter++;
        if(transferCounter%50000==0)
            showTotalDeposit();
    }
    public void showTotalDeposit(){
        long sum=0;
        for(int i=0;i<account.length;i++)
            sum+=account[i];
        System.out.println("Total Deposit="+sum);
        for(int i=0;i<account.length;i++)
            System.out.print("  "+account[i]);
        System.out.println("\n------------------------");
    }
}
class TransferWork extends Thread{
    private Bank bank;
    private int fromAccount;
    public TransferWork(Bank bank,int fromAccount){
        this.bank=bank;
        this.fromAccount=fromAccount;
    }
    public void run(){
        while(true){
            //产生一个 0～accountNum-1 的整数
            int toAccount=(int)((Bank.accountNum-1)*Math.random());
            //不能转账至同一账户
            if(toAccount==fromAccount)
                toAccount=(toAccount+1)%Bank.accountNum;
            int amount=1+(int)(500*Math.random())/2;
            bank.transfer(fromAccount,toAccount,amount);
            try{
                Thread.sleep(1);
            }catch(Exception e){
                e.printStackTrace();
            }
        }
    }
}
```

第 12 章　项目实践一：贪吃蛇游戏

12.1　系统简介

本章通过一个简化的游戏开发程序，帮助读者回顾前面章节所学习的 Java 基础知识。贪吃蛇游戏是人们比较熟悉的小游戏，本章的目标是设计一个功能齐全，易于操作，界面简单、美观的小型 Java 游戏。

本系统提供了贪吃蛇游戏中常见的基本功能，包括游戏的开始、暂停、继续等操作设置，难度等级设置以及界面网格显示设置等。玩家可以通过键盘控制游戏区中贪吃蛇的运动方向，当贪吃蛇出界或者自身相交时，则结束游戏，否则当蛇吃到系统随机设置的食物时，则蛇身就加长，同时玩家总分增加。在游戏中玩家可以通过菜单选项或者空格键来暂停或继续游戏。游戏整体设置了三个级别的难度，即初级、中级和高级，对于难度的具体设置主要通过设置蛇的移动速度来实现，级别越高，蛇移动的速度越快，难度也就越大。系统默认的级别是初级，用户可以自己在游戏开始前设置游戏难度级别。此外，还可以通过菜单栏相关选项设置是否显示网格，如果显示网格，则更有利于确定目标食物的方位以及蛇的运行方向，玩家可根据个人情况自行设置。

12.2　功能设计

12.2.1　需求分析

本游戏需要实现的功能如下。

(1) 玩家可以控制贪吃蛇吃食物。

(2) 玩家可以随时了解自己得分情况。

(3) 玩家可以随时暂停、继续游戏以及重新开始游戏。

(4) 玩家可以设置游戏难度。

(5) 玩家可以设置是否显示网格。

(6) 提示玩家游戏规则。

本游戏的规则如下。

(1) 方向键控制蛇移动的方向。

(2) 选择“文件”→“开始”菜单命令开始游戏。

(3) 选择“文件”→“暂停”菜单命令或者单击键盘空格键暂停游戏。

(4) 选择“文件”→“继续”菜单命令继续游戏。

(5) 选择“设置”→“等级”菜单命令可以设置难度等级。

(6) 选择“设置”→“显示网格”菜单命令可以设置是否显示网格。

(7) 红色为食物，吃一个得 10 分，同时蛇身加长。

(8) 蛇不可以出界或自身相交，否则结束游戏。

12.2.2　流程设计

系统主要流程如图 12.1 所示。

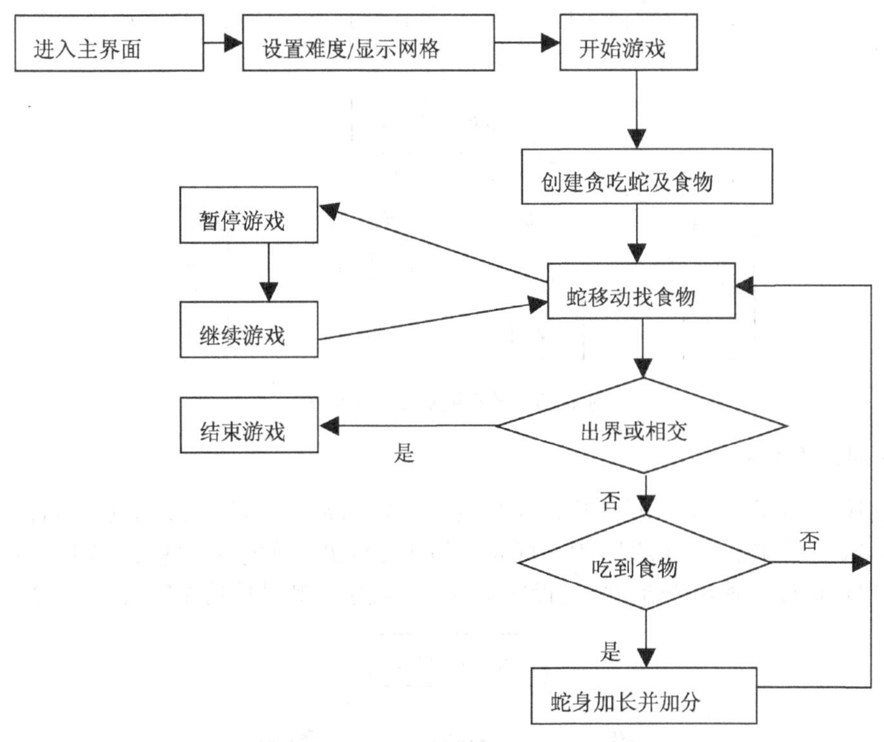

图 12.1　系统流程图

12.2.3　总体设计

系统整体采用面向对象的结构化程序开发方法进行设计，根据前面的需求分析，我们大致可以将整个贪吃蛇游戏系统分为如下几个模块：游戏控制模块、级别设置模块、网格显示模块以及游戏运行模块。具体结构如图 12.2 所示。

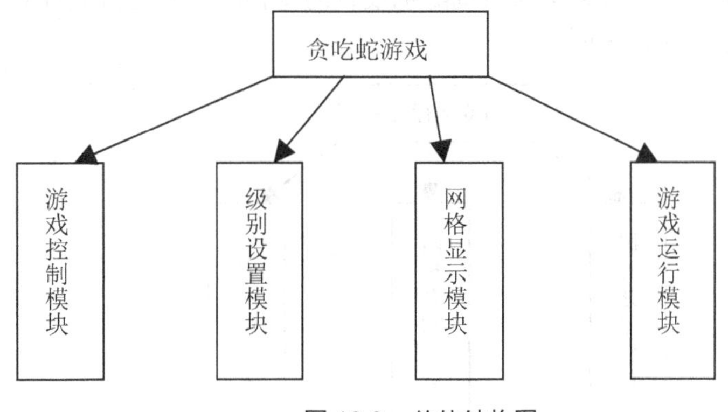

图 12.2　总体结构图

12.2.4 模块详细设计

1. 游戏控制模块

该模块为玩家提供游戏控制的基本功能，具体包括开始游戏、暂停游戏、继续游戏和退出游戏等。其具体功能结构如图 12.3 所示。

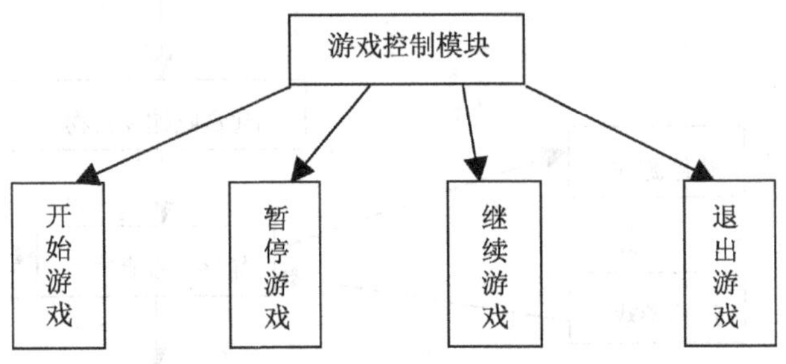

图 12.3　游戏控制模块结构图

2. 级别设置模块

游戏整体设置了三个级别的难度，即初级、中级和高级，对于难度的具体设置主要通过设置蛇的移动速度来实现，级别越高，蛇移动的速度越快，难度也就越大。系统默认的级别是初级，用户可以在游戏开始前自己设置游戏难度级别。其具体功能结构如图 12.4 所示。

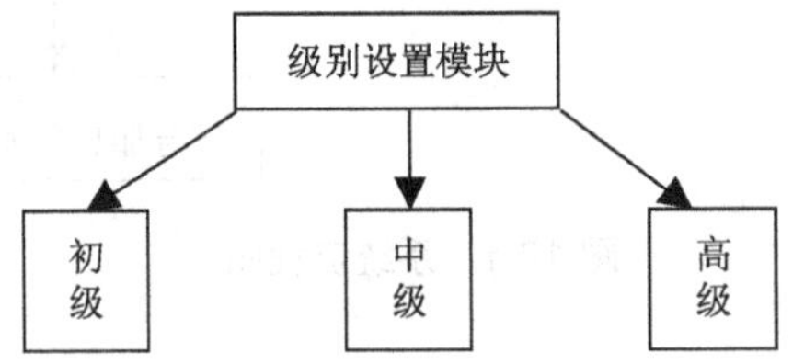

图 12.4　级别设置模块结构图

3. 游戏运行模块

该模块中玩家可以通过键盘控制游戏区中贪吃蛇的运动方向，当贪吃蛇出界或者自身相交时，则结束游戏，否则当蛇吃到系统随机设置的食物时，则蛇身就加长，同时玩家总分增加。该模块结构如图 12.5 所示。

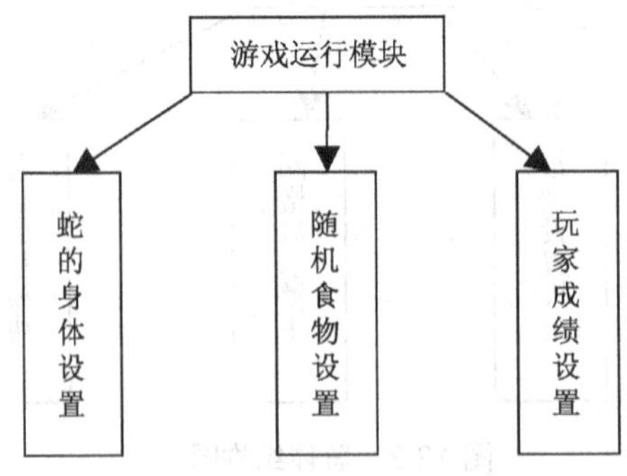

图 12.5　游戏运行模块结构图

此外，还有网格显示模块，玩家可以自行设置是否显示网格，如果显示网格，则可能更有利于确定目标食物的方位以及蛇的运行方向。

12.3 界面设计

游戏整体界面设计简洁美观，游戏控制部分全部放置在菜单栏，以菜单的形式提供给玩家便捷的操作。此外，游戏难度设置、网格显示以及游戏操作帮助部分也全都放置在菜单栏中，这样整体界面就会更加简洁直观。界面主体部分是游戏的运行区域，并且在运行区域的下方提供一个只读文本框用以实时显示玩家的得分。在显示网格和不显示网格的情况下，游戏开始后运行效果分别如图 12.6 和图 12.7 所示。

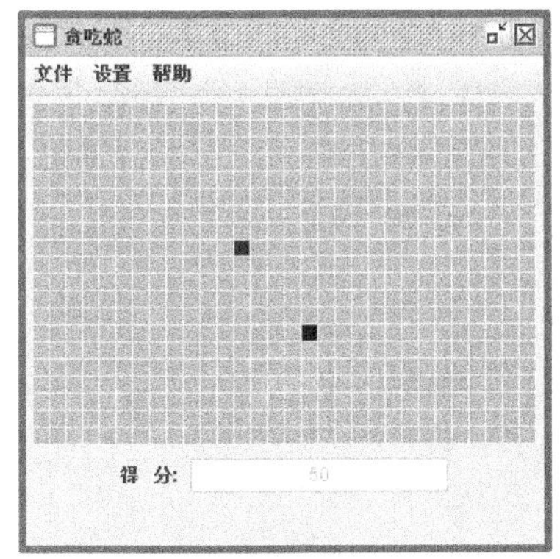

图 12.6　显示网格时运行界面的效果

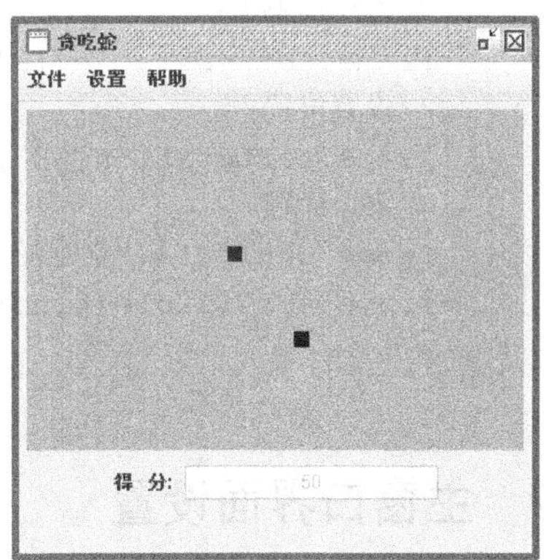

图 12.7　不显示网格时运行界面的效果

12.4 代码实现

12.4.1　主程序类

该类是贪吃蛇游戏应用程序的主类，负责启动游戏程序。主要作用是创建主窗体，优化窗体的界面等。

下面是系统运行后，游戏开始之前的初始主界面，如图 12.8 所示。

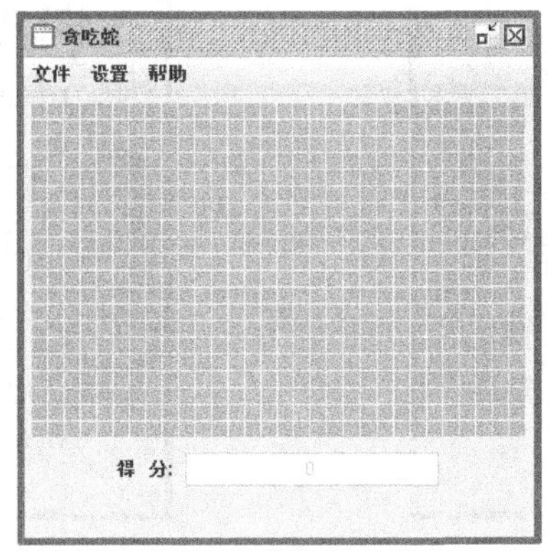

图 12.8　游戏初始界面

程序代码如下。

例 12.1　MainApp .java

```
import javax.swing.*;
//主程序入口
class MainApp {
    public static void main(String[] args) {
        //设置主窗口样式
        JFrame.setDefaultLookAndFeelDecorated(true);
        SnakeFrame frame=new SnakeFrame();
        //设置窗口大小
        frame.setSize(350,350);
        //不可调整大小
        frame.setResizable(false);
        //设置位置
        frame.setLocation(330,220);
        //窗口标题
        frame.setTitle("贪吃蛇");
        frame.setVisible(true);
    }
}
```

12.4.2　主窗口界面设置

SnakeFrame 类的主要功能是创建游戏主窗口，它继承了 JFrame 类，并实现了 ActionListerner 接口。整体界面可以分成三部分。第一部分是菜单栏，用于操作游戏、设置游戏的难度等级、是否显示网格及提供操作帮助等，同时也对各个菜单事件提供相应的处理方法。第二部分是游戏运行面板，用于显示游戏中贪吃蛇的运行状况。最后一部分是得分显示栏，它位于游戏运行主面板的下方，文本框中数字随着贪吃蛇吃到食物的增加而增大，它是只读的，不允许玩家手动更改。

“文件”菜单的具体设计效果如图 12.9 所示。

“设置”菜单的设计效果如图 12.10 所示。

图 12.9　“文件”菜单

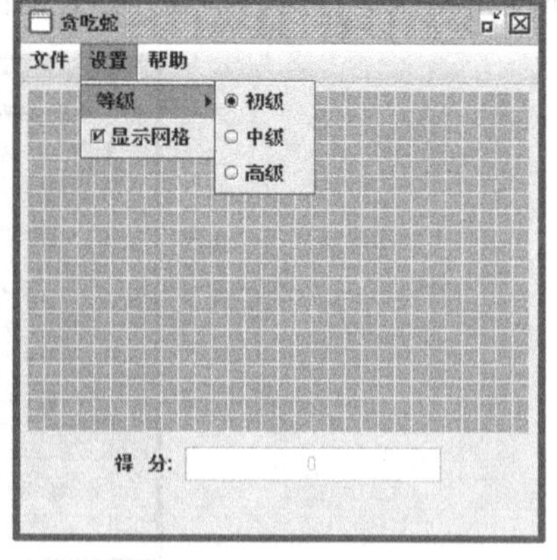

图 12.10　“设置”菜单

“帮助”菜单的设计效果如图 12.11 所示。

选择“帮助”菜单中的“操作指南”命令，系统会弹出如图 12.12 所示的帮助信息。

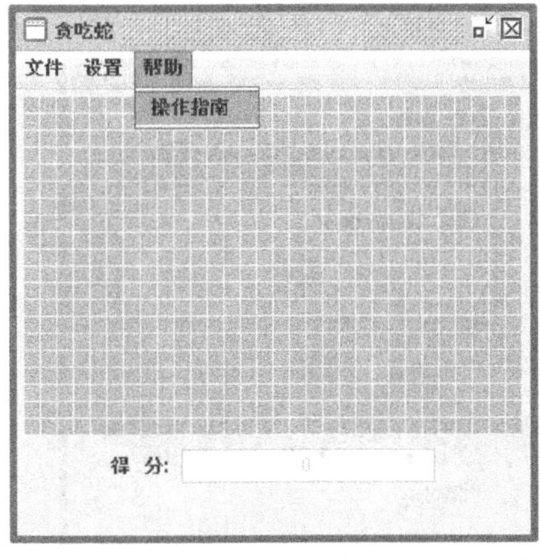

图 12.11　“帮助”菜单

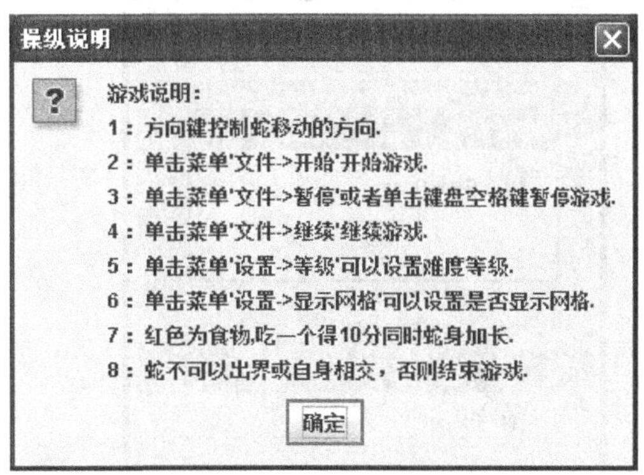

图 12.12　游戏说明

具体程序代码请扫二维码 12-1 查看。

二维码 12-1

12.4.3　相关组件设置

系统中我们用到了 LocationRO 与 Location 两个类，都是用于定位及方向判断，但是不同的是其中 Location 类中位置是可读写的，而 LocationRO 则是只读的，不可以用 setX()等方法对位置进行动态设置。

LocationRO.java 程序代码请扫二维码 12-2 查看。

Location.java 程序代码请扫二维码 12-3 查看。

二维码 12-2

二维码 12-3

12.4.4　Snake 模型设置

SnakeModel 类主要是用来创建 Snake 模型。首先把整个游戏面板分成一个具有 rows 行 cols 列的表格区域，除贪吃蛇所占区域外皆定义为 playBlocks 区域，该区域所有单元格保存在 LinkedList 类型对象中。初始化情况下定义某行连续三个单元格构成贪吃蛇的形状，保存在 LinkedList 类型对象中，然后将三个单元格最后一个定义为蛇的头部，并将其定义为 LocationRO 类型，以便调用相关组件方法判断设定方向和运行方向是否相同，并做适当处理。目标食物的位置由系统随机设定，当贪吃蛇吃到食物后，即可调用相应方法，将食物所占单元格从 playBlocks 区域中除去，然后加入 Snake 区域，并更新玩家的游

戏得分。但是，如果贪吃蛇出界(如图 12.13 所示)或者与自身相交(如图 12.14 所示)，则系统发出提示(如图 12.15 所示)并结束游戏。

具体程序代码请扫二维码 12-4 查看。

图 12.13 贪吃蛇出界

图 12.14 贪吃蛇自身相交

图 12.15 游戏结束提示

二维码 12-4

12.4.5 游戏运行面板设置

SnakePanel 类继承了 JPanel 类，并且实现了 Runnable 和 KeyListener 两个接口，它主要负责面板中各要素的位置、颜色等的动态设置。该类还提供了游戏控制操作的实现方法，以供菜单事件的响应程序调用。此外，在实现 KeyListener 接口程序中也提供了控制贪吃蛇运行方向的键盘事件响应程序。

具体程序代码请扫二维码 12-5 查看。

二维码 12-5

12.4.6 运行系统

本系统是个小型应用程序，主要包括以下文件：

```
MainApp.java          //系统主程序
SnakeFrame.java       //游戏主窗口界面程序
SnakePanel.java       //游戏运行面板程序
SnakeModel.java       //Snake 模型
Location.java         //定位及方向判别程序
LocationRO.java       //定位及方向判别程序，方位不可手动设置
```

系统运行主界面如图 12.16 所示。

开始游戏后的主画面如图 12.17 所示。

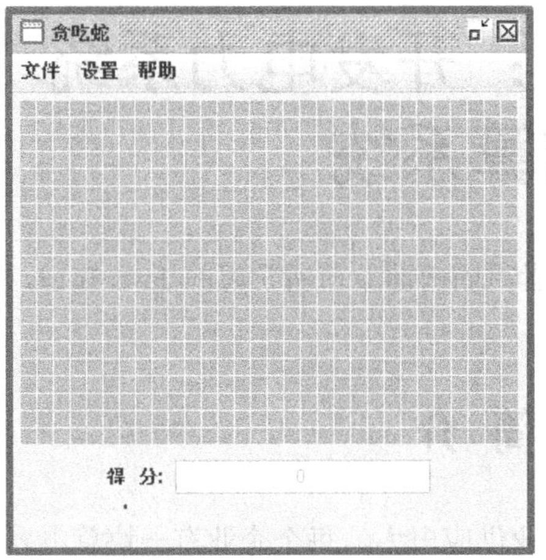

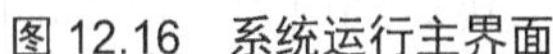
图 12.16 系统运行主界面

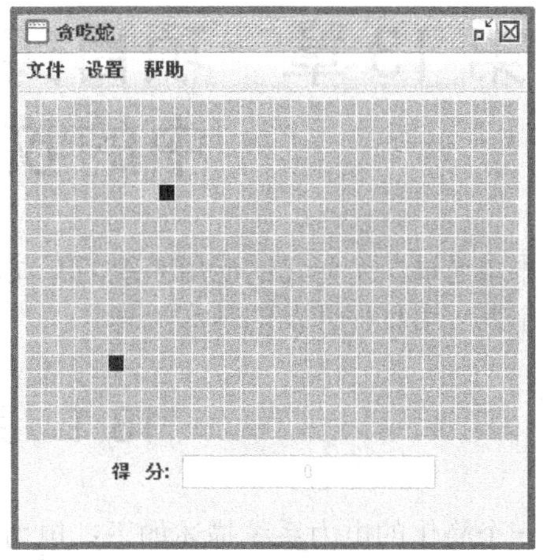

图 12.17 游戏开始后的主画面

运行步骤如下。

方法一：在 doc 命令下，进入程序文件所在文件夹。

(1) 预编译 MainApp：

```
Javac MainApp.java
```

(2) 运行 MainApp：

```
java MainApp
```

方法二：如果在 Eclipse 开发工具中开发，操作步骤如下。

(1) 选择主程序 MainApp.java。

(2) 在菜单栏中选择“运行”→“运行方式”→“java 应用程序”命令。

习 题

12.1 依据本章所述，编译并运行程序。

12.2 阅读 Java API 文档中关于 javax.awt.event 包中的内容，结合本章提供的程序，切实理解 ActionListener 接口的使用。

12.3 修改相关应用程序，在主游戏区中设置障碍物，一旦贪吃蛇碰到障碍物，则游戏结束。

提示：可以采用类似于设置贪吃蛇食物的方法设置障碍物(以颜色区别)，不同的是，贪吃蛇在运行中一旦碰到障碍物，就会结束游戏。

第 13 章　项目实践二：开发电力系统中的收费结算系统

本章通过一个简化的应用系统的开发，帮助读者巩固前面章节所学习的 Java 知识，并初步掌握应用程序开发的基本流程。

13.1　系统简介

一个简化的电力系统描述如下：电力公司向企业供应电力，每个企业有一块总电表对企业用电进行计量。电表的计量数据可以通过 Internet 网络传送到电力公司内部的通信服务器上。在通信服务器取得电表的计量数据后，将其存入数据库服务器。电力公司内部局域网中有多台 PC，每台 PC 可能需要执行不同的任务，例如：执行出账任务时，是利用数据库中的数据计算各个电表的每月用电量以及应缴的电费；而执行审核任务时，则是对出账的计算结果进行人工审核，如果正确，则审核通过，否则，表明计算出现异常。通过审核的出账记录，可以由收费人员进行收费。系统拓扑结构如图 13.1 所示。

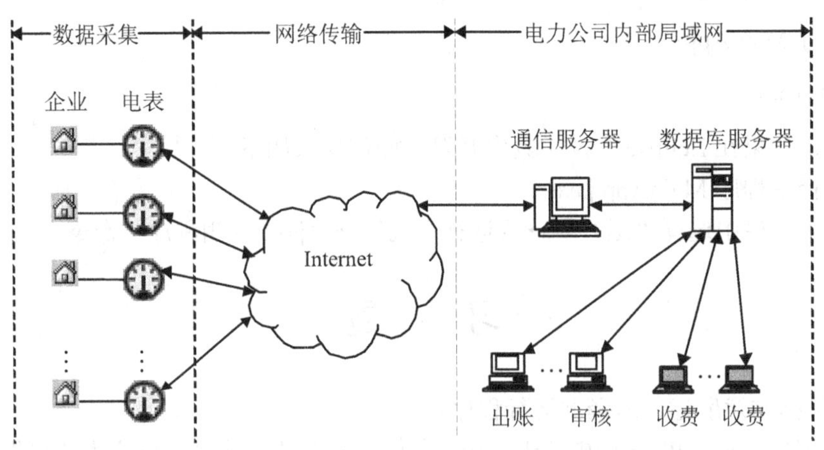

图 13.1　系统拓扑结构

注意： 限于篇幅，我们没有在书中对本章案例给出详尽的源代码。读者可以从 http://www.wenyuan.com.cn 下载，得到完整的源代码。

13.2　功能设计

13.2.1　计量模拟程序

要使得电表和通信服务器之间能够通过 Internet 进行通信，需要在电表上加装特殊的硬件。这里，我们设计一个计量模拟程序来模拟产生各企业每月的电表读数并写入数据库服务器中。计量模拟程序利用数据库中的基础资料模拟产生每块电表在指定年月的抄表记录，并写入抄表信息表。

13.2.2　结算收费系统

结算收费系统是提供给电力公司内部人员使用的，该系统具备 4 个基本功能模块，如图 13.2 所示，分别为基础资料管理模块、出账模块、审核模块以及缴费模块。

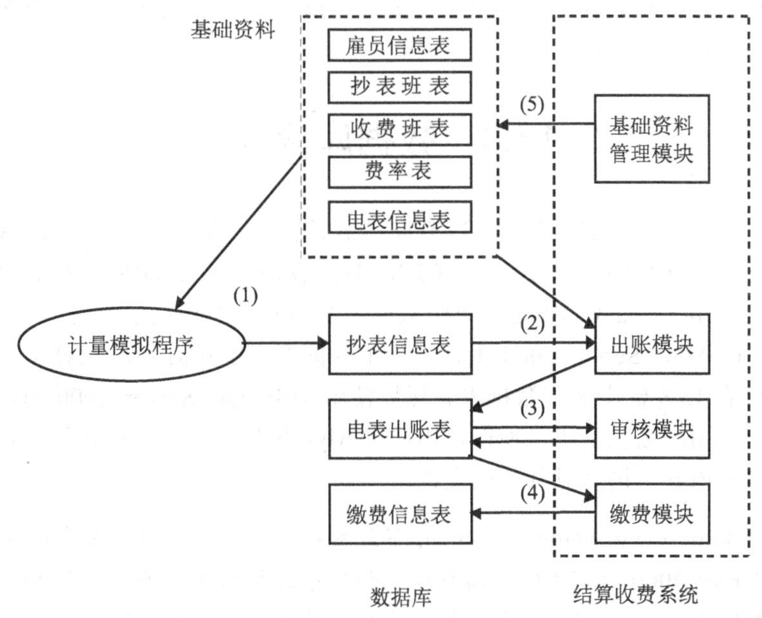

图 13.2　功能模块与数据库表之间的关系

1. 基础资料管理模块

雇员信息表、抄表班表、收费班表、费率表、电表信息表中的内容称为基础资料，基础资料管理模块负责基础资料的日常维护，如增加、删除、修改以及查询。

2. 出账模块

对一块电表进行出账操作，指的是计算该电表在指定年月的用电量以及应缴的电费，所生成的相关信息称为该电表的出账记录，出账记录写入电表出账表。注意，新生成的出账记录是处于未审核状态的。

简化的出账计算公式为：

- 本月用电量=(本月读数-上月读数)
- 本月应缴电费=本月用电量×费率

如果上月读数不存在，认为：本月用电量=本月读数。

3. 审核模块

审核模块对电表出账表中的出账记录的正确性逐条进行人工审核，审核信息回写入电表出账表。每条出账记录有一个“是否审核通过”字段，若：

- 出账记录正确，操作人员可以将其“是否审核通过”字段值置为 Y。
- 出账记录有误，则不能审核通过，“是否审核通过”字段值置为 N。

4. 缴费模块

对于审核通过的出账记录，操作人员可以对其进行缴费操作。

注意： 各功能模块都已经尽可能做了简化，很多在实际应用中会遇到的问题都未考虑，例如换表、电表停用、多表用户以及费率变化等。如果读者有兴趣，可以进一步完善该系统。

13.3 数据库设计

在数据库中，共有 8 张数据表：GYT(雇员信息表)、CBBT(抄表班表)、SFBT(收费班表)、FLT(费率表)、DBT(电表信息表)、CBXXT(抄表信息表)、DBCZT(电表出账表)以及 JFXXT(缴费信息表)，下面我们来定义每张数据表的字段名称和数据类型。

请读者在 MS SQL Server 2000 上建立一个数据库，不妨命名为 MyLib，并在 MyLib 中按照表 13.1～表 13.8 建立 8 张数据表。然后使用 MS SQL Server 2000 的企业管理器创建一个有效的登录用户名及密码，使得该用户对 MyLib 具有读、写和删的权限。更多关于使用企业管理器的内容，请参见其帮助文档。

注意： 从 http://www.wenyuan.com.cn 下载本项目实践的代码，其中包含了 MS SQL Server 2000 的 JDBC 驱动程序。如果您的数据库服务器不是 MS SQL Server 2000 的版本，则还需要下载相应版本的 JDBC 驱动程序。

表 13.1 GYT(雇员信息表)

字段名称	数据类型	描 述
GYID	varchar[4]	雇员 ID，关键字
GYName	varchar [20]	雇员姓名
GYDept	varchar [50]	雇员所在部门
GYBirth	datetime[8]	雇员出生日期
GYSalary	float[8]	雇员薪水

表 13.2 CBBT(抄表班表)

字段名称	数据类型	描 述
CBBID	varchar [2]	抄表班 ID，关键字
CBBNAME	varchar [50]	抄表班名称
CBBMEMO	varchar [50]	备注

表 13.3　SFBT(收费班表)

字段名称	数据类型	描　述
SFBID	varchar [2]	收费班 ID，关键字
SFBNAME	varchar [50]	收费班名称
SFBMEMO	varchar [50]	备注

表 13.4　FLT(费率表)

字段名称	数据类型	描　述
FLID	varchar [2]	费率 ID，关键字
FLQty	float[8]	费率值
FLMEMO	varchar [50]	备注

表 13.5　DBT(电表信息表)

字段名称	数据类型	描　述
DBID	varchar [8]	电表 ID，关键字
DBName	varchar [50]	电表所属企业名称
DBAddr	varchar [50]	电表安装地址
FLID	varchar [2]	费率 ID
CBBID	varchar [2]	抄表班 ID
SFBID	varchar [2]	收费班 ID
DBMEMO	varchar [50]	备注

表 13.6　CBXXT(抄表信息表)

字段名称	数据类型	描　述
DBID	varchar [8]	电表 ID，关键字
CBYearMonth	varchat[7]	抄表年月，例如 2005-07 关键字
DBDS	float[8]	电表读数

表 13.7　DBCZT(电表出账表)

字段名称	数据类型	描　述
DBID	varchar [8]	电表 ID，关键字
CZYearMonth	varchat[7]	出账年月，例如 2005-07 关键字
BYDL	float[8]	本月用电量
BYDF	float[8]	本月应收电费
isChecked	varchar [1]	是否审核通过，取值 Y 或是 N

表 13.8　JFXXT(缴费信息表)

字段名称	数据类型	描　述
DBID	varchar [8]	电表 ID，关键字
JFYearMonth	varchat[7]	缴费年月，例如 2005-07 关键字
JFSJ	datetime[8]	缴费时间
JFJE	float[8]	缴费金额
GYID	varchar[4]	收费人员 ID

13.4　代码实现

13.4.1　计量模拟

计量模拟程序(DataGenerator.java)用于模拟生成电表在指定年月的电表读数。启动该程序后，显示如图 13.3 所示的画面，用户只要输入年月，单击“确定”按钮后，该模拟程序自动读取电表信息表(DBT)中所有的电表信息，模拟生成每块电表的读数并写入抄表信息表(CBXXT)。

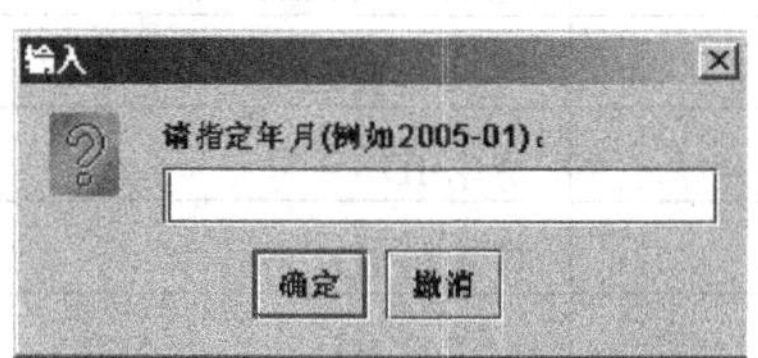

图 13.3　计量模拟

二维码 13-1

计量模拟程序的代码请扫二维码 13-1 查看。

本章的项目实践中需要用到各种时间格式之间的转换，为此，定义了一个 DateUtil 类，该类中提供了本程序中所要用到的各种时间格式转换的方法，具体程序代码请扫二维码 13-2 查看。

二维码 13-2

13.4.2　快闪屏

很多时候，应用程序在启动时需要花费较长的时间进行初始化工作(例如装载各种驱动程序、建立数据库连接等)，然后才能正常显示出应用程序主画面。这时候，就需要使用快闪屏：程序启动时先显示一个快闪屏，同时在后台进行应用程序的初始化工作；初始化工作完毕后，隐藏快闪屏，最后显示应用程序的主画面。使用快闪屏可以立刻让用户知道应用程序已经在运行，如图 13.4 所示。

MainApp.java 演示了使用快闪屏的一种方法。其中使用了一个框架(JFrame)来构建快闪屏：将显示图像的标签添加到框架的内容窗格中，然后使用框架的 setUndecorated(true)方法去掉其装饰边框。当然，还可以使用 JWindow 代替框架来构建快闪屏。

在主程序 MainApp 启动时，首先启动一个线程用以显示快闪屏，然后立刻进入应用程序的初始化工作，初始化工作完毕后，隐藏快闪屏并显示主程序框架。

图 13.4　快闪屏

在这个例子中使用了 SwingUtilities 类中的 invokeLater 方法，invokeLater 方法的参数是一个实现了 Runnable 接口的类所生成的对象。执行 invokeLater 方法后，invokeLater 方法的参数对象首先进入系统的事件调度队列(Event dispatching queue)，只有当该参数对象被调度时，其中的 run 方法才能得以执行。

现在，可以使用下面的代码片段来代替 MainApp.java 中的省略号，体验使用快闪屏的效果：

```
try{
    Thread.sleep(3000);
}catch(Exception e){
    System.out.println(e);
}
```

上面代码片段的作用是使得当前的线程睡眠 3 秒钟，用来模拟耗时的初始化工作。

二维码 13-3

具体程序代码请扫二维码 13-3 查看。

13.4.3　系统参数设置对话框

为了提高灵活性，一般应用程序都允许用户根据需要进行必要的参数设置。本演示程序也提供一个“参数设置”对话框，如图 13.5 所示。该对话框允许用户设置数据库服务器相关的参数。这样，当数据库服务器改变时，只需要修改相应的参数，即可保证程序能够使用。

这里使用了 JTabbedPane，称为属性页组件。面板 sqlPanel 上使用网格袋布局排列了用于接收和显示数据库相关参数的 GUI 组件。首先生成一个属性页对象 tab，然后将 sqlPanel 添加为 tab 的第一个属性页，并命名为“数据库参数”；第二个属性页中只是简单添加了一个空白面板，命名为“更多参数”；最后将 tab 添加到对话框的内容窗格的中部：

```
JTabbedPane tab=new JTabbedPane();
... //构建 sqlPanel
tab.add("数据库参数",sqlPanel);//数据库参数属性页
tab.add("更多参数",new JPanel);
this.getContentPane().add(tab,"Center");
```

图 13.5 “参数设置”对话框

系统配置文件 Config.properties 是保存在用户工作目录下的\config 子目录中的，为了取得用户的工作目录，可以使用类 System：

```
System.getProperties().get("user.dir");
```

该方法返回一个表示用户工作目录的对象。所以，定位配置文件的绝对路径为：

二维码 13-4

```
System.getProperties().get("user.dir")
                    +"/config/"+"Config.properties";
```

系统参数设置对话框的相关程序代码请扫二维码 13-4 查看。

13.4.4 基础资料管理

基础资料管理是对雇员资料表、抄表班表、收费班表、费率表以及电表资料表中的内容进行管理，如图 13.6 的菜单所示。

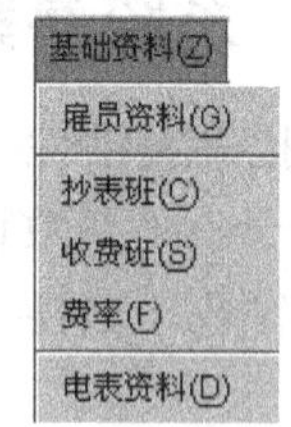

图 13.6 “基础资料”管理菜单

通过分析，可以发现各基础资料管理模块有众多共性：均要提供增加、删除、修改以及查询操作，均要使用表格来显示数据等。为此，可以使用继承的思想，先设计一个公共的父类 CommonPanel，将各模块共性的部分提取出来，这样可以极大地提高程序设计效率。

此外，类 CommonPanel 还被设计成抽象的，因为其中有 4 个方法：add、delete、modify 以及 search 是和具体所管理的数据表密切相关的，在设计 CommonPanel 时无法具体实现，因而只能被设计成抽象方法。类 CommonPanel 的源代码请扫二维码 13-5 查看。

有了 CommonPanel 类后，设计具体的基础资料管理模块就变得相当简单了：继承 CommonPanel，然后实现其中的 4 个抽象方法。这里仅以雇员资料管理为例，具体程序代码请扫二维码 13-6 查看。

我们希望为每个模块都提供一个编辑器，用于编辑某条指定的记录，图 13.7 显示了雇员资料管理中的一个编辑器。基于同设计 CommonPanel 一样的理由，设计了一个公共编辑器类 CommonEditor，具体程序代码请扫二维码 13-7 查看。该类是各个模块编辑器的公共父类，该类抽取了各个模块的编辑器的共性，例如“确定”“取消”“上一个”以及“下一个”按钮。由于各个模块的编辑器所编辑的字段个数及类型是不同的，因此 CommonEditor 只能被设计为抽象的，具体提供的功能由其子类来实现。

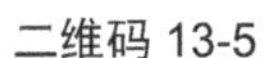

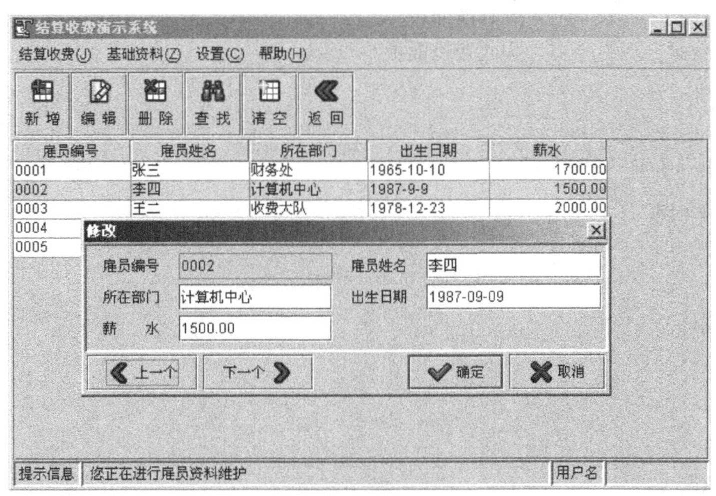

图 13.7　雇员资料管理

二维码 13-5

二维码 13-6

二维码 13-7

13.4.5　出账、审核及收费

出账、审核以及收费模块的设计框架也与基础资料管理模块是类似的，只是实现了不同的功能。网上提供的源代码中给出了详尽的注释，这里不再赘述。

13.4.6　运行系统

本系统源程序中主要包括以下文件：

```
About.java              //关于对话框
CBBPanel.java           //抄表班面板
CommonEditor.java       //通用编辑器，抽象类
```

```
CommonPanel.java          //通用面板，抽象类
ConfigDialog.java         //系统设置对话框
DataGenerator.java        //计量模拟程序
DBCZPanel.java            //电表出账面板
DBPanel.java              //电表资料面板
DBSFPanel.java            //电表收费面板
DoubleRender.java         //数值渲染器
EditorAction.java         //自定义常量
FLPanel.java              //费率面板
GYPanel.java              //雇员面板
MainApp.java              //主程序
NavigatorPanel.java       //导航面板
SFBPanel.java             //收费班面板
```

配置文件为：

```
\config\config.properties
```

相关的图标文件位于：

```
\image\
```

JDBC 驱动程序：

```
\com\
```

自定义包为：

```
\edu\njust\cs\
```

系统正常运行后的主界面如图 13.8 所示。

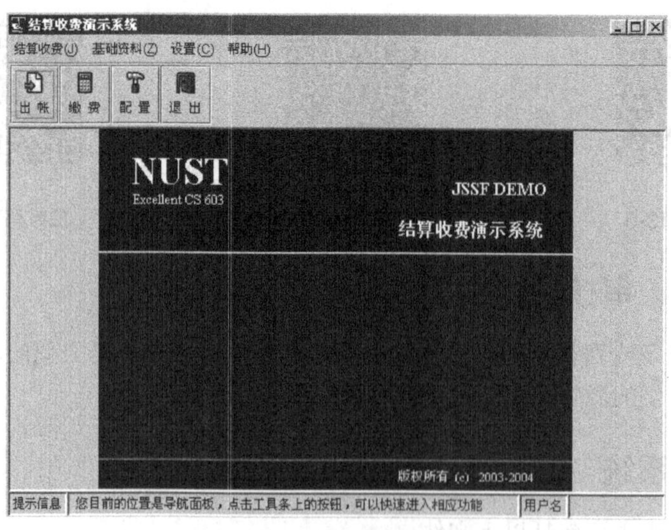

图 13.8　系统主界面

运行步骤如下。

(1) 按照 13.3 节的定义建立数据库。

(2) 运行 MainApp 建立必要的基础资料，如电表、费率等：

```
java MainApp
```

(3) 运行 DataGenerator 生成抄表数据：

```
java DataGenerator
```

(4) 再次运行 MainApp，即可执行出账、审核以及缴费任务。

注意： 首次运行 MainApp 时，由于默认的数据库参数设置可能会与实际数据库参数不符，导致系统无法正常运行。需要先单击本系统设置菜单，进入系统参数设置画面，正确填写数据库参数后，重新启动程序即可。

最后，希望读者能够从网上下载完整的源代码，尝试运行并进一步扩展，这对于掌握 Java 的基本知识是大有裨益的。

习　　题

13.1　依据本章所述建立数据库，编译并运行程序。

13.2　阅读 Java API 文档中关于 javax.swing.SwingUtilities 的内容，结合本章提供的程序，切实理解 invokeLater 方法的使用。

13.3　修改应用程序 MainApp，使得登录时需要验证用户名和密码。

提示：可以在数据库中建立一个用户表，用户表中存储合法的用户名及密码。依据用户登录时输入的用户名和密码是否存在于用户表中，来判定用户是否可以登录。

第 14 章　项目实践三：基于 Socket 的聊天程序

本章通过一个简化的应用程序的开发帮助读者巩固前面章节所学习的 Java 基础知识以及熟悉一些简单的网络编程技巧，同时也可以了解到部分界面的开发。

14.1　系统简介

本聊天程序是一个简单的聊天软件。首先，系统分为两大部分，第一部分是客户端，是用户使用的部分，第二部分就是服务器，所有的客户端都是通过服务器来进行用户身份验证及聊天转接的。客户端提供主要的界面及服务请求，如：登录界面、注册界面、聊天界面等。客户端主要提供服务请求界面，核心的业务逻辑处理主要由服务器提供，并向客户端发送请求的结果。

注意： 限于篇幅，我们没有在书中给出详尽的源代码。读者可以从 http://www.wenyuan.com.cn 下载得到完整的源代码。

14.2　功能设计

14.2.1　服务器端设计

服务端主要有两个操作，一是阻塞接收客户端的 socket 并做响应处理，二是检测客户端的心跳。如果客户端一段时间内没有发送心跳则移除该客户端，由 Server 创建 ServerSocket，然后启动两个线程池去处理这两件事(newFixedThreadPool，newScheduledThreadPool)，对应的处理类分别是 SocketDispatcher、SocketSchedule，其中 SocketDispatcher 根据 socket 不同的请求分发给不同 SocketHandler 去处理，而 SocketWrapper 则是对 socket 加了一层外壳包装，用 lastAliveTime 记录 socket 最新的交互时间，SocketHolder 存储当前跟服务端交互的 socket 集合。具体设计如图 14.1 所示。

14.2.2　客户端设计

客户端设计主要分成两个部分，分别是 socket 通信模块设计和 UI 相关设计。

客户端 socket 通信设计其实跟服务端的设计差不多，不同的是服务端是接收心跳包，而客户端是发送心跳包，由于客户端只与一个服务端进行通信(客户端之间的通信也是由服务端进行分发的)，所以这里只使用了一个大小为 2 的线程池去处理这两件事(newFixedThreadPool(2))，对应的处理类分别是 ReceiveListener、KeepAliveDog，其中

ReceiveListener 在初始化的时候传入一个 Callback 作为客户端收到服务端的消息的回调，Callback 的默认实现是 DefaultCallback，DefaultCallback 根据不同的事件通过 HF 分发给不同 Handler 去处理，而 ClientHolder 则是存储当前客户端信息，设计如图 14.2 所示。

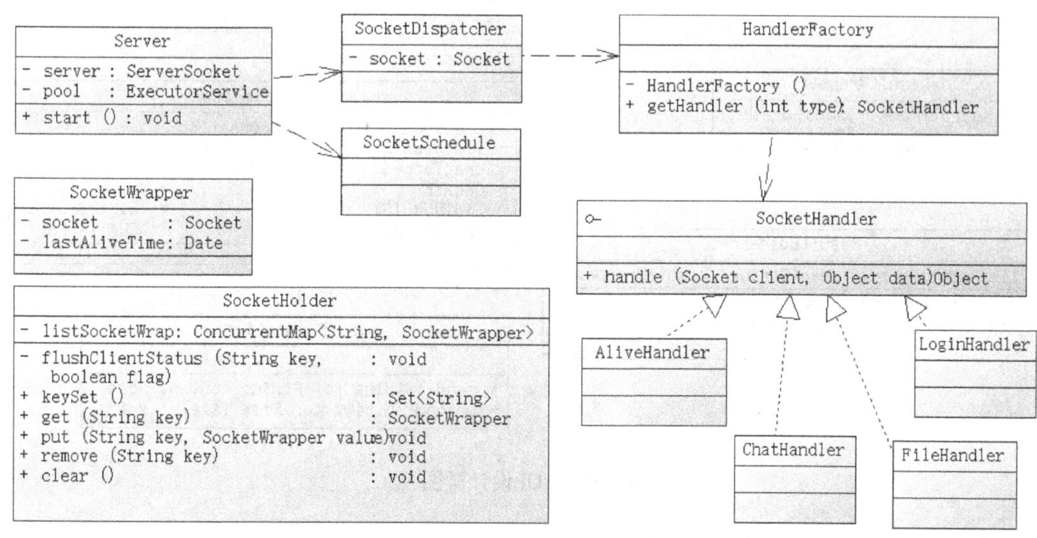

图 14.1　服务器端模块设计类图

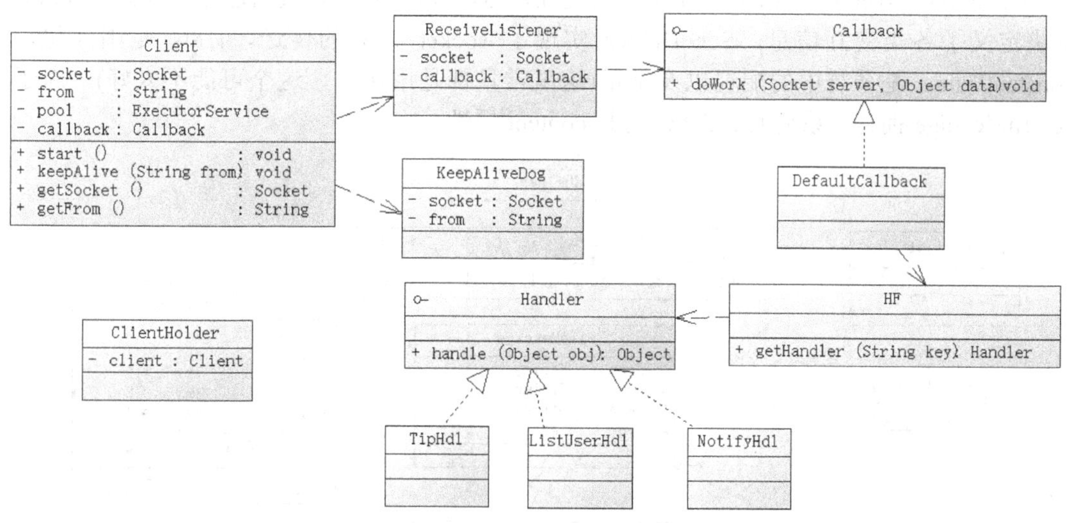

图 14.2　客户端模块设计类图

UI 相关设计如图 14.3 所示。这里将 UI 的事件都交由 Action 去处理，将 UI 设计和事件响应简单分离，所有 UI 继承 JFrame 并实现 View 接口，上面的 Handler 实现类通过 Router 获取(存在则直接返回，不存在则创建并存储)指定的 UI，View 中提供了 UI 的创建 create()、获取 container()，获取 UI 中的组件 getComponent()，显示 display()，回收 trash()。ResultWrapper 和 ResultHolder 只是为了创建和存储聊天选项卡。

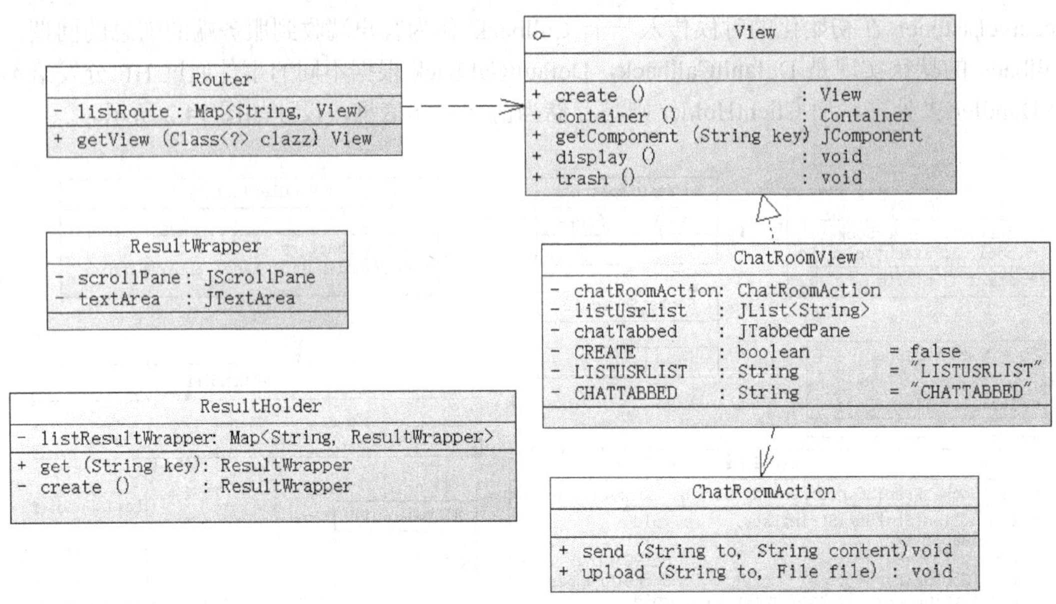

图 14.3　UI 设计类图

14.2.3　Common 模块设计

Common 模块(见图 14.4)主要是数据交互，这里使用 JSON 数据进行交互。Common 模块定义了各类交互信息，SendHelper 实现了 socket 信息的传送，I18N 是国际化，ConstantValue 是系统中的配置以及常量(这里常量都是用接口，这个可能不太好)，对于 ReturnMessage 拥有一系列的 DTO 作为其 content 属性。

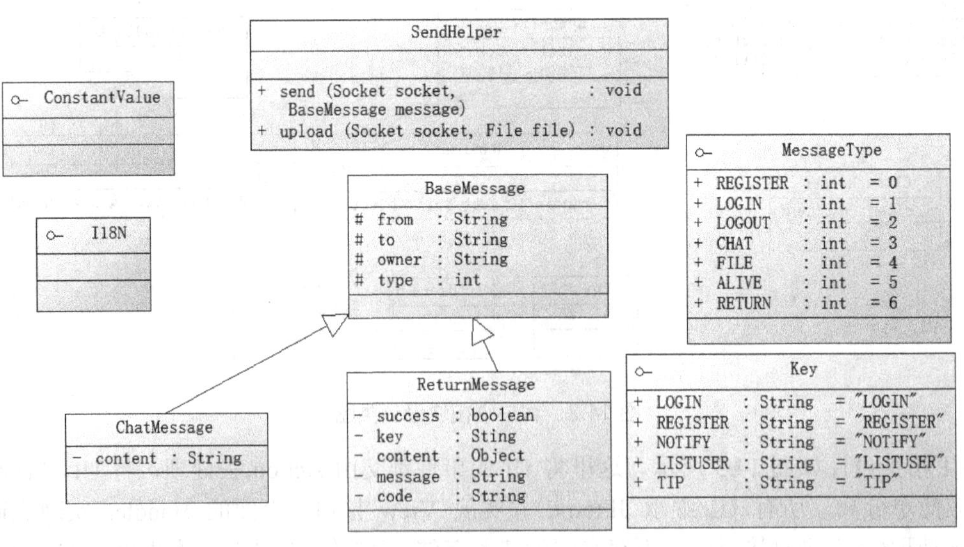

图 14.4　Common 模块设计类图

14.3 代码实现

14.3.1 服务器端

Server(Server.java)是服务端的入口，由 Server 的 start()方法启动 ServerSocket，然后阻塞接收客户端的请求，交由 SocketDispatcher 去分发，SocketDispatcher 由 newFixedThread 类型的线程池启动，当连接数超过最大数据时将被队列处理，使用 scheduleAtFixedRate 启动 SocketSchedule 定时循环去监听客户端的心跳包，这两个类型都实现了 Runnable 接口，服务端的代码请扫二维码 14-1 查看。Server 只是服务端的入口，并不是指挥中心，SocketDispatcher(SocketDispatcher.java)才是服务端的指挥中心，对客户端不同的消息类型请求进行分发，让不同的 SocketHandler 去处理对应的消息请求，这里服务端和客户端的消息交互都是用 JSON 数据，所有消息类都继承 BaseMessage，所以将接收到的数据转换成 BaseMessage 类型，再判断其类型(数据类型模块属于 common 模块)，这里需要提一下的是当消息类型是文件类型的时候会用睡眠配置执行的间隔时间，这样 FileHandler 才能有时间对文件流进行读取和重新发送给指定的客户端，而不会立即进入下一次循环对消息类型的判断，SocketDispatcher 的代码请扫二维码 14-2 查看。

二维码 14-1

二维码 14-2

跟 Server 有直接关系的另一个类(组件)是 SocketSchedule，SocketSchedule 主要负责检测客户端的最新一次跟服务端的交互时间是否超过系统配置允许最大的时间，如果超过了，则将该客户端 socket 从服务端移除，否则更新客户端的最新一次跟服务端的交互时间。下面是具体的实现：

```
public class SocketSchedule implements Runnable {
    public void run() {
        for (String key : SocketHolder.keySet()) {
            SocketWrapper wrapper = SocketHolder.get(key);
            if (wrapper != null && wrapper.getLastAliveTime() != null) {
                if (((new Date().getTime() - wrapper.getLastAliveTime()
                .getTime()) / 1000) > ConstantValue.TIME_OUT) {
                    // remove socket if timeout
                    SocketHolder.remove(key);
                }
            }
        }
    }
}
```

从上面的代码可以看出，SocketSchedule#run()只是简单地对时间进行一次判断，真正有意义的其实是 SocketHolder 和 SocketWrapper，SocketWrapper 则是对 socket 加了一层外壳包装，SocketHolder 存储了当前有效时间内所有跟服务端有交互的客户端，SocketHolder 以客户端的唯一标识(这里使用用户名)作为 KEY，客户端所在的 socket 作为 VALUE 的键值对形式存储，其中 SocketHolder#flushClientStatus()的处理逻辑是用于通知其他客户端当前客户端的上线/离线状态，SocketWrapper 类和 SocketHolder 类的实现请扫二维码 14-3 查看。

SocketDispatcher 让不同的 SocketHandler 去处理对应的消息请求，SocketHandler 的设计其实就是一套简单的工厂组件，完整类图见图 14.5。具体程序代码请扫二维码 14-4 查看。

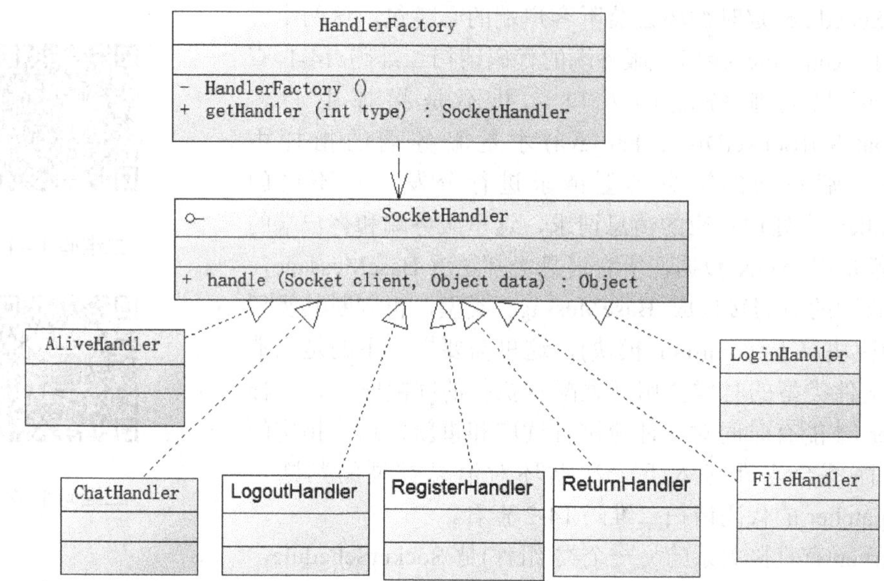

图 14.5 SocketHandler 设计类图

二维码 14-3

二维码 14-4

14.3.2 客户端

Client(Client.java)是客户端连接服务端的入口，创建 Client 需要指定一个 Callback 作为客户端接收服务端消息时的回调，然后由 Client 的 start()方法启动对服务端的监听(ReceiveListener)，当 ReceiveListener 接收到服务端发来的数据时，调用回调(Callback)的 doWork()方法去处理；同时 Client 中还需要发送心跳包来通知服务端自己还在连接着服务端，发心跳包由 Client 中 keepAlive()启动，由 KeepAliveDog 实现；这两个步骤由一个固定大小为 2 的线程池 newFixedThreadPool(2)去执行。Client 的具体代码请扫二维码 14-5 查看。

客户端在与服务端建立连接之后(该程序中是指登录成功之后，因为登录成功之后客户端的 socket 才会被服务端的 SocketHolder 管理)，需要每隔一段时间就给服务端发送心跳包告诉服务端自己还在跟服务端保持联系，不然服务端会在一段时间之后将没有交互的 socket 丢弃，KeepAliveDog 的代码实现请扫二维码 14-6 查看。

Client 的 start()方法启动对服务端的监听由 ReceiveListener 实现，ReceiveListener 接收到服务端的消息之后会回调 Callback 的 doWork()方法，让回调去处理具体的业务逻辑，所以 ReceiveListener 只负责监听服务端的消息，具体的处理由 Callback 负责，这里需要提一下的是当消息类型是文件类型的时候会用睡眠配置执行的间隔时间，这样 Callback 中的 doWork 才能读取来自服务端的文件流，而不是直接进入下一次循环，这里的设计跟服务端是类似的。ReceiveListener 的具体实现代码请扫二维码 14-7 查看。

从上面可以看出 Client 对消息的处理是 Callback 回调，其 Callback 只是一个接口，所有 Callback 实现该接口，根据自己的需要对消息进行相应的处理，这里 Callback 默认的实现是 DefaultCallback，DefaultCallback 只对三种消息进行处理，分别是聊天消息、文件消息、返回消息。对于聊天消息，DefaultCallback 将通过 UI 中的 Router 路由获取到相应的界面(详见下面的 UI 设计)，然后将消息展现在对应的聊天框中；对于文件消息，DefaultCallback 则是将文件写入到配置指定的路径中；对于返回消息，DefaultCallback 会根据返回消息中的 KEY 交给不同的 Handler 去处理。具体代码请扫二维码 14-8 查看。

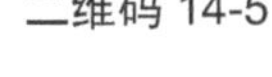

二维码 14-5

二维码 14-6

二维码 14-7

二维码 14-8

Handler 组件负责对服务端返回消息类型的消息进行处理，DefaultCallback 根据不同的 KEY 将消息分发给不同的 Handler 进行处理，这里也算一套简单的工厂组件吧，跟服务端处理接收到的数据设计是类似的，完整的类图如图 14.6 所示。

下面给出这一块的代码，为了缩小篇幅，将所有 Handler 实现的代码收起来：

```
public interface Handler {
   public Object handle(Object obj);
}

public class HF {
```

```
    public static Handler getHandler(String key) {
        switch (key) {
        case Key.NOTIFY:
            return new NotifyHdl();
        case Key.LOGIN:
            return new LoginHdl();
        case Key.REGISTER:
            return new RegisterHdl();
        case Key.LISTUSER:
            return new ListUserHdl();
        case Key.TIP:
            return new TipHdl();
        }
        return null;
    }
}
```

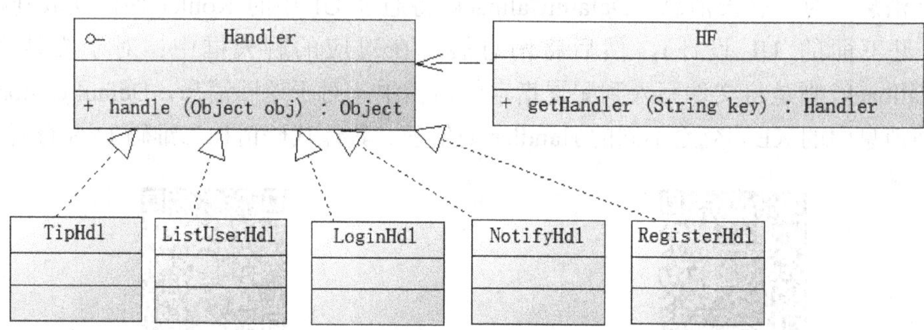

图 14.6　Handler 组件设计类图

对于 Socket 通信模块还有一个类，那就是 ClientHolder，这个类用于存储当前 Client，跟服务端的 SocketHolder 是类似的。

```
public class ClientHolder {
    public static Client client;

    public static Client getClient() {
        return client;
    }

    public static void setClient(Client client) {
        ClientHolder.client = client;
    }
}
```

所有 UI 继承 JFrame 并实现 View 接口，Handler 实现类通过 Router 获取(存在则直接返回，不存在则创建并存储)指定的 UI，View 中提供了 UI 的创建 create()、获取 container()，获取 UI 中的组件 getComponent()、显示 display()、回收 trash()方法，具体实现如下：

```
public class Router {
    private static Map<String, View> listRoute =
        new HashMap<String,View>();

     public static View getView(Class<?> clazz) {
         View v = listRoute.get(clazz.getName());
         if (v == null) {
             try {
               v=(View)Class.forName(clazz.getName()).newInstance();
                 listRoute.put(clazz.getName(), v);
             } catch (Exception e) {
               LoggerUtil.error("Create view failed! " + e.getMessage(), e);
           }
        }
        return v;
    }
}

public interface View {
    public View create();
    public Container container();
    public JComponent getComponent(String key);
    public void display();
    public void trash();
}
```

本案例只有两个简单的 UI 界面，分别是注册登录界面和聊天界面。UI 实现的具体程序代码请扫二维码 14-9 查看。

这里 UI 的事件处理都交由 Action 去处理，将 UI 设计和事件响应简单分离，RegisterAndLoginView 的事件由 RegisterAndLoginAction 处理，ChatRoomView 的事件由 ChatRoomAction 处理。具体实现请扫二维码 14-10 查看。

对于 UI 设计还有两个类，分别是 ResultHolder 和 ResultWrapper，ResultWrapper 和 ResultHolder 只是为了创建和存储聊天选项卡，具体实现请扫二维码 14-11 查看。

二维码 14-9

二维码 14-10

二维码 14-11

14.3.3　Common 模块

Common 模块主要是数据交互，这里使用 JSON 数据进行交互，Common 模块定义了各类交互信息，SendHelper 实现了 socket 信息的传送，I18N 是国际化，ConstantValue 是系统中的配置以及常量，对于 ReturnMessage 拥有一系列的 DTO 作为其 content 属性。

SendHelper 负责发送 socket 数据，不管是服务端还是客户端，都由 SendHelper 来发送数据，SendHelper 的具体实现请扫二维码 14-12 查看。

这里使用 JSON 数据进行交互，所有的消息数据传输对象对应的类都继承 BaseMessage，BaseMessage 的设计以及其他 Message 的设计请扫二维码 14-13 查看。

对于 ReturnMessage，其他 Content 属性可以是各种 DTO，目前有两个，由 KEY 指定是哪种 DTO，具体代码请扫二维码 14-14 查看。

二维码 14-12

二维码 14-13

二维码 14-14

另外几个常量也给出：

```
public interface ConstantValue {
    //缓冲区大小
    int BUFF_SIZE = 1024;
    //调试模式
    int DEBUG_LEVEL = 0;
    //客户端接收文件的存储路径
    String CLIENT_RECEIVE_DIR = "./file";
    //KEEPALIVE PERIOD'second
    int KEEP_ALIVE_PERIOD = 20;
    //最大 socket 线程处理数
    int MAX_POOL_SIZE = PropertiesUtil.getInt("server-thread-pool-size", 30);
    //<pre>
    //检测是否有新的数据时间间隔
    //(server.SocketDispatch,client.ReceiveListener,SendHelper)
    //使用同一个 Thread.sleep 时间保证数据能正确接收到，同时降低 CPU 的使用率
    //!!!!! -非常重要- !!!!!
    //</pre>
    int MESSAGE_PERIOD = 500;
    //服务器 IP 地址
    String SERVER_IP = PropertiesUtil.get("server-ip", "127.0.0.1");
    //服务器名称，用户注册不能使用此用户名
    String SERVER_NAME = "niloay";
    //服务器端口
    int SERVER_PORT = PropertiesUtil.getInt("server-port", 8888);
    //SOCKET 超时时间'second
    int TIME_OUT = 120;
    //群发标识 TO:ALL，用户注册不能使用此用户名
    String TO_ALL = "TO_ALL";
}
```

习　　题

14.1　依据本章所述，建立数据库、编译并运行程序。

14.2　修改应用程序，使得登录时需要验证用户名和密码。

附录A 参 数 传 递

A.1 传值还是传引用

Java 中的参数传递容易引起混淆，尤其是对于那些有过 C/C++经历的读者。在 C/C++中参数传递既有传值的，又有传引用的，而在 Java 中只存在传值方式的参数传递。但是由于 Java 中又有引用的概念，这就使得参数传递容易引起初学者的混淆。本附录以实例详细分析了参数传递过程，力求给读者一个清晰的认识。

下面先从较简单的基本变量类型的参数传递谈起。

A.2 基本数据类型的参数传递

先来看下面这段代码：

```
public class ParaTest{
    public static void changeValue(int  x){ //x 称为形式参数
        x++;
    }
}
```

在应用程序的某个地方，存在如下调用：

```
int bonus=100;
ParaTest.changeValue(bonus); // bonus 称为实际参数
```

当上面两行代码执行完毕后，bonus 的值是什么呢？答案是 bonus 仍为 100。我们来详细分析一下为什么是这个结果：执行 int bonus=100 后，变量 bonus 的值为 100(见图 A.1(a))。当执行语句 ParaTest.changeValue(bonus)时，由于 Java 使用传值方式传递参数，所以 bonus 的值将首先复制一份传递给 x，这时计算机的存储区中会同时存在两个独立的变量 bonus 和 x，并且这两个变量的值相等(见图 A.1(b))。执行 changeValue 的方法体时，x 的值增加了 1，由于 bonus 和 x 是两个独立的变量，因此 x 值的增加不会影响到 bonus(见图 A.1(c))。当方法执行完毕后，x 不再有效，但 bonus 的值没有改变(见图 A.1(d))。

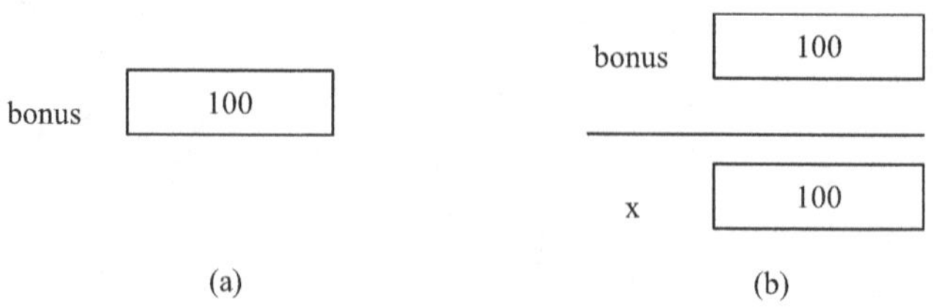

图 A.1 基本变量类型的参数传递

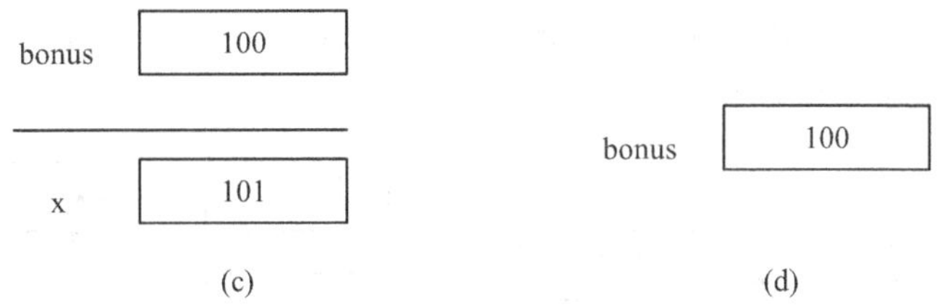

图 A.1　基本变量类型的参数传递(续)

所有基本数据类型的参数传递都与上述过程类似，为此可以有如下结论：当参数为基本数据类型时，参数传递时将实际参数的值复制一份传递给方法的形式参数，形式参数值的改变不会影响所传入实际参数的值。

A.3　对象数据类型的参数传递

A.3.1　参数为单个对象

下面来看一下参数为对象数据类型时是什么情况。

首先生成一个字符串对象：

```
String aStr=new String("abc");
```

由前面的知识我们已经知道，对象变量 aStr 是指向字符串对象"abc"的一个引用。这时，如果类 ParaTest 中有一个方法：

```
public static void changeStr(String str){ //str 为形式参数
    str=str+"cde";
}
```

在应用程序的某个地方，存在如下调用：

```
String aStr=new String("abc");
ParaTest.changeStr(aStr);  //aStr 为实际参数
```

那么当上面两行代码执行完毕后，aStr 所指对象的内容是什么呢？

有的读者可能会这样分析：由于 aStr 是指向字符串对象"abc"的一个引用，在调用方法 changeStr 后，aStr 所指对象的字符串变为"abccde"。这样的分析看似正确，实际上不正确。正确的结论是：aStr 所指对象的字符串仍然为"abc"。

我们来分析一下：当执行完语句 String aStr=new String("abc")时，对象变量 aStr 指向字符串对象"abc"(见图 A.2(a))；执行语句 ParaTest.changeStr(aStr)时，尽管 aStr 是对象的一个引用，但由于 Java 使用传值方式传递参数，所以 aStr 的值(对象的引用)将首先复制一份传递给对象变量 str。这时计算机的存储区中会同时存在两个独立的对象变量 aStr 和 str，这两个对象变量均指向字符串对象"abc"(见图 A.2(b))。执行 changeStr 的方法体时，系统新生成一个字符串对象"abccde"并赋值给 str，这时 str 将指向对象"abccde"(见图 A.2(c))。由于 aStr 和 str 是两个独立的对象变量，str 所指对象的改变并不会影响到 aStr 所指的对象，即 aStr 仍旧指向原来的字符串对象"abc"。当方法执行完毕后，str 不再有效，会在适当的时候被回收，但 aStr 所指对象依旧没有改变(见图 A.2(d))。

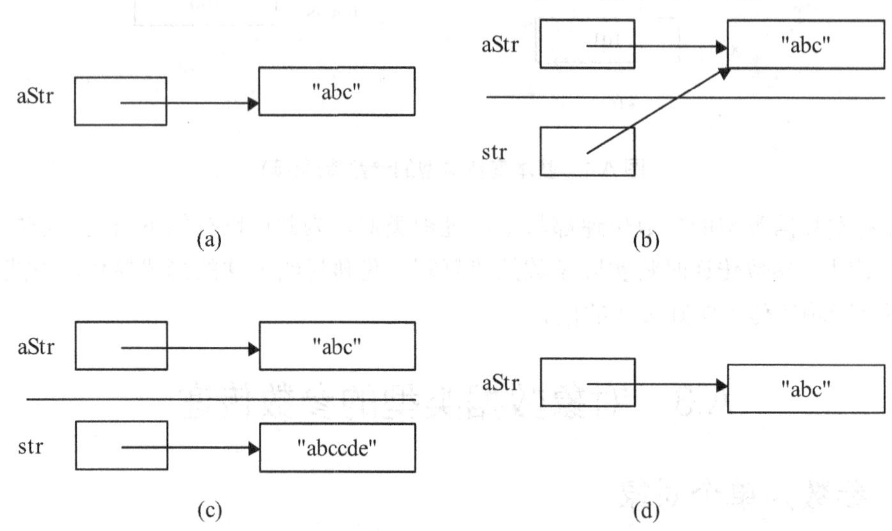

图 A.2　状态不可转换对象变量类型的参数传递

到这里问题是不是就结束了呢？下面再来看一个例子。

如果类 ParaTest 中有一个方法：

```
public static void changeStrBuf(StringBuffer str){
    str.append("cde");
}
```

在应用程序的某个地方，存在如下调用：

```
StringBuffer aStrBuf=new StringBuffer("abc");
ParaTest.changeStrBuf(aStrBuf);
```

那么当上面两行代码执行完毕后，aStrBuf 所指的对象是什么呢？按照上面的分析，有的读者或许会认为 aStrBuf 所指的对象不变，仍为"abc"。但实际上正确的结果是 aStrBuf 所指的对象变为"abccde"。为什么会是这样呢？

这个例子与上面一个例子最重要的一个区别在于方法体中的语句：本例的方法体中的语句 str.append("cde")直接调用 str 所指对象中的方法 append，改变了所指对象为"abccde"，而不是像上例中那样让 str 指向了一个新对象(见图 A.3(a)～图 A.3(d))。

到了这里，读者不禁要问，究竟什么时候一个方法可以改变传递进来的对象呢？为了更好地回答这个问题，这里先给出两个定义：

- 状态可转换对象：如果一个对象中存在改变对象本身状态(所存储的内容)的方法，则称该对象为状态可转换对象。如 StringBuffer 类型的对象中存在 append 方法来改变对象的状态，所以 StringBuffer 类型的对象是状态可转换对象。
- 状态不可转换对象：如果一个对象中不存在改变对象本身状态的方法，则称该对象为状态不可转换对象。如 String 类型的对象中不存在任何方法来改变对象的状态，要改变 String 类型的对象的状态，必须生成新的 String 对象，所以 String 类型对象是状态不可转换对象。

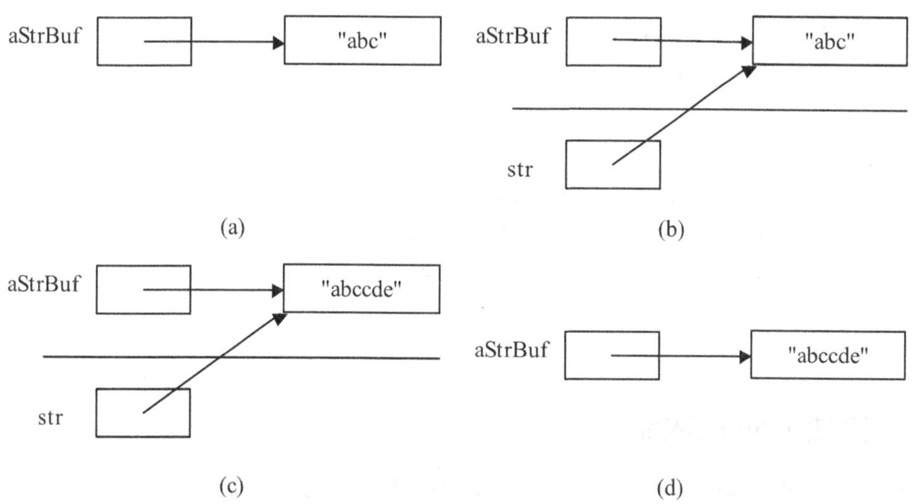

图 A.3　状态可转换对象变量类型的参数传递

更简单地说，如果一个对象可以在不改变其在内存中的存储位置的情况下而改变其本身的状态，就是状态可转换对象；否则就是状态不可转换对象。

有了上面的定义，我们可以得出如下结论。

如果一个方法接收的参数为状态可转换对象，那么该方法可以通过调用该对象中适当的方法来改变实际参数的状态；如果一个方法接收的参数为状态不可转换对象，那么该方法不可以改变实际参数的状态。

结合上面的分析，请读者编译、运行下面的程序，并查看运行结果。

例 A.1　ParaTest.java

```
public class ParaTest{
    public static void changeValue(int  x){
        x++;
    }
    public static void changeStr(String str){
        str=str+"cde";
    }
    public static void changeStrBuf(StringBuffer str){
        str.append("cde");
    }
    public static void main(String []args){
        //基本变量类型的参数传递
        int bonus=100;
        System.out.println("before pass: bonus="+bonus);
        ParaTest.changeValue(bonus);
        System.out.println("after pass: bonus="+bonus);
```

```
        //状态不可转换对象变量类型的参数传递
        String aStr="abc";
        System.out.println("before pass: aStr="+aStr);
        ParaTest.changeStr(aStr);
        System.out.println("after pass: aStr="+aStr);

        //状态可转换对象变量类型的参数传递
        StringBuffer aStrBuf=new StringBuffer("abc");
        System.out.println("before pass: aStrBuf="+aStrBuf);
        ParaTest.changeStrBuf(aStrBuf);
        System.out.println("after pass: aStrBuf="+aStrBuf);
    }
}
```

A.3.2　参数为对象数组

先来看下面的 swap 方法，该方法试图交换所传入的两个对象：

```
public static void swap(Object a, Object b){
    Object temp=a;
    a=b;
    b=temp;
}
```

在应用程序的某个地方，存在如下调用：

```
String aString="aaa";
String bString="bbb";
System.out.println("before swap: aString="
    +aString+" bString="+bString);
swap(aString,bString);
System.out.println("after swap: aString="
    +aString+" bString="+bString);
```

通过 A.3.1 小节的分析，我们已经知道，swap 方法不能完成两个字符串对象的交换，读者可以自行以图解方式分析之。执行上面代码片段的输出是：

```
before swap: aString=aaa bString=bbb
after swap: aString=aaa bString=bbb
```

再来看下面的 swapArray 方法，该方法把对象数组中位置为 i 和 j 的两个数组元素进行交换：

```
public static void swapArray(Object []a,int i,int j){
    if(i!=j){
        Object temp=a[i];    //(1)
        a[i]=a[j];           //(2)
        a[j]=temp;           //(3)
    }
}
```

在应用程序的某个地方，存在如下调用：

```
String []strArray={"tom","jerrey"};
System.out.println("before swap: strArray[0]="
    +strArray[0]+" strArray[1]="+strArray[1]);
swapArray(strArray,0,1);
System.out.println("after swap: strArray[0]="
    +strArray[0]+" strArray[1]="+strArray[1]);
```

可以发现，上述代码片段的输出为：

```
before swap: strArray[0]=tom strArray[1]=jerrey
after swap: strArray[0]=jerrey strArray[1]=tom
```

也就是说，swapArray 方法确实完成了对象数组中两个不同对象之间的交换。为什么 swap 方法不能完成两个对象的交换，而 swapArray 方法可以呢？同样，这里以图解的方式来进行分析。

初始时，strArray 的存储情况如图 A.4(a)所示。随后，strArray 的值复制一份传递给形式参数 a(见图 A.4(b))。swapArray 方法中的三条语句依次执行的结果如图 A.4(c)所示。swapArray 方法返回后，a 和 temp 都不再有效，因此最终的结果如图 A.4(d)所示。

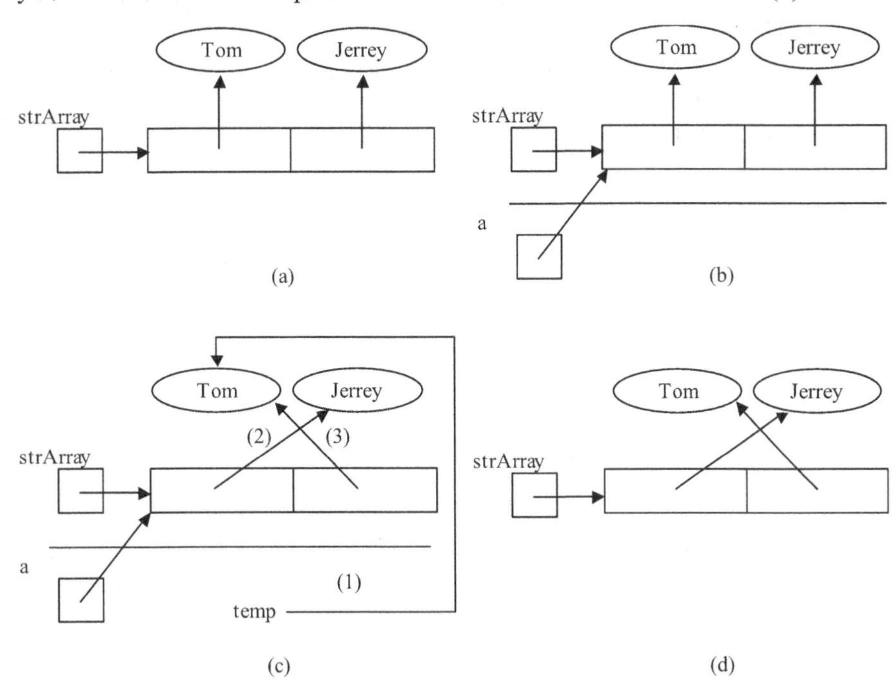

图 A.4　对象数组类型的参数传递

例 A.2 给出了完整的例子代码。

例 A.2　ObjectArray.java

```
public class ObjectArray{
    public static void main(String[] args){
```

```
        String aString="aaa";
        String bString="bbb";
        System.out.println("before swap: aString="
            +aString+" bString="+bString);
        swap(aString,bString);
        System.out.println("after swap: aString="
            +aString+" bString="+bString);
        String []strArray={"tom","jerrey"};
        System.out.println("before swap: strArray[0]="
            +strArray[0]+" strArray[1]="+strArray[1]);
        swapArray(strArray,0,1);
        System.out.println("after swap: strArray[0]="
            +strArray[0]+" strArray[1]="+strArray[1]);
    }
    public static void swap(Object a,Object b){
        Object temp=a;
        a=b;
        b=temp;
    }
    public static void swapArray(Object []a,int i,int j){
        if(i!=j){
            Object temp=a[i];
            a[i]=a[j];
            a[j]=temp;
        }
    }
}
```

附录 B　各章习题参考答案

各章习题的参考答案请扫描下方的二维码。

各章习题参考答案